U0159996

北京四合院

传统营造技艺
历史文化形态与保护

赵玉春 著

◎ 文化和旅游部资助非物质文化遗产科研项目

中国建材工业出版社

图书在版编目（CIP）数据

北京四合院传统营造技艺历史文化形态与保护/
赵玉春著.――北京：中国建材工业出版社，2023.4
ISBN 978-7-5160-3589-4

Ⅰ.①北… Ⅱ.①赵… Ⅲ.①北京四合院－建筑艺术
Ⅳ.①TU241.5

中国版本图书馆CIP数据核字（2022）第183594号

北京四合院传统营造技艺历史文化形态与保护
BEIJING SIHEYUAN CHUANTONG YINGZAO JIYI LISHI WENHUA XINGTAI YU BAOHU

赵玉春　著

出版发行：中国建材工业出版社
地　　址：北京市海淀区三里河路11号
邮　　编：100044
经　　销：全国各地新华书店
印　　刷：北京天恒嘉业印刷有限公司
开　　本：787mm×1092mm　1/16
印　　张：20
字　　数：350千字
版　　次：2023年4月第1版
印　　次：2023年4月第1次
定　　价：238.00元

序 言

　　本专著内容是文化和旅游部资助的非物质文化遗产保护研究类科研项目。"北京四合院传统营造技艺"是我国"国家级非物质文化遗产代表性项目名录"中的"传统技艺"类项目，中国艺术研究院是该项目的申报单位和保护单位。再有，"中国传统木结构（建筑）营造技艺"是联合国教科文组织"人类非物质文化遗产代表作名录"中的中国项目，中国艺术研究院亦是该项目的申报单位和保护单位。从宏观上来讲，后者可以涵盖前者，或曰两者之间有很多相通和相同之处，例如，同作为传统建筑营造技艺类项目，营造技艺内容整体的体系架构是完全相同的，因此在本专著各章节内容的阐释中，是宏观内容（中国传统木结构建筑）的阐释与微观内容（北京四合院民居建筑）的阐释相结合。另外，本专著属于非物质文化遗产与保护研究课题，也必然会涉及非物质文化遗产与保护整体与局部的诸多理念、措施、现象、问题等。

　　中国学者研究中国传统建筑文化的历史可追溯至"中国营造学社"创立之际。该学社是以建筑文化研究为主旨。在述及学社缘起时，创办人朱启钤在《中国营造学社开会演词》中阐述为："吾民族之文化进展，其一部分寄之于建筑，建筑于吾人生活最密切，自有建筑，而后有社会组织，而后有声名文物，其相辅以彰者。在在可以觇其时代。"因此，"研求营造学，非通全部文化史不可，而欲通文化史，非研求实质之营造不可。"

早期中国营造学社虽然有此初心，但囿于历史条件，实际的研究工作还是侧重于建筑考古和实例调查方面，重点是营造法式的诠释和考证，解译法式与则例的密码。早期除寻访佛寺遗存外，逐渐将调研范围扩展到宫殿、陵墓，而后又将园林、民居等纳入了研究的视野，研究对象基本涵盖了传统建筑的主要类型。至于对中国建筑史做整体性、贯通性的研究，主要还是在中华人民共和国成立以后，如国家建设部门在 20 世纪 50 年代和 80 年代两次集中全国学术力量，组织撰写了《中国古代建筑史》，并将对建筑类型的研究继续作为传统建筑研究的重点。与此同时，对古代建筑的研究范围和视角也进行了延伸和拓展，如建筑技术、建筑艺术、建筑空间以及建筑专题的各项研究等。中国营造学社开启的中国传统建筑与文化研究迄今已近百年，人们对研究的内容和取向持越来越开放的态度，建筑文化也成为共同的话题，其中的一个重要趋向就是由对物的研究转向对人的研究，这既是一种研究的深化，也是当代社会文化发展的现实反映，表明了人们对其自身的关注和反思，实质上也是对文化的普遍关注。

建筑是文化的容器，缘于建筑是人们生活的空间。容器也罢，空间也好，其主角是人及人的活动。人的活动应包括设计、建造、使用、思想、赋意等，这也构成了建筑文化的全部。古人将中国传统建筑分为屋顶、屋身、台基三段，所谓上、中、下"三分"，并将其对应天、地、人"三才"。汉字"堂"原指高大的台基，象征高大的房屋，若从象形角度看，其中也隐含着建筑构成的意味，上为茅顶，下为土阶，口居中间代表人，并以口为上，表示对人及人的活动的重视。汉字"室"也有相近的含义，强调建筑是人的归宿及建筑的居住功能。"堂""室"二字常常连用，以表达建筑的社会功能和空间划分，如生活中常说的"前堂后室""登堂入室"等。建筑的赋意不仅反映了古人意念中的"天地人"同构关系，又把建筑比同宇宙，"宇""宙"二字都含有代表建筑屋顶的宝盖，所谓"上栋下宇，以待风雨""四方上下曰'宇'，古往今来曰'宙'"等。反过来，古人又把自然的天地看成一座大房子，天塌地陷也如房子一样可以修补，如女娲以石补天，表明了古代中国人对建筑与宇宙空间统一性的思考。

对建筑文化的研究，需要厘清什么是建筑、什么是文化、什么是建筑文化等基本问题，以及三者之间的关系等。建筑文化研究不是单纯的建筑研究，也不是抽象的文化研究，不是历史钩沉，也不是艺术鉴赏。在叙事层面，是以建筑阐释文化，还是以文化阐释建筑，或者是将建筑文化作为客观存在的本体，这又将涉及如何定义建筑文化，进而确定建筑文化研究的对象、范围、特征、方法等，以及研究的价值和意义。就像对文化有多种不同的解释一样，关于建筑文化也会有多种不同的解释，但归根结底，建筑文化离不开建筑营造与使用，离不开围绕在建筑内外和营造过程中的人及人的活动等。

以宫殿文化研究而论，宜以皇帝起居、朝政运行、仪礼制度为中心，分析宫殿布局、空间序列、建筑形态、建筑色彩、装饰细节、景观气象等。在这种视角中，宫殿作为彰显皇权至上的最高殿堂，是弘扬道统的器物。《营造法式》中说过："从来制器尚象，圣人之道寓焉。……规矩准绳之用，所以示人以法天象地，邪正曲直之辨，故作宫室。"《易传》中将阴阳天道、刚柔地道和仁义人道合而为一，转化成了中国宫殿建筑的设计之道。礼制化、伦理化、秩序化、系统化成为中国宫殿建筑设计与审美的最高标准；反之，建筑的礼制化又加强了礼制的社会效应，二者相辅相成。

以园林文化而论，园主的社会地位、经济实力、文化身份等，往往是园林旨趣的决定因素，园林虽然可以地域风格等划分，更可根据园主的不同身份、认知、理趣进行分类，如此可有皇家、贵胄、文人、士大夫、僧道、富贾等园林，表达不同人群的不同生活方式与理想等。

以民居文化而论，表现了人伦之轨模，以其文化为锁钥，可以将民居类型视为社会生活的外在形式，如中国传统合院式住宅的功能关系就是人际关系以及各式人等活动规律的反映。

中国重情知礼的人本精神渗透在中国社会的各阶层，建筑作为社会生活的文化容器，从布局、功能、环境到构造、装饰、陈设等莫不浸染着这种文化精神。

我国在"非物质文化遗产"语境下，对相关传统文化的研究至今已有20余年的历史，其中传统建筑营造技艺也被纳入了研究的视野。对传统建筑营造技艺的研究不能等同于建筑技术研究，二者有关联但也有区别，主要区别就在于文化。对于中国不同地域风格的建筑，现在多是按照行政区划分别加以归类和论述，但实际上很多建筑风格是跨地区传播的，比如藏式建筑就横跨西藏、青海、甘肃、四川、内蒙古，而且藏式建筑本身也有多种不同风格类型，按行政区划归类显然完全不适合营造技艺的研究。基于地域建筑的文化差异，陆元鼎先生曾倡导进行建筑谱系研究，借鉴民俗学方法，追踪古代族群迁徙、文化地理、文化传播等因素，由此涉及族系、民系、语系等知识，有助于对传统建筑地域特征、流行区域、分布规律等有更准确的把握。按民俗学研究成果，一般将汉民族的亚文化群体分为16个民系，其中较典型的有8大民系，即北方民系（包括东北、燕幽、冀鲁、中原、关中、兰银等民系）、晋绥民系、吴越民系、湖湘民系、江右民系、客家民系、闽海民系（包括闽南、潮汕民系等）、粤海民系。由于建筑文化的传播并非与民系分布完全重合，实际上还有材料、结构、环境、历史等多重因素制约。基于建筑自身结构技术体系和形成环境原因，朱光亚教授提出了亚文化圈区分方法，如京都文化圈、黄河文化圈、吴越文化圈、楚汉文化圈、新安文化圈、粤闽文化圈、客家文化圈7个建筑文化圈，加上少数民族文化圈如蒙文化圈、维吾尔文化圈、朝鲜文化圈、滇南文化圈、藏文化圈等12个建筑文化圈。本专著作者认为，对于传统建筑来讲，上述文化圈的分类还不够充分。例如，不能忽视中国古代社会大型城市特殊的文化圈现象，北京四合院民居的内容与形态，正是受北京都城文化圈影响的重要结果。再有，这类内容的研究也不能忽视中国传统建筑技术的宏观特征，中西这方面内容的比较研究，属于相关问题研究的国际视野。

营造是人的建造活动，就营造技艺研究而言，以往围绕着以工匠为核心的人来展开研究，比较切合非物质文化遗产研究的特点，例如以匠系及其人文环境为主要研究对象，探讨其形成演变过程及规律，以求为技艺特点和活态存续作出合理的解读。从近年来国家级非物质文化遗产代表性项目中的传统建筑营造技艺类项目来看，大多与传统民居有关，说明民居建筑营造技艺与地域、民族、自然、人文环境的关系更为密切，也反映出活态传承的根基在民间。立足于营造技艺目前活态传承的实际情况，同时结合文化地理、民俗学（民系）、建筑谱系研究的成果，也可尝试按照活态匠艺传承的源流，将较典型、影响较大且至今仍存续的中国传统营造技艺划分为北方官式、中原系、晋绥系、吴越系、兰银系、闽海系、粤海系、湘赣系、客家系、西南族系、藏羌系等匠系。此外，在匠系之下，又有匠帮之别。匠帮不同于匠系，匠帮是相对独立的工匠群体、团体，并具有相对流动、交融、传播的特征。匠系强调源流、文脉、体系，而匠帮较强调技术、做法、传承。匠帮是匠系的活态载体，匠系则是匠帮依附的母体。只有历史、地域文化、工艺传统共同作用才能产生匠帮，他们在营造历史上留下了鲜活的身影，如香山帮、徽州帮、东阳帮、宁绍帮、浮梁帮、山西帮、北京帮、关中帮、临夏帮等。本专著作者认为，这类问题的研究，也决不能忽视传统建筑规划设计环节的相关内容，因为就目前所掌握的历史资料来看，我们对我国古代社会历史上绝大部分时期的建筑设计的情况并不清晰。但可以肯定的是，假如目前我们汇集所有工种的工匠，不可能独立地完成如北京故宫这类大型建筑体系的营造。因此，规划设计环节的内容，也必然是传统建筑营造技艺中最重要的内容之一，它承载着意识形态和技术形态等的绝大部分内容。

中国建筑文化可以同时表现为精神文化与物质文化两种形态，并存于典章制度、思想观念、物化形态和现实生活中；也可以表现为精英文化与草根文化，前者光耀乎庙堂，后者植根于民间，二者相互依存、交融，都是中华文化的重要组成部分，是中华文化的血脉和基因，共同构成中国建筑文化的整体。从文化角度而言，建筑只有类型体系之分，而无高下之别，宫殿、坛庙、寺观、民居、园林等建筑类型都是人们应因自然、社会环境而结成的经验之树和智慧之花，都需要我们细心体察。如果说结构是建筑的骨架，造型是建筑的体肤，空间是建筑的血脉，那么文化可以说是建筑的精气神。

长期以来，我国对传统建筑遗产的保护主要是通过认定各级文物保护单位的方式，侧重于对文物本体的物质形态内容进行静态的保护，强调历史意义上的原真性、环境意义上的整体性、修缮语境下的可逆性和可识别性等。对建筑遗产保护的前提是甄别保护对象的历史、科学、艺术价值。比较而言，我们对建筑本体得以实现的营造技艺和传承人以及传承方式等的保护和重视不足，或者说并未将其提升到文化遗产本身的高度，未将其作为独立的保护对象加以关照。随着非物质文化遗产概念的引入和非物质文化遗产保护工作的开展，传统建筑营造技艺和代表性传承人以及传承方法等，作为文化遗产的对象和载体被列入保护范围，营造技艺逐渐成为建筑和非物质文化遗产保护领域的热点，得到学界和社会各界越来越广泛的关注。但遗憾的是，社会各界对传统建筑营造技艺相比于其他传统技艺的特殊性问题，还普遍地认识不足。本专著作者在相关章节中重点强调了这类内容与问题。

怎样从学理层面认知和理解营造技艺，是研究营造技艺的一个基本前提。我们首先需要给营造技艺这一概念定义一个基本的内涵和外延，当然，相关的内涵或外延会随着我们研究的深入不断得以补充和完善。在联合国非物质文化遗产语境下，对于传统技艺而言，人们关注的不仅是其纯技术和手艺层面，尤其重视该项遗产对社区、族群、社会以及整个人类文明进程的发展重要的乃至决定性的意义，或者说是基于一种新的文化背景下的再认识。我国学界以往在传统建筑营造技艺方面的研究取得了不少成果，但因研究者的知识结构不同，研究的侧重点不同，整体上阐述内容的体系性、系统性稍显欠缺。

本专著作者结合传统建筑营造技艺的内涵和外延，第一次系统完整地梳理和总结了传统建筑营造技艺的体系架构，并以此为叙事的基本框架，这对今后相关问题的研究有着完整的示范意义。

刘 托

2022 年 10 月

目 录

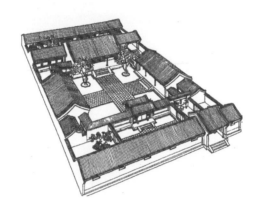

第一章

北京四合院传统营造技艺历史文化
形态概述

第一节　中国传统建筑体系与北京四合院

一、中国传统建筑体系的基本特征

在世界主流的传统建筑体系中，中国传统建筑体系具有明显的特殊性。与世界上其他主流传统建筑体系相比，中国传统建筑体系有如下几个方面的主要特征：

（1）中国传统建筑体系的单体建筑以木结构建筑为主流。现已掌握的历史资料表明，中国传统木结构建筑本身，在春秋战国至秦汉时期就已经发展到了较成熟阶段，之后在材料、结构、构造、空间、外形等方面的进步都非常有限。例如，明清时期的传统木结构建筑与唐宋时期甚至是春秋战国时期的相比较，无论在哪个方面都没有本质性的进步，虽然在两汉时期出现了真正的木结构的楼，唐宋时期出现了新的屋顶形式等。

（2）西方传统建筑体系在古罗马时期就基本解决了单体建筑满足大体量室内空间和复杂空间功能需求所需的形式、结构、构造、材料等基本问题。与之相比，因中国传统单体建筑结构形式单一、材料单一、易损（如耐火性差）、体量有限，往往无法满足较大体量室内空间和复杂室内空间功能需求，对于这些空间功能需求，只能依靠不同的单体建筑的组合来实现。例如，早在春秋战国时期，大型宫殿建筑体系等曾经盛行"高台建筑"和"高台＋建筑"，也就是主要以大型夯土台作为建筑的"内芯"或基座等，虽然能使建筑显得高大威武，但并未实际增加室内空间。因此，以单体建筑为基本单元的群体空间组合方式，既是中国传统建筑体系为满足大体量室内空间和复杂空间功能需求而不得不采取的替代方法，同时，这种状况又发展成为传统建筑体系主要的文化内涵和魅力所在。换句话讲，依据服务对象本身的空间功能要求和文化内涵，中国传统建筑体系发展出了丰富多样、独具魅力的建筑群体的组合方式。这就是中国传统建筑体系形态有别于世界其他主流建筑体系形态最大的特点，也成为体现中国传统建筑体系空间艺术最重要的特征之一。而在不同的历史时期，各类建筑体系都有着不同的空间组合方式，也就有着不同的艺术特征，其中包括宫廷、公署、宗教、礼制、合院式民居和园林等建筑体系。当然，西方传统建筑体系也同样重视单体建筑的群体组合方式，但在建筑体量、建筑数量、空间尺度、组合方式和丰富程度等方面与中国传统建筑体系有明显的不同。

（3）中国传统建筑体系一般都要遵循严格的等级制度，特别体现在居住类建筑中（如皇宫、王府和民居等），其内容包括建筑规模（整体）、体量（单体）、材料、结构、色彩、装饰和组合关系等方面。稍有例外的是礼制和宗教建筑体系，因为这些建筑主要为"供奉和祭祀神祇"等使用，但宗族祠堂类建筑又明显地回归了等级差异，因为不同宗族的祖先本身是有高低贵贱之分的，更何况家庙和祠堂等又多与住宅建在一起。

（4）在不同功能的建筑群体之中的、相同等级的单体建筑形式本身并没有本质的区别。例如，某种形式的单体建筑（如歇山顶建筑），既可以用在宫殿建筑中，又可以用在礼制和寺观建筑中。只有个别的单体建筑形式是为特殊的建筑体系专门设计的，如唐宋之前的明堂、辟雍，明清时期的天坛祈年殿等。

基于以上特征与原因，中国传统建筑体系多为规整院落组合形式，其中包括大部分民居建筑。规整院落式民居即四合院或类四合院式民居依地域的不同而具有多种形态，既可参考前言中的详细分类，也可大致以秦岭和淮河为界，分为华北和西北地区院落民居、南方地区院落民居、南方地区天井院民居、岭南客家民居等几大类，甚至可以把华北、西北地坑院式窑洞民居纳入其中，因为此类窑洞民居也曾与木构建筑民居互有影响。

二、北京四合院的基本概念与限定

严格地讲，所谓"北京四合院"，应该特指北京市老城区及周边县镇内（排除中远郊区农村）特有的传统民居建筑与形式，主要是明清以及民国时期遗留下来的、以前后三进院落为"标准模型"，或多于三进并可能带东西跨院的民居建筑（图1-1）。如果外延再扩大一点，也可以包括同地区一进或两进院落的民居建筑，甚至只有一进院落的"三合院"（其中的一面只有围墙和大门）。从使用内容上延伸，也可包括居住和商业两用的建筑。如果从时间上往上延伸，还应该包括辽金元时期的民居建筑，其基本形式目前仅有一处元代四合院建筑基址作为参考。总之，同地区四面以建筑和墙体规整围合的民居建筑便可笼统地归为此类。明清及以后北京四合院民居中一项最重要的外部特征为：主要建筑的屋面均采用硬山顶屋面，或采用合瓦屋面（图1-2），即屋面瓦沟和瓦垄均采用同一种形式的黑色黏土板瓦（上下瓦号即尺寸规格不同），或采用更简单的形式（仰瓦硬梗屋面、干槎瓦屋面、棋盘芯屋面和灰背屋面等），只在影壁、垂花门和院墙等部位采用筒瓦和板瓦混合屋面（图1-3）。

北京的亲王府、王府、贝勒府、驸马府、公主府等和个别的高级官员的府邸是居住类建筑中较特殊的一种，与普通的四合院民居相比，规模更大并带有更多的宗

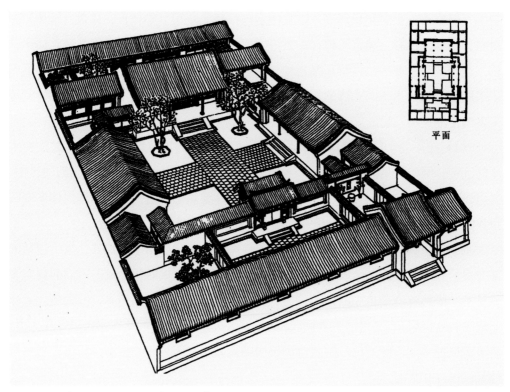

图 1-1　北京四合院民居"标准模型"鸟瞰与平面图

图 1-2　北京四合院民居合瓦屋面

图 1-3 北京恭王府建筑群筒瓦与板瓦混合屋面

法礼制等级的内容，显示着皇帝之下、庶民之上的尊贵。因此，王府等以其相对巨大的规模和体量、特殊的建筑形式，以及体现尊贵和等级的规划思想和严整的布局方式等，凌驾于普通民居之上。王府等与皇家宫殿有许多相近之处，可以说是介于宫殿与普通民居之间的一种建筑形态。在北京地区，王府等与部分寺庙虽然貌似四合院民居建筑形式，如建筑布局采用的是四合院形式，屋面也可能采用黏土瓦，但这类建筑的主要外部特征与四合院民居建筑又有着明显的不同，如主要建筑的屋面采用筒瓦和板瓦混合屋面，屋面形式中又可能采用悬山或歇山顶，屋檐下可能带有斗拱等。因此，应该把这类建筑排除在北京四合院民居之外。合瓦屋面底瓦的花边瓦（最下面第一块瓦）与混合瓦屋面底瓦的花边瓦在瓦当（花边部分）的形式上也很容易区别出来。

按照清朝的分类，采用黏土筒瓦和板瓦的建筑屋面做法称为"黑活大式做法"，主要应用于皇家园林、王府、官邸、寺庙、衙署等，而普通民居的合瓦屋面等做法称为"黑活小式做法"。在北京四合院民居中，也有部分建筑可以采用筒瓦和板瓦的混合屋面，如前述的影壁、垂花门和院墙等，但这些瓦的瓦号（尺寸）都非常小。

目前在北京的各级文物保护单位中，冠名为"北京四合院"的约有 540 处，其中有些属于王府等，严格地讲并不属于民居类型的"北京四合院"。

第二节　非物质性传统文化与非物质文化遗产

首先需要明确的是，"传统文化""非物质性文化""非物质性传统文化"均不能简单地等同于"非物质文化遗产"（以下简称"非遗"）。"非遗"属于有着特殊界定与限定的"非物质性传统文化"。

所谓"文化"，世界上并没有统一的概念，因此也就无法确切地回答"文化是什么"，而一般却可以说出很多"某某文化"，比如"新石器文化"（时间）、"岭南文化"（地域）、"航海文化"（类型）、"饮食文化"（综合）等。在此，我们可以借用英国人类学家爱德华·伯内特·泰勒（Edward Burnett Tylor）在其所著的《原始文化》一书中对文化的表述作为参考，即"知识、信仰、艺术、道德、法律、习惯等凡是作为社会的成员而获得的一切能力、习性的复合整体，总称为文化。"（注1）与文化相近的有"文明"一词。至于文化与文明的关系，主要有三种不同的观点：其一，两者是同义的；其二，文化比文明所包含的内容和范围更加广，如文化是人类从使用工具开始产生的，并成为人与动物相区别的标志，而文化发展到一定阶段后才产生文明；其三，文明是物质的，文化是精神的。从有关文化与文明具体内容的各类论著来看，把两者视为同义的情况更为普遍，我们在以后的相关论述中暂且采用这一观点。

笔者认为，就人类文化（以及成果）的具体内容来讲，可以归纳为如下三类基本内容：

其一是精神、意识、知识层面的各类学说，即非物质性的"世界观"，如宗教观、哲学观、科学观、艺术观、社会观等。

其二是以精神、意识、知识层面的内容为基础，延伸同为非物质性的且可能包含某些行为过程或曰实践性的内容，如法律与社会制度、风俗习惯、道德规范、语言文字、宗教活动、教育传承、科学实验、科学技术、医学治疗、生产实践、文学和艺术品创作、表演和体育竞技活动等。

其三是以精神、意识、知识层面内容为基础，结合具体的实践活动所创造的物质性内容，如具体的建筑、雕塑、绘画、各类器物、工具和机械等。

联合国教科文组织层面的"非遗"概念的确立及开展相关保护工作等，与物质性的世界遗产保护工作有着直接的关系。"非遗"概念最直接的源头是日本政府于 1950 年颁布的《文化财保护法》中首次提出的与"有形文化财"相对的"无形文化财"概念。日本语境中的"文化财",主要是指在漫长的历史过程中产生并被保留下来的、属于全体国民所拥有的珍贵的文化财产、文化财富,大致与目前汉语中的"文化遗产"概念相对应。"文化财"最初的原意是从三个方面来界定的:它是历史性的,基本上是指传统文化;它是历史上传承下来的具有珍贵价值的部分,而不是全部;它属于所有国民,而非个人、团体或地方所有。日本对"有形文化财"的保护是从重要建筑物开始的,早在 1897 年,日本政府就颁布了《古社寺保存法》。因此,日本早期的"文化财"概念只是针对物质层面的对象,扩展后的主要内容包括具有悠久历史的"有形"的文化实物遗产,如城郭、书院、神社、寺庙、桥梁、民居等不可移动的传统建筑物,以及教堂、学校、文化设施、商业、产业、交通等不可移动的近代建筑物,也包括雕塑、绘画、书法、典籍、工艺制品等可移动的"美术和工艺品",以及考古资料和一些具有较高学术价值的历史资料等。其中被认为具有重要价值的,经国家"指定"为"重要文化财";站在世界文化的高度,被认为特别具有价值的,则进一步"指定"为"国宝"。

1949 年 1 月 24 日,日本奈良生驹郡斑鸠町的法隆寺的金堂被一场大火烧为灰烬。这座当时属于世界上现存最古老的木结构建筑始建于 607 年(山西南禅寺大殿重建于 782 年),其中重要的内容还包括金堂墙壁上的飞鸟时代的壁画等。1950 年 7 月 6 日,京都鹿苑寺的金阁也被一场大火吞噬。这一连串的损失在日本朝野引起巨大反响,也促成了《文化财保护法》的制定、颁布和实施。该法综合了以前出台的《古社寺保存法》《史迹名胜天然纪念物保存法》《国宝保存法》等内容。《文化财保护法》的重要性,不仅在于它进一步加大了日本对有形的文化财的保护力度,还在于它扩大了"文化财"概念的外延,增加了对"无形文化财"和地下文物的保护等内容。这部法律后经多次修订,最终形成了 1975 年新版《文化财保护法》。其中将"无形文化财"定义为:"具有较高历史价值与艺术价值的传统戏曲、音乐、传统工艺技术以及其他无形的文化载体。"(注 2)同时,将表演艺术家、工艺美术家等与上述"无形文化财"相对应的传承人一并"指定"。

需要进一步说明的是,日本此时的"文化财"概念的分类是一种"工作分类",主要是为了在管理和指导文化财保护与应用工作的具体操作层面上使用时方便。所以《文化财保护法》中除了"有形文化财"和"无形文化财"之外,还有其他"文化财"概念,如"民俗文化财"等,又把其分为"无形民俗文化财"和"有形民俗文化财"。

前者是指与衣食住行、生产、信仰、节日等相关的风俗习惯、民俗艺术、民俗技术等，后者则是指前者所使用的建筑、服装和器具等。

受日本的影响，韩国政府于 1962 年 1 月颁布了《文化财保护法》，旨在保护本国的"有形文化财"和"无形文化财"（《中华人民共和国文物保护法》颁布的时间为 1982 年），使本民族的传统文化财在社会快速发展的过程中得到适当的保护和发扬。其中特别鼓励对国家级的民俗活动和表演艺术进行实际的研究和保存。该法将"无形文化财"定义为："包含演剧、音乐、舞蹈、工艺技术、游戏、仪式、武术以及所包含的形式。"（注 3）

受传统的知识产权观念的影响，以往欧美等西方国家对日本和韩国的"无形文化财"这种归为"集体的文化创造"的理念和价值等的认可还存在障碍，所以这一概念在较长的一段时间内未被国际广泛认可。

联合国教科文组织 1972 年通过的《保护世界文化和自然遗产公约》，标志着在联合国层面首先确立了"文化遗产"和"自然遗产"概念，为世界共同保护具有突出的普遍价值的文化和自然遗产，建立永久的和科学的制度，为世界提供一个共同的认识文化和自然价值的准则，对世界范围内的文化和自然遗产的保护等，发挥了极其重要的推动作用。然而，该公约中明确指出"文化遗产"只包括"可移动文物""建筑群"和"遗址"三大类内容，都属于物质文化遗产范畴。

联合国教科文组织在后来的"世界文化遗产"保护实践中发现，这种世界遗产的文化与自然二分法过于简单，而某些未包括的部分确实面临着更快速消亡的危险，于是非物质文化内容逐渐被重视起来。1982 年，联合国教科文组织成立保护民俗专家委员会，并在原有的"物质遗产处"之外专门成立了"非物质遗产处"，处理相关事务。

1989 年，第 25 届联合国教科文组织大会通过了《保护民间创作建议案》，要求各会员国充分意识到，大量包含丰富的文化特性和各地民族文化渊源的"口头遗产"正面临消失的危险。因此应当采取法律手段和一切必要措施，对那些容易受到严重威胁的"口头遗产"进行必要的鉴别、维护、传播和保护。该建议案对"民间创作"（或译为"民间文化"）的定义为："是指来自某一文化社区的全部创作，这些创作以传统为依据，由某一群体或一些个体所表达，并被认为是符合社区期望的作为其文化和社会特性的表达形式、准则和价值，通过模仿或其他方式口头相传。"（注 4）

1993 年，韩国政府针对人类社会发展的现代化进程对传统文化的巨大冲击，就建立"活的文化财产"的保护体系问题，向联合国教科文组织提交一项建议案，尽管这项建议案当时未能引起各成员国应有的重视，但在客观上将国际社会从保护知识产权的视角，转向了保护以非遗为代表的传统文化本身。在此影响下，联合国教科文组织于1997年在摩洛哥的马拉喀什举办了"国际保护民间文化空间"专家磋商会，并于1998年8月最终促成《联合国教科文组织宣布人类口头和非物质遗产代表作评审规则》的通过。其中的"人类口头和非物质遗产代表作"这一概念的提出，为非遗概念最终的确定做好了铺垫。

2001年，联合国教科文组织在巴黎公布第一批《人类口头和非物质文化遗产代表作名录》，共有19个项目入选，其中包括我国的"昆曲艺术"。

2003年，联合国教科文组织大会第32届会议通过了《保护非物质文化遗产公约》（以下简称《公约》），并着手建立《人类非物质文化遗产代表作名录》（并与上一个名录合并）。《公约》中明确地界定了非遗的基本概念。在"第一章总则•第二条定义"中指出：

"在本公约中：（一）'非物质文化遗产'，指被各社区、群体，有时是个人，视为其文化遗产组成部分的各种社会实践、观念表述、表现形式、知识、技能，以及相关的工具、实物、手工艺品和文化场所。这种非物质文化遗产世代相传，在各社区和群体适应周围环境以及与自然和历史的互动中，被不断地再创造，为这些社区和群体提供认同感和持续感，从而增强对文化多样性和人类创造力的尊重。在本公约中，只考虑符合现有的国际人权文件，各社区、群体和个人之间相互尊重的需要和顺应可持续发展的非物质文化遗产。（二）按上述第（一）项的定义，'非物质文化遗产'包括以下方面：1.口头传统和表现形式，包括作为非物质文化遗产媒介的语言；2.表演艺术；3.社会实践、仪式、节庆活动；4.有关自然界和宇宙的知识和实践。"（注5）

2011年，我国颁布了《中华人民共和国非物质文化遗产法》（以下简称《非遗法》），并在此之前就建立了国内4级"代表性项目名录"。《非遗法》"第一章总则•第二条"中指出：

"本法所称非物质文化遗产，是指各族人民世代相传并视为其文化遗产组成部分的各种传统文化表现形式，以及与传统文化表现形式相关的实物和场所。包括：（一）传统口头文学以及作为其载体的语言；（二）传统美术、书法、音乐、舞蹈、戏剧、曲艺和杂技；（三）传统技艺、医药和历法；（四）传统礼仪、节庆等民俗；（五）传统体育和游艺；（六）其他非物质文化遗产。属于非物质文化遗产组成部分的实物和场所，凡属文物的，适用《中华人民共和国文物保护法》的有关规定。"
（注6）

很显然，《非遗法》中有关非遗概念的定义，是参照《公约》中的概念制定的，但也有很大的区别。如果精确解读《公约》《非遗法》，可以说非遗只属于"非物质性传统文化"中的一部分内容，也就是属于主观"挑拣"出来的"非物质性传统文化"内容（在《非遗法》中表述为"认定"）。而"挑拣"的标准主要受五个方面的限定：

（1）必须是从历史上某一时期开始并世代相传至今的。《公约》《非遗法》中仅为"世代相传"的表述并不精准。

（2）在当今必须拥有明确的"主体"，也就是持有者、实践者、传承者、传播者。在《公约》中表述为"社区、群体，有时是个人"；《非遗法》中"主体"的概念不明确。

（3）必须是具有某种或多种"表现形式"等具体内容。《非遗法》中仅有"表现形式"的表述并不精准。更确切地说，在当今必须"依附于人的行为过程"，不然只能属于"非物质性传统文化"。

（4）必须是规避社会（道德）风险的。在《公约》中表述为"只考虑符合现有的国际人权文件，各社区、群体和个人之间相互尊重的需要和顺应可持续发展的非物质文化遗产"。例如，排除了纯宗教内容。

（5）必须是优秀的，也就是具有代表性。

在以上限定条件中，前三者之间具有相关联的或曰连续的逻辑关系，后两者属于主观的价值标准判断。前三者的逻辑关系表明非遗的核心本质内容必须"依附于人的行为过程"（恕不详述），例如，民间文学类项目的"说唱"，传统表演类项目的"表演"，传统美术和技艺类项目的"创作"或"制作"，传统体育、游艺与杂技类项目中的"锻炼""活动"与"表演"，传统医药类项目的"治疗"与"炮制"，民俗类项目的"活动"等，都属于人的"行为过程"。这也表明非遗是以人为最重要的载体。

当然，除了最核心的"行为过程"之外，非遗的完整内容还包括相关的"实物与场所"等内容，也就是说相关的物质性的内容也是非遗不可分割的载体之一，承载着那些属于非物质性传统文化的内容。例如，建筑石雕、木雕、砖雕图案承载和表达的寓意，甚至砖雕、木雕、石雕等存在的习俗也属于非物质性传统文化的内容。但相对于人的载体来讲，物质性载体属于次要的载体，因为一旦失去了人的"行为过程"能力，我们也只能在现存的书本、影像资料和实物等载体中寻找那些非物质性传统文化中的部分内容了，并且物质性的载体一旦被损毁，那些非物质性传统文化内容的痕迹必将彻底消失。在《非遗法》阐述的非遗的价值体系中，非遗具有历史、文学、艺术、科学价值。实际上就非遗必须"依附于人的行为过程"的属性来讲，非遗在今天也属于社会习俗和社会实践的一部分，具有更广泛和现实的社会价值。例如，在"国家级代表性项目名录"中的那些真实的"传统技艺"类项目中的绝大多数项目，仍为我国"第三产业"中的重要内容。

注1：爱德华·伯内特·泰勒（Edward Burnett Tylor）.原始文化［M］.连树声，译.上海：上海文艺出版社，1992：1.

注2～注4：樊嘉禄，赵玉春，吴士新，等.非物质文化遗产概论［M］.北京：国家开放大学出版社，2019：1-3.

注5：联合国教科文组织.保护非物质文化遗产公约［EB/OL］.［2022-06-15］.https://www.ihchina.cn/zhengce_details/11668.

注6：中华人民共和国非物质文化遗产法［EB/OL］.［2022-06-15］.https://www.ihchina.cn/zhengce_details/11569.

第三节　北京四合院传统营造技艺历史形态的基本内容

"北京四合院传统营造技艺"为"国家级非物质文化遗产代表性项目名录"中的"传统技艺"类项目，另有"中国传统木结构（建筑）营造技艺"为联合国教科文组织"人类非物质文化遗产代表作名录"中的中国项目（两者的申报文本均由笔者撰写）。两者的内容具有较高的相似性，后者包容前者。为了使读者能够从更宏观的角度理解前者的基本内容，笔者在此暂且简单地阐释后者中的基本内容，明显的不同之处会加以说明，并用所指更广泛的"民居"一词暂且替代"北京四合院"。

中国传统建筑体系是以木结构框架为主的建筑体系（当然还有其他类型），这一建筑体系是以柱、梁、檩、枋（额）、斗拱等木构件组成大木构架形式的框架结构，承受来自屋面、楼面的荷载和附加荷载（如雨雪），以及风力和地震作用等，并以土、木、砖、瓦、石等为主要建筑材料。营造过程主要包括策划、勘察选址、规划、设计（不一定都有）和具体施工前后两个主要阶段。后者的专业分工主要包括木作（含大木作与小木作）、瓦作（或砖作）、石作、土作、油漆作、彩画作、搭材作、裱糊作等，称为"八大作"。"作"也就是工种，还有石雕（石作）、木雕（木作）、砖雕（瓦作）、灰塑（瓦作）、叠石、铁作、工具与材料制作等或细化或独立的工种。在整个施工的过程中，还有相关的禁忌和祭祀仪式等内容。其中又以大木作为诸"作"之首，瓦作为次，在一般的施工中，大木作师傅负责施工组织，瓦作师傅配合。中国传统的建筑师（官名"将作"等及属下）、工匠和广大群众在几千年的营造过程中积累了丰富的技术经验，在建筑形式的选择、结构方式的确定、材料类型的选用、模数尺寸的权衡与计算、构件的加工与制作、施工安装以及节点与细部处理等方面，都有独特且系统的技艺。

若从世界的地域范围、历史的时间进程和广义的文化领域的高度来看，中国传统木结构建筑体系根植于中国特殊的历史、人文与地理环境，既是中国传统生产与生活方式的结果，又是这种生产与生活方式的真实写照。它既依存于中国历史上特殊的文化背景，包括政治和社会制度以及科学思想和科技水平，又是相关文化内容的具体表现和反映。以中国传统建筑形式和营造技艺所代表和折射出的某些生产与生活方式等，即使在今天，也有其部分存在的适应性与合理性。这也是该技艺能够入选"人类非物质文化遗产代表作名录"的基本前提。

"中国传统木结构建筑营造技艺"历史文化形态的具体内容，包含"实践形态""意识形态""技术形态""传承形态"和"物化形态"等五个主要方面的内容，其中包括官式建筑（宫殿、礼制、宗教、皇家园林、陵墓和衙署等建筑）和部分普通民居营造的"堪舆制度""模数制度""等级制度""工官制度"（不含民居）等，其中也蕴含了影响至今的历史、文化、艺术、科学等价值。"工官制度"就有历史上的将作、大匠、工部等在营造全过程中的领导与管理制度。历史上大多数时期的建筑设计工作情况我们目前并不十分清楚，但清康熙年间"样房"的建立，属于明确的建筑设计分工的出现，以"样式雷"家族为代表。

1."实践形态"内容也就是营造的全过程，包括策划、勘察选址、规划、设计（不一定都有）和具体施工（"八大作"实践等）前后两个主要阶段，也包括前期或之间的工具与材料的加工和制作，以及在施工过程中的相关禁忌和祭祀等。"营"就是"经营""筹划"，包括策划、规划、设计等。"实践形态"的内容无疑是属于非物质性的，也是该营造技艺得以传承的关键部分，同时也是以社会需求为基本前提的。

2."意识形态"内容可分为三个层次：

（1）就一座具体的木结构建筑来讲，其整体的形态既包含了反映建筑技术等层面的结构形式，也包含/反映营造者主体赋予它的意识形态内容。例如，通过建筑体量、建筑材料（如琉璃瓦与黏土瓦比较）、建筑色彩（如油漆彩画、墙面及瓦饰色彩等）、建筑形式（如单层与多层比较）、屋顶形式（如庑殿与歇山顶比较）和其他装饰（如木雕、石雕、砖雕）等所展现的建筑本身的美感（如崇高、威严、富丽、秀美和恬淡等）、对美好愿望的诉求（如砖雕、木雕、石雕等的吉祥图案等所表达的寓意）、对等级观念的表达（如庑殿顶等级最高）等，属于营造主体（业主）或完全或部分地赋予建筑本身的意识形态内容（图1-4）。

（2）由于受建筑技术和建筑材料（如木材的长度）限制等的影响，中国传统木结构建筑体系始终是以单体建筑的群体组合方式，解决大尺度空间和复杂功能需求等问题。而每一类型建筑体系的组群，都包含了复杂多样的规划布局理念，进而呈现出了不同的空间内容与形态特征。例如，北京的故宫、天坛、颐和园，就呈现出了三种完全不同的空间内容与形态特征。因此，可以说单体建筑的不同组合方式，当然也包括含有特殊形态的单体建筑的存在（如祈年殿、佛香阁等），是体现中国传统建筑体系空间内容与形态最重要的艺术特征。在不同的历史时期，各类建筑体系都有着不同的空间内容组合方式，也就有着不同的艺术特征。总体上是通过多样

图1-4　陕西民居中的砖雕

化的单体建筑及院落式组合方式，以整体空间中各种要素内容的虚实相应、院落空间的流通与变化、院落空间与各个单体建筑以及建筑组合间的烘托与对比、建筑室内外空间的交融与过渡，以及天际线的形态变化等，最终形成中国传统建筑体系空间体量的壮丽和形态的丰富等。也就是说，中国传统建筑体系空间的重要特征，主要是以单体建筑间和其他空间要素内容间的抑扬顿挫、起承转合、呼应协调关系，强调诉诸建筑组合的气氛渲染。

理性地讲，中国传统建筑的技术特点和注重群体组合的关系，原本与技术和材料的局限性互为表里。但营造者主体借此有意识地赋予了建筑体系重要的意识形态内容，其中包含了某些哲学、美学和礼制文化思想等意识形态内容。

（3）中国传统的城市、城镇和乡村的规划等，与某些建筑体系组群的布局等具有相同或相近的理念，并在考虑其他因素的同时，依照重要的"堪舆制度""等级制度"等。例如，明清北京城与紫禁城有着重叠且一致的规划布局方式和建筑空间艺术特征，也就是以中轴线的延伸和其上的重要建筑为统领，以两翼建筑的展开为烘托，以表达和谐秩序的人间境界，体现了地理与心理上的风水要求、艺术与视觉上的感受要求、文化与礼制上的等级要求等，还具体地贯通了"致中和，天地位焉，万物育焉"的思想和艺术表达。这些内容无疑也属于营造者主体赋予建筑组群的意识形态内容。

总之，"意识形态"内容中包含了哲学、美学、艺术、礼制、宗教、民俗等多重内容，包括必须遵守的"堪舆制度""等级制度"等，特别是形成了很多属于我国特有的建筑体系的空间内容与形态等。这些内容无疑是属于非物质性的。

3. "技术形态"内容也就是技术体系，包括复杂多样的木结构框架体系、基础、墙体、屋面、装折（即装修）、装饰的结构与构造，木构件的保护与装饰，工具与材料制作等诸多技术，还包括必须遵守的"模数制度"等。仅就木结构框架体系而言，早在距今约 7000 年的河姆渡文化遗址中，作为中国传统木结构建筑标志性的榫卯技术就已经出现了。在随后的历史发展中，出现了借助斗拱的支撑与挑檐技术；以抬梁式、穿斗式和混合式屋架为主的屋架结构，形成多种形式的建筑屋顶技术；以梁柱与铺作层（斗拱层）相结合支撑大开间、大进深的建筑屋顶的技术；用"减柱法"和"移柱法"，或减少或移动室内柱子，使得建筑室内空间更方便使用的技术，包括以"大额"（相当于桁架）承受由主梁传来的巨大荷载的技术；木楼和多层塔建造技术等。中国传统木结构建筑从隋唐至北宋时期，逐步完成了程式化、标准化、模数化，以宋代《营造法式》的出现（王安石变法时期）为标志，总结出了一整套包括设计原则、类型等级、加工标准、施工规范、造价定额等完整的营造制度，并以斗拱构件的"材"作为模数标准。这是中国传统木结构建筑营造技艺的一个里程碑，形成重要的"模数制度"和"工官制度"。在《营造法式》中，称内外柱同高或内柱稍高，内外柱上均接斗拱的建筑为"殿堂式"；称外柱接斗拱，而内柱升至檩下无斗拱的建筑为"厅堂式"；称不用斗拱的小型建筑为"梁柱作"。又以明代《鲁班营造正式》和清代工部《工程作法则例》的出现为标志，并以斗拱的"斗口"尺寸作为模数标准，形成了影响深远的建筑技术。这些技术内容均属于该技艺的重要内容，无疑具有非物质性传统文化的属性（图1-5～图1-13）。

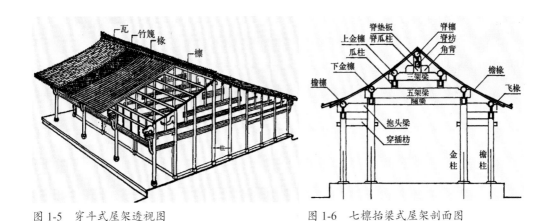

图1-5　穿斗式屋架透视图　　　　　图1-6　七檩抬梁式屋架剖面图

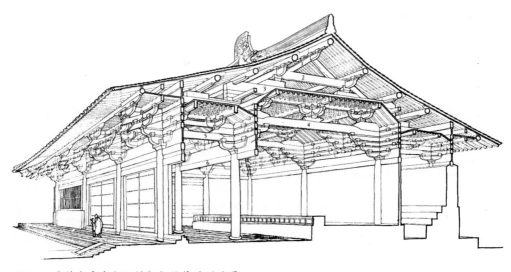

图1-7　唐佛光寺东大殿梁架与铺作层剖面图

图 1-8　明代宝纶阁混合式屋架

图 1-9　辽代佛宫寺释迦塔修复的斗拱

图 1-10　辽代佛宫寺释迦塔

图 1-11　辽代佛宫寺释迦塔内部

4."传承形态"内容就是该营造技艺的传承过程与方式。在古代社会，较重要复杂的官式建筑和民用建筑体系（包括民居）需要相关的规划和设计，具体工作由那个时代的"建筑师"等（将作或其属下及相关工匠等）完成，设计成果以模型（"烫样"）和图纸（"侧样"）形式呈现，且设计图纸（"侧样"）一般只有外观形象和控制尺寸，其建筑材料、建筑构件、模数尺寸、加工与装配方法等，主要依靠工匠的传习和对口诀的记忆来实现。

这类规划和设计以往主要是以师徒间"言传身教"方式传承（可能还有其他的方式）。从近代开始，是以学校教育和在设计实践中以师徒间"言传身教"的双重方式传承。

传统建筑施工阶段的行业是以木作和瓦作

图1-12　清代汾阴后土祠秋风

图1-13　清代汾阴后土祠秋风楼室内梁架

为主，集多工种于一体的行业。以往城市中的匠人多隶属于官办或民办的企业和作坊等，城市建筑的营造都是由这类企业和作坊等的工匠完成。施工过程中的"八大作"等内容，以往是以师徒间"言传身教"的方式，结合在营造实践中传承。这种传统的传承方式，也使得该营造技艺在传承的过程中具有清晰明确的认同感和持续感。

与城市不同，作为各地乡村居民生活载体的乡村民居的建造，一般都是由工匠、家族成员和乡邻好友按各地习惯做法共同完成，辈辈相因。主要的建造材料就地取材，既有通用的营造技艺，又具有明显的地方特征。有些工具就是平时劳动生产中使用的工具，如锹、镐、斧、锯等。在营造的过程中几乎不需要设计图纸，只是根据家庭的需要、用地条件和经济条件等实际情况，直接由工匠领头营造。其建筑形式、构件内容、模数尺寸、加工与装配方法，包括禁忌与操作仪式等均被工匠烂熟于心，并为广大乡民所熟知。可以说各地乡村民居及其营造技艺，被广大乡民视为生活中不可或缺的传统文化内容，其营造技艺既有工匠师徒间以"言传身教"的方式传承，更有包括广大乡民在内的、在营造实践中的传承，在相应的地方族群中同样具有清晰明确的认同感和持续感（图 1-14 ～图 1-16）。

图 1-14　黔东南苗族吊脚楼

图 1-15　黔东南苗族吊脚楼营造——祭祀

图 1-16　黔东南苗族吊脚楼营造——立架

总之，该营造技艺的传承形态，包括技术和文化等层面内容以及清晰明确的认同感等，均是属于非物质性的。

5."物化形态"内容包含大量遗留至今的传统建筑实物和与之相关的工具材料等内容，也就是《公约》中表述的"相关的工具、实物、手工艺品和文化场所"和《非遗法》中表述的"相关的实物和场所"。但"文化场所"有着更深层的含义，不仅指建筑环境空间，还包括以此和自然环境所承载的特定群体生产、生活、习俗等方方面面的内容，共同构成复杂的物质性内容与非物质性内容叠加的人文环境。还需要特别强调的是，虽然"物化形态"内容承载着相关"非物质性传统文化"的重要内容，但是它不能独立地作为有着特定的概念界定与限定的非遗项目而存在。

总结该营造技艺五个方面的历史文化形态内容之间的关系：非物质的"意识形态""技术形态"内容是该营造技艺的历史、文化、艺术、科学等价值体系的内核，但必须集中地依附于非物质的"传承形态""实践形态"中的实践、传承与传播等，最终又集中地凝聚于"物化形态"的建筑实物之中。因此，"物化形态"内容虽然是属于物质的，但也属于该营造技艺不可分割的一部分。重要的是，作为有着特定概念界定与限定的非遗代表性项目，其"传承形态"和"实践形态"又属于最关键的部分，因为两者始终是依附于传承人群体的"行为过程"，才使得这一技艺的全部内容得以不断地实践、传承与传播（注7）。

另外，基于以上内容阐释，以"中国传统木结构（建筑）营造技艺"为代表的非遗项目，与传统建筑类遗产之间的关系，可以简单地总结为因果关系，前者为因，后者为果，前者为非物质性的，后者为物质性的。这种因果关系也就是两者之间的界限。

进一步分析，非遗虽然属于客观存在的"非物质性传统文化"内容，但又属于由人的主观界定与限定的那部分"非物质性传统文化"内容，这种界定与限定也就是"选择"，是基于人的主观判断其是否具有"代表性"，即判断的依据除了其是否依附于人的行为过程而世代相传至今外，最核心的是基于人对其价值的主观判断。在《非遗法》中，非遗的价值体系包括历史、文学、艺术、科学价值。同样，作为传统建筑以及其载有的各类信息等，虽然也是客观存在的，但其能否成为更高级的和具有代表性的文物建筑（文物保护单位），也是基于人对其价值的主观判断。在《中华人民共和国文物保护法》中，文物建筑的价值体系包括"历史、艺术、科学价值"，因此可以说，以"中国传统木结构（建筑）营造技艺"为代表的非遗项目，与文物建筑类建筑项目（文物保护单位）之间的联系，表现为两者间有着相近和部分重叠的"价值体系"，重叠的内容主要为前面阐释的该营造技艺中的"意识形态"和"技术形态"内容。

注 7：在我国现有的非遗保护体系中，传统技艺类项目的传承人只有"匠人"而没有研究者和规划设计者，完全不符合传统建筑营造技艺类项目实践、传承与传播的实际情况。例如，具有一定规模和复杂程度的建筑体系的营造，显然不可能只依靠掌握着"八大作"等技艺的工匠独立完成。

北京四合院
传统营造技艺
历史文化形态与保护

第二章

合院式民居与北京四合院民居的
历史沿革

第一节　合院式民居的历史沿革

合院式建筑组群在中国出现很早，陕西岐山凤雏村有一座建筑遗址，可能为武王灭商以前的先周宗庙或宫室。该遗址南北长43.5米，东西宽32.5米，高1.3米，四周都有建筑围合。大门开在正南的南北中轴线上，东、西、北三面外围的建筑都带有面向院内的前廊，建筑布局以南北中轴线对称。遗址中心偏北的位置有座最大的单体建筑——堂屋，显示其尊贵的地位。其后面既有东西方向的后廊，又在中轴线上置廊庑与北面建筑的前廊相连。这样就在四周建筑围合的内部形成了前院和后院（或称后院为两个天井）。这种平面布局的建筑组群可称为合院式，以后年代的合院式民居的布局都与其相类似（图2-1）。以此例为基本参照，一般我们把四面有建筑围合（可能局部是围墙）的一组小型建筑群称为"四合院"；把三面有建筑、一面有围墙围合的一组小型建筑群称为"三合院"；把三面或四面有建筑围合，但中心院落狭小的一组小型建筑群称为"天井院"（多为两层）等。再有，在这类建筑群中，由建筑和围墙围合的室外空间称为"院落"。而位于建筑群中轴线上的"院落"，有几个便称为"几进院落"。

发展到汉代，合院式民居已很普遍，在汉代明器和画像砖、石中所见形象很多，但更具体的布局形式不甚明朗

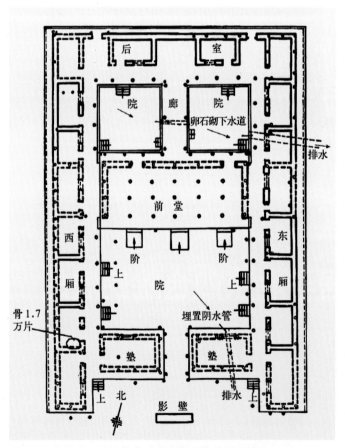

图2-1　陕西岐山凤雏村先周宗庙遗址复原平面图

（图 2-2）。之后，在隋朝展子虔的《游春图》以及唐宋和以后时期的美术作品中，合院式建筑群形象也屡屡出现，如唐宋壁画及卷轴画《江山楼阁图》《湖亭骑射图》《文姬归汉图》《中兴祯应图》《千里江山图》《四景山水图》《清明上河图》等，以及永乐宫纯阳殿元代壁画等中。其中多数是前后串连二院，前院横长，是从宅外到后院的过渡；后院方阔，是住宅的主体，大门和中门大都开在中轴线上。《清明上河图》中有一例大门开在全宅前右角，与北京现存明清以来传统四合院民居一样。白居易的《伤宅》中说："谁家起甲第，朱门大道边？丰屋中栉比，高墙外回环。累累六七堂，栋宇相连延。一堂费百万，郁郁起青烟……"可见唐代已有多进院落式住宅。《千里江山图》中的民居虽然都处在山野中，有的以配房围合成三合院，有的仅以篱墙围护，其核心部分多为"工字形"平面。北京后英房胡同曾发现过元代住宅建筑遗址，主房也是"工字形"平面。到了明清，合院式民居更加普及（图 2-3～图 2-5）。

图 2-2　四川成都出土汉画像砖中的住宅

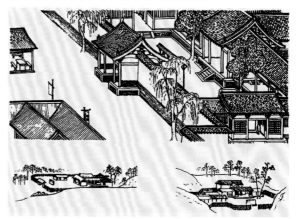

图 2-3　《文姬归汉图》和《千里江山图》中的住宅

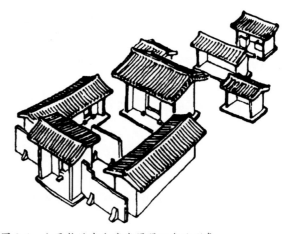

图 2-4　山西长治出土唐代冥器四合院形象

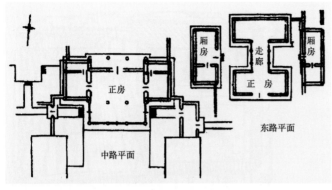

图 2-5　北京后英房胡同元代四合院住宅遗址复原平面图

合院式民居依地域的不同而呈现为多种形态，若简单地分类，可大致以秦岭和淮河流域为界，分为华北、西北地区合院式民居、南方地区合院式民居、南方地区天井院民居、岭南客家民居（部分）几大类，甚至可以把华北、西北地坑院式窑洞民居纳入其中，因为此类窑洞民居也曾与木构建筑民居互有影响。

考古工作成果表明，在商代晚期，华北和西北地区还有人居住在地穴之中。甲骨文的"来""去"就有"上""下"的意思。华北和西北地区的靠崖窑洞（庄窑）、地坑院窑洞（坑窑）和砖砌覆顶窑洞（锢窑）民居，可以认为是地穴民居的发展（图 2-6～图 2-9）。其中的地坑院窑洞就是在黄土高原上平地挖坑，再于坑的四壁水平挖出窑洞，在窑洞中间自然就形成了院落空间。锢窑的外形是仿砖砌建筑，类似于无梁殿的建筑形式。而靠崖窑和地坑院窑洞口的高级饰面便是在洞口部位"贴脸"，即在洞口前土壁上用条砖砌筑护崖挡土墙及门头，门头上若有屋面，自然为单坡形式。建于明末清初的河南省巩义市康百万庄园的上寨中有 73 孔锢窑和 16 孔靠崖窑，后者便采用贴脸装饰手法，与地面砌筑的建筑在形象上浑然一体。类似于这种组合建筑形式的实例多见于石窟寺中，如龙门石窟一些洞口崖壁或"露天大佛"上部及两侧上部的崖壁上还遗有当初用于插装固定屋面木构件的孔洞，只是这种洞口外加的建筑不是护崖墙，而是至少有半个进深跨度的建筑屋顶。

河南、山西、陕西、甘肃等地区有很多合院式民居，其以四合院式为主，外围建筑的屋面多采用向内的单坡形式（向外的坡很短可忽略不计），这固然与增强院落的防卫性有关，类似于汉代的坞壁（也称坞堡，地方豪强的或无险可守地区的防卫性建筑群），可以称为"堡院"（图 2-10）。但似乎也与同地区窑洞"贴脸"的装饰形式有着某种必然的联系，前后影响的次序已很难考证。著名的实例有山西祁县乔家大院、祁县渠家大院、灵石县王家大院、太谷县曹家大院、晋城市北留镇陈廷敬府邸、襄汾县丁村民居、陕西韩城党家村、甘肃临夏白宅、临夏马步芳住宅等（图 2-11～图 2-21）。

图 2-6　山西靠崖窑民居

图 2-7　山西地坑院民居

图 2-8　山西铜窑民居 1

图 2-9　山西铜窑民居 2

图 2-10　广州麻鹰岗东汉陶坞壁

图 2-11　晋城市北留镇陈廷敬府邸 1

图 2-12　晋城市北留镇陈廷敬府邸 2

图 2-13　晋城市北留镇陈廷敬府邸 3

图 2-14　晋城市北留镇陈廷敬府邸 4

图 2-15　灵石县王家大院 1

图 2-16　灵石县王家大院 2

图 2-17　灵石县王家大院 3

图 2-19　灵石县王家大院 5

图 2-18　灵石县王家大院 4　　　　　图 2-20　灵石县王家大院 6

　　乔家大院为山西著名的晋商住宅，以此为例可见华北、西北地区四合院式民居的一些基本特征，特别是封闭性特征。乔家大院始建于清初，以后分期扩建，由五座主宅和若干偏院组成，主宅北面两座均为三进，南面三座皆为两进，南北院落中间是甬道，总入口就开在甬道东端，近二十个院子全是纵向长方形；各宅后罩房均为两层带前廊，双坡屋面；两侧厢房皆为单层单坡向内屋面；因北主宅中第二进院落为住宅的核心，故第二进院落的倒座房也为双层，单坡向内屋面，以增强防御性（图 2-21 ～图 2-23）。

　　从明清北方四合院民居的实例来看，大多采用抬梁式屋架承托屋面的荷载，也有不少在室内中间用屋架、四周靠墙体承重的情况。后者的结构形式最为极致的是甘肃东部和青海地区的"庄窠（kē）"式民居。做法为先夯筑或用土坯砌筑方院，再于院内沿着高高的厚土墙搭建土木结构的平顶房，形成三合院或四合院。平屋顶低于外墙，利于防卫。

　　抬梁式屋架的构造形式是在柱头上插接梁头，梁头上安装檩，梁上再插接矮柱，用以支起上面较短的梁，如此层叠而上，每榀屋架梁的总数最多可达 5 根（11 架梁）。但《明史·卷六十七·舆服志》室屋制度上规定："一品二品厅堂五间九架……三

图 2-21　祁县乔家大院 1

图 2-22　祁县乔家大院 2

图 2-23　祁县乔家大院某院纵剖面图

品至五品厅堂五间七架……六品至九品厅堂三间七架……庶民庐舍不过三间五架，不许用斗拱、饰彩色。"不过达官巨富住宅违规的实例也并不少见。抬梁式屋架结构因中间用柱少，建筑的室内分割空间比较容易，但用料较粗大较浪费材料。又因木构件之间是榫卯连接（非刚性），具有很好的抗震作用，但前提是最下层的水平木构件（山墙上的两架梁和前后下金檩、垫板、枋）没有变形，屋面荷载不会通过这些木构件压在围墙上（图1-6）。

春秋时期的老聃（老子）曾在东周国都洛邑（现洛阳）任藏室史，传说晚年乘青牛西去，在函谷关写成了五千言的《道德经》，其中说："凿户牖以为室，当其无，有室之用。"这一段话直接说明了当时北方建筑墙体的做法是先夯出封闭的土质四面围墙，然后在墙上凿出门洞和窗洞。除夯土墙外，传统建筑上普遍采用另一种墙体做法是用土坯砌筑。直至明朝，城市和乡村富户民居建筑才普遍使用砖砌围墙（部分少数民族地区民居采用其他建筑形式除外）。在20世纪我国改革开放之前，即便是北京郊区，仍然有很多民居采用土坯砌墙。

南方合院式民居仍以四合院式为主，布局与北方的大同小异，只是建筑的山墙多为有防火功能的马头墙（山墙高出屋面），结构显得轻巧，形式多样；楼房也较多，其中的中小型院落仅由一个或两个院落组成（图2-24～图2-30）。

图2-24 黄山市徽州区呈坎村1

图 2-25　黄山市徽州区呈坎村 2

图 2-26　黄山市徽州区呈坎村 3

图 2-27　黄山市徽州区呈坎村 4

图 2-28　黄山市徽州区呈坎村 5

图 2-29　黄山市徽州区呈坎村 6

浙江东阳及其附近地区的"十三间头"民居特色突出，通常由三间正房和左右各五间厢房组成三合院（尽端厢房的侧墙与正房的后墙在同一轴线上，正房的山墙对尽端的厢房有一定的遮挡），十三间房都是楼房，底层向院一面都有前廊，上覆"腰檐"（也叫"披檐"，位于一层的屋檐）。三座楼房都是硬山屋顶，两端均有马头山墙。

南方大型合院式民居由多个院落单元组合而成。一般分为左、中、右三路，中路为多进院落，左、右路为纵院，即两侧建筑为纵向"条屋"（朝向与中路建筑垂直），对称严谨，故而有"三堂两横"之称，有些还附带园林。多见于江苏、浙江、湖南、江西、广东和福建等地。

图 2-30　黄山市徽州区呈坎村 7

中小型天井院民居多见于皖南赣北的古徽州地区，因三面或四面楼房围合的院落很小，故称为"天井"，而大型民居常可由多个天井院落拼合而成，巨大规模的多由十几个相似的天井院拼合而成。一般正房为双坡硬山顶，其余为向内的单坡或不对称的双坡顶，山面皆有马头山墙。广西北部的桂北民居与之相似（图 2-31）。

在云南昆明一带也有四合天井院民居，正房三间和左右厢房（当地称为耳房）各两间都是楼房，另在耳房前端临近大门处有倒座房一间，进深仅八尺，故而有"三间四耳倒八尺"之称，上下层之间在朝天井院方向都有腰檐。因天井院式民居平面占地小，正房与厢房转角处衔接处理简单，加之两层的高度显得较高，故又称为"一颗印"式民居。另外，简单的还有"三间两耳"式。云南大理白族聚居区有"三坊一照壁"和"四合五天井"式，及由此发展而来更为复杂的规整式院落民居（图 2-32、图 2-33）。

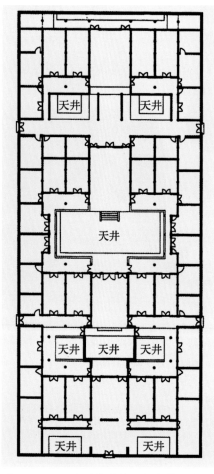

图2-31 江西铜鼓带溪乡下大夫第天井院
平面图

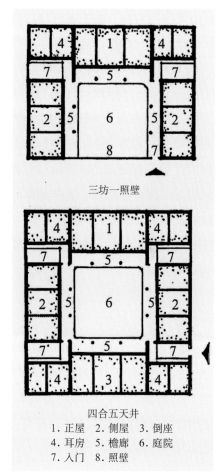

三坊一照壁

四合五天井

1. 正屋 2. 侧屋 3. 倒座
4. 耳房 5. 檐廊 6. 庭院
7. 入门 8. 照壁

图2-32 云南大理白族民居平面图

图2-33 云南大理更为复杂的白族民居

中国历史上曾发生过的两次汉族大迁徙都是自中原向华南，一次是西晋末至东晋时期，另一次是北宋末至南宋时期。由于中原"衣冠南渡"，南方地区受中原文化熏陶日深，建筑布局甚至是某些建筑细部都保有北方建筑传统遗韵，如目前遗留的很多类型的木梁构件还遗有宋代建筑月梁的外形。到北宋末年，有的已辗转定居于当时还颇荒蛮的闽粤赣三省交界地带。他们以前在中原地区多为豪门望族，客居他乡还一直保有中原地区的文化、习俗和语言等。自称"客家"，跟当地土著以别"华夷高下"。

五凤楼是闽西南客家土楼中一种很特别的合院式民居形式。在中轴线上分列三堂，下堂为门屋，地势稍低；中堂为祖堂，作为接待宾客、举行宗法典礼的场所，是全宅的中心，地势稍高；后堂为三至五层的主楼，高矗在中轴线的北端，是族内尊长的居处，为全宅最高建筑；三堂之间的两侧有廊庑连接，围合成两个天井院。中轴天井院左、右各建一列屋顶为阶梯状"横屋"（客家人称为"两落"），由三层逐步递落为两层、单层，为三堂的两翼，是辈分较低者的住处。因此类建筑组群在外观上以中轴线空间携两翼，又层层叠叠、高低错落，犹如展翅欲飞的凤凰，故称为"五凤楼"。"五凤"又分别指五种不同颜色的"鸟"：赤、黄、绿、紫、白，同时也象征着东、南、西、北、中五个方位。这与中原礼制文化中最早把太阳想象为主持不同季节的"太阳鸟"，并与五行方位学等相结合的遗韵颇为一致。五凤楼可能并不是最早出现的福建土楼的原始形态，但与中原汉族传统建筑的联系最紧密，充分体现了"礼别异，尊卑有分、上下有等，谓之礼"的社会伦理观念（图2-34、图2-35）。

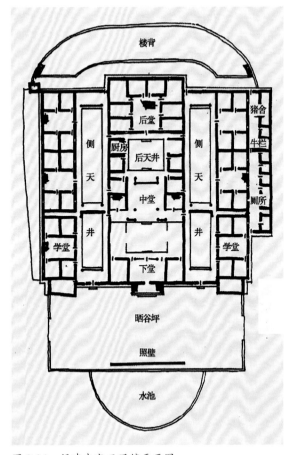

图2-34 福建永定五凤楼平面图

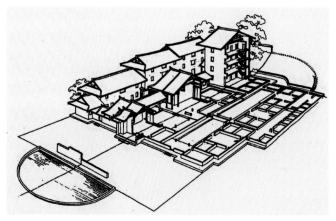

图 2-35 福建永定五凤楼透视剖面图

另外，客家民居中既有更接近于中原汉族民居风格的四合院式民居建筑，又有看似是在扩大了的四合院式民居之后再建马蹄形围屋的"围龙（垅）屋"民居，一般为一条"围龙"，最多的为三条。围龙屋也是客家地区一种最普遍、最具特色的民居建筑形式（图 2-36 ～图 2-43）。

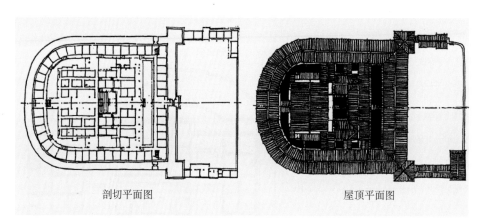

剖切平面图　　　　　　　屋顶平面图

图 2-36 福建永安西华池——安贞堡围龙屋

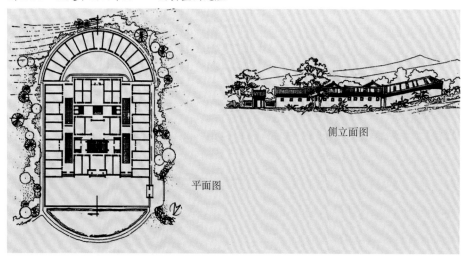

平面图　　　　侧立面图

图 2-37 广东梅县南口镇宁安庐围龙屋

图 2-38　江西某客家围龙屋 1

图 2-39　江西某客家围龙屋 1 内部

图 2-40　江西某客家围龙屋 2

图 2-41 江西某客家围龙屋 2 内部

图 2-42 江西某客家围龙屋 3

图 2-43 江西某客家围龙屋 3 内部

福建地区方楼、圆楼形式的土楼民居的形态基本改头换面了，圆楼与方楼除了居中的祠堂仍处在至高无上的地位外，其余的尊卑秩序几乎看不到了，全是大小一致的卧房环绕中心布局，尤以圆楼为甚（图2-44～图2-49）。

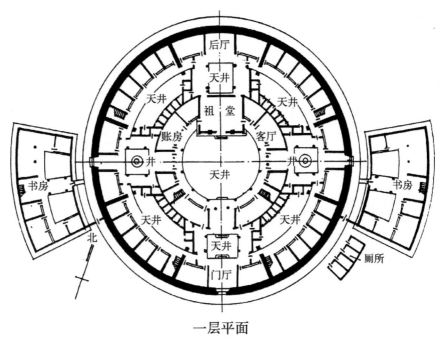

图 2-44　福建客家某土楼平面图

图 2-45　福建龙岩适中镇客家土楼群1

图 2-46　福建龙岩适中镇客家土楼群 2

图 2-47　福建龙岩适中镇客家土楼群 3

图 2-48　福建龙岩适中镇某客家土楼内部夜晚

图 2-49　福建龙岩适中镇某客家土楼残部

南方安徽、江苏、浙江、湖北、湖南、江西、四川、广西等地区民居多采用穿斗式木结构屋架，其特点是用穿枋把柱子纵向串联起来，形成一榀榀的屋架，檩条直接架在通柱的柱头上，或架在已经插接在串枋上的短柱的柱头上。沿檩条方向，再用斗枋把柱子串联起来，由此形成一个整体框架，抗震性能更佳。这种木结构形式建筑的特点是由于每榀屋架上的柱子较多，室内空间分割受到限制，但用料较细小，节省材料。穿斗式木结构屋架最极致的实例是南方少数民族吊脚楼民居的屋架(图1-5）。

还有一种抬梁式与穿斗式相结合的混合式结构，多用于上述南方地区部分较大的厅堂类或寺庙类建筑中，即在山墙部位使用穿斗式屋架，在屋内当中使用抬梁式屋架；或屋架本身就是抬梁式与穿斗式混合插接的，如在基本为抬梁式屋架间增加斗枋，并有非脊檩下的短柱直接顶在檩下等（图1-7）。

从现存明清合院式民居实例来看，可见它们的一些共同的主要特点：

其一，以中轴线对称向心凝聚的格局。较重要的房屋如厅堂等总是贯穿在中轴线上，次要房屋如一般卧室或杂用房等居于中轴两侧（北方称"厢房"）。全宅基本均齐对称，主次分明，井然有序。这种规整式民居有明显的宗法礼制特征，中轴线上位居全宅中心的主房正中一间称为堂屋，地位最高，一般供奉"天地君亲师"牌位，举行家庭礼仪，接待尊贵宾客。其他房屋依其与堂屋的相对位置显出不同的重要性，安排尊卑长幼亲疏不同的成员居住或杂用。"中正无邪，礼之质也"，这种几乎贯通中国所有建筑的礼制精神，在民居中都有细微的表现。

其二，建筑群内部至少有一个开敞的院落或相对窄小的院落（称为"天井"）。稍大型的建筑群在中轴线上有两个或三个院落，其中必有一个为主院，组成一个较完整的单元。更大型的建筑群则有许多相同或类似的院落及建筑单元，依前后串联或左右并联方式，或再加一些附属小院，组成大片建筑群体。这种大型民居通常也总有一个位于全群中轴线上的核心单元。院落中常莳花植树，涵养着一片融融生机。在中国传统建筑体系中，院落不仅被规整式民居大量采用，在其他类型建筑中也广为通行。

其三，外部封闭的宅墙。各房屋都朝向院落开门窗，院外除了宅门，完全被院墙或房屋后檐墙包围。对外很少或完全不开洞，独门独户，关起门来就是自家天地。例外的只是前面提到的客家围屋类民居，规模更大，用于族居。

这种内部以院落为开敞空间、外部以建筑后墙及院墙封闭的民居格局，可以说是开敞与封闭两种矛盾心态的融合：一方面，自给自足的封建家庭需要保持与外部的某种隔绝,以避免自然特别是社会的不测,常保生活的平安宁静与私密,最极致的当属汉代就出现的坞壁(堡)式住宅(图2-10)。建于明末清初的河南巩义市康百万庄园也是这种封闭性的绝好实例,如"寨上主宅区"入口空间依自然地貌前低后高,进入游离于主宅区之前的大门后,往里走要上登坡道,坡道上方有一块平坦的空间可以俯瞰坡道和大门,防御功能极强,俨然城堡的入口。宅区内还有通向外部的秘密通道。另一方面,源于农业生产方式的一种文化基因,又使得中国人特别乐于亲近自然,愿意在家中时时看到天地和动植物。家又称为"家庭",此中颇有深意,就是可以与自然时时交流的庭院空间。两种截然相反心态的均衡,在传统民居外实内虚的院落布局中有着充分的体现。当然,如在第一章中所述,中国传统建筑技术的局限性,并且始终以农业为本等,也是产生出中国传统建筑体系组合形态,包括院落式民居最根本的原因。

开敞与封闭两种矛盾心态的融合在民居类建筑中的表现也是多样性的,因地理和社会与文化环境的不同而各有侧重。如岭南客家围楼民居,最初是因社会环境的险恶而发展起来的建筑形式而更侧重于封闭性,防卫的需求远远大于亲近自然的需求。而明清以来的北京四合院民居,因社会环境相对稳定,在具有封闭性的同时更具有开敞性特征。

第二节　从城市闾里制、里坊制到街巷制

我们目前所见的城市民居,如北京四合院传统民居等,都依托于城市的街巷而立,而城市形态的"街巷制",是我国古代社会中后期城市规划发展的产物。我们所讨论的北京四合院城市民居形态,脱离不了社会发展决定的城市规划的历史演进与因此而形成的物化形态过程。

《周礼》为儒家经典之一,其书晚出,西汉时期河间献王刘德始得之,列于诸经之中。由于是晚出,遂引起真伪的争辩。历代都有研究者认为其作于周初,只是不免后来有人补填。《周礼》分叙《天官》《地官》《春官》《夏官》《秋官》《冬官》六篇,"六官"为后世政府"六部"的前身,即吏部天官大冢宰、户部地官大司徒、礼部春官大宗伯、兵部夏官大司马、刑部秋官大司寇、工部冬官大司空。其中《冬官》早已佚阙,后来由汉儒取性质与之相似的《考工记》补其缺。

《考工记》中备载百工所做所为,其中有《匠人营国》篇。"国"就是都城,《匠人营国》说:"匠人营国,方九里,旁三门。国中九经九纬,经涂九轨。左祖右社,

面朝后市。市朝一夫。"

其意为：由匠人营造的天子都城，为每边长 9 里见方，每边城墙上都有 3 个城门。城中东西（横向）和南北（纵向）各有 9 条相交叉的道路，道路宽可容 9 辆马车并行通过。中间是宫城，其左（西）为祭祀祖先的宗庙，其右（东）为祭祀自然神的社稷坛，其前（南）为朝廷（中央政府机关），其后（北）为市场。朝廷和市场各占地 100 亩。这里没有提到城中其他地块的内容安排，但可以推测主要是安排居住区和作坊区等（图 2-50）。

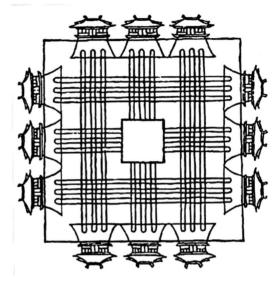

图 2-50　《考工记》王城示意图

纵观中国古代都城规划的历史，都城布局有四次重大发展变化：

其一，从西周到西汉时期，都城由一个"城"发展为"城"（内城）和"郭"（外城）连接的围合布局。

其二，从西汉到东汉时期，都城从坐西朝东（为采光需要，主要建筑朝向依然是坐北朝南）转变为坐北朝南布局，前者以西南为"尊"，后者以北为"尊"。

其三，从东汉到魏晋南北朝及隋唐时期，都城从坐北朝南发展为以南北中轴线东西对称布局。

在以上三个时期，城市居民都被安排在封闭的"闾里"或"里坊"空间内（有的主要被安排在"郭"内），交易的市场也是封闭的，按时启闭（至迟始于战国时期）。整个城市严格地执行夜晚宵禁制度。

其四，唐以前封闭的"市制"和"坊制"逐步瓦解，代之以水上交通要道边上新的"行""市"和繁华的"街市"以及以大街小巷为交通网络的结构布局。

考古和历史文献资料都显示，从西周至西汉，内城主要建筑是宫殿群，外郭主要用来安置居民（"国人"）、设置市场和屯军等。都城整体布局坐西朝东，一般宫城靠在外郭的西墙或西南墙内（也有例外，如鲁国的曲阜故城）。《礼记·曲礼上》云："为人子者，居不主奥。"郑玄注："谓与父同宫者也，不敢当其尊处，室中西南隅谓之奥。"，说明空间的西南角是最好的"上位"。西周礼制还把室中西南隅作为"神"，即祖先神灵的安坐处。虽然庙堂建筑是坐北朝南的，但室内神主的牌位以面向东方为尊，这种礼制一直延续到秦汉之际。西汉及以前都城的设计者就是把这个都城当作一个"室"来看待，把"尊长"所居的宫城或宫室安排在西南隅，使得宫城的正门面向东方。

以汉长安城为例。内城坐西朝东，城的周长25.7公里，总面积约36平方公里，其中东墙长6公里、南墙长7.6公里、西墙长4.9公里、北墙长7.2公里。由于地貌的限制，城的形状为不规则的方形，西部为最主要的宫殿区，北部为权贵居住区、手工业作坊区和市场区，但也有规模宏大的宫殿区。

经过考古发掘，已经找到了汉长安内城各个城门的具体位置，证明城墙每面各有3个城门，并对东墙的宣平门（东墙北侧门）、霸城门（东墙南侧门），南墙的西安门（南墙西侧门）和西墙的直城门（西墙中门）进行了发掘，每个城门都有3个门道，每个门道宽8米。由各个城门通向城内的街道，都由3条平行的街道组成。街道的总宽度一般为45米左右，中间是一条宽约20米的"御道"或"驰道"，专供皇帝使用，两侧道路各宽约12米，以2条平行的排水沟为分界线。像这样宽敞的街道实际上只有8条，均为南北、东西向，十分端直，显然同地形平坦有密切关系。由于霸城门（东墙南侧门）、覆盎门（南墙东侧门）、西安门（南墙西侧门）、章城门（西墙南侧门）距离宫廷太近，通向城内的街道不被列入大街之列。这些纵横交错的街道形成许多"丁字路口"和"十字路口"，其中最长的是安门大街5.5公里、宣平门大街3.8公里，最短的是洛城门大街0.85公里，其余大街多长3公里。

内城除宫殿、武库和市场等外，纵横交错的大道把全城分为大小不等的其他区域为权贵居住区，也就是史书上所说的"闾里"区。《三辅黄图》说，汉长安城共有160个闾里，"居室栉比，门巷修直"。但由于内城基本上被宫殿所占有，大部分普通居民的闾里区只能安排在外郭内，据文献资料分析，主要分布在城外北面和东北面，又以河渠连接"里墙"形成郭郛（fú，城市最外侧的城墙）。但考古工作者至目前始终没有找到西汉长安城外城的痕迹。另外，出内城东南也有大街，因此，也应该是普通居民的聚居地。有少数权贵居住在未央宫北阙（正门）附近，故有"北阙甲第"的称谓。宣平门附近也居住了不少权贵，被称为"宣平之贵里"（图2-51）。

一般认为汉长安有9市，《三辅黄图》说"凡四里为一市"，主要分布在城的西北部和横桥附近，因为通往西域的交通道路（丝绸之路）被开辟以后，从西域来的商人首先从便桥或横桥渡过渭河进入长安城的西北部。另外，横贯关中平原的东西大道也是从横桥、便桥渡过渭河。长安城的西北部因为交通便利，自然成为商贾云集的场所。市四周有市墙和市门，市内有管理机构和设施，《三辅黄图》说"市楼皆重屋""当市楼有令署""以察商贾货财买卖贸易之事"等（图 2-52）。

长安城 12 座内城门外 10 里左右都设"亭"（外郭亭）。城东南与北面郊区还设置了 7 座"卫星城"——陵邑，强迁各地富豪之家来此居住，用以削弱地方豪强势力，加强中央政权的控制。

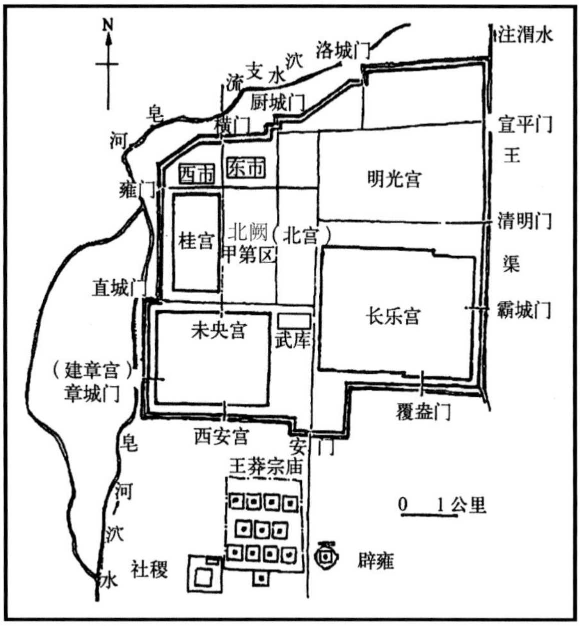

图 2-51　汉长安（内城）平面示意图

从西周至秦汉，城邑中居民聚集的基本单位称为"里"，其标准面积是 1 平方里，居 50 户左右，小的"里"不足半平方里。"里"的四面有墙，墙上的门称为"闾"，故这种民居聚落称为"闾

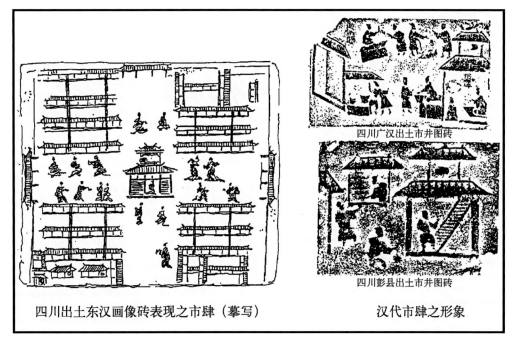

图 2-52　汉画像砖中的市肆

里"，名称的形象感极强。

《管子·八观篇》中指出，为了防止"乱贼之人""奸遁逾越者"和"攘夺窃盗者"，以及出现"男女无别"的事情，必不可"大城不完""郭周外通""里域横通"，而必须"闭其门、塞其途、弇（yǎn，遮蔽）其迹"，以减少臣民犯罪的机会。既然"里域不可以横通"，"里"就只能有一条直通的道路，只在一头或两头设门（"闾左""闾右"），便于控制整个"里"，也便于从"里"门监视检查出入的人，也就是《管子·立政篇》中所说的"筑障塞匿，一道路，抟（专）出入，审闾闬（hàn，泛指"门"），慎筦（guǎn，同"管"）键（固定门闩的金属棍），筦藏于里尉"。"里尉"就是"里"的行政长官。闾的旁边都设有门房，称为"塾"。北京四合院内的私塾一般设于门楼侧（外院），其称谓就来源于此。

隋唐时期的长安城是中国封建社会中期最重要的城市。隋文帝在汉长安东南营建新都城，定名"大兴城"，坐北朝南，总面积达84.1平方公里。在大兴城基础上营建的唐长安城平面呈横长矩形，东西宽9.721公里、南北长8.652公里，其规模在中国古代城市史上是空前的，也是当时世界上最为宏大繁荣的都市。

大城称外郭，南北各有3个城门（含北宫门即重武门），东西各有2个城门。主要城门都有3个门洞，中间为皇帝专用，左、右供臣民出入。相应的干道上也是中间为御道，两侧是臣民用的上下行道路，两侧植槐为行道树，最外侧为排水明沟。长安官员乘马出行有很大的马队，因此道路都较宽，最宽的是宫城与皇城间的东西街，宽220米；中轴线上主街宽155米；其余主干道宽也在100米以上；里坊间的街宽40～60米。在坊间形成9条南北向街和12条东西向街，另外沿外郭城内四面还各有顺城街，共同组成全城棋盘状的街道网。

外郭内北部正中建内城，东西宽2.820公里、南北深3.335公里，分为南北二部。南部纵深1.843公里，为皇城，城内为皇帝临朝或办公和中央官署所在地；北部纵深1.492公里，为宫城，内为皇宫、太子东宫和供应服役部门的掖庭宫。宫城北倚外郭北墙，墙外为内苑和禁苑。外郭内，宫城、皇城、市以外部分基本是矩形的"里坊"。

在内城以南，与内城同宽部分东西划分为4行，每行南北划分为9行，共有36坊，每坊南北长500～590米，东西宽550～700米；在内城东西两侧各划分为东西3行，每行南北直至外郭划分为13行，减去兴庆宫、芙蓉园和东西市后再加上个别的小坊共有76坊，大坊南北长600～838米，东西宽1020～1125米。中型坊南北长500～590米，东西宽1020～1125米。东西市各占2坊面积。

内城前较小的坊，只开东西坊门，坊内有东西横街；在内城左右（往南直至外郭）较大的坊，四面各开 1 个坊门，形成十字街，全坊分为 4 区，每区中又有小十字街，再分为 4 小区，全坊共分 16 小区，每小区用 3 条横巷划分，内建住宅。但大贵族官员不受此限，有的王府、官邸可独占 1/16 坊、1/4 坊、1/2 坊，甚至全坊。东西 2 市各占 2 坊之地（西市主外贸，东市主内贸），面积都在 1 平方公里以上，每面开 2 个门，道路网呈井字形，内开横巷，安排店铺。

唐长安还建有大量寺观，8 世纪初时有佛寺 91 座、道观 16 座。国家及大贵族建的寺观规划可占 1/2 坊或全坊，如慈恩寺、兴善寺。长安有大量西域中亚商人，还为他们建有波斯寺、祆（xiān）教（拜火教）祠和基督教支派景教的寺院（图 2-53）。

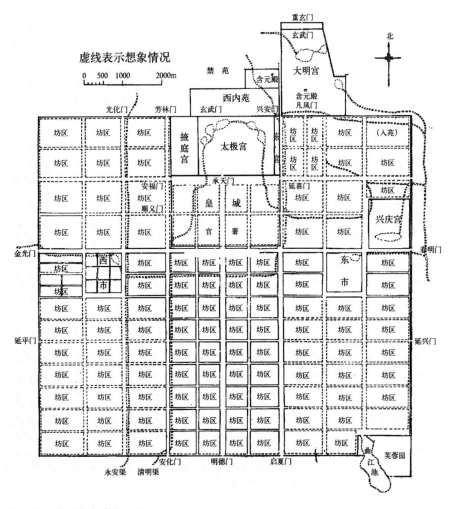

图 2-53　隋唐长安城平面图

中国古代在城市施行封闭的里坊和市的制度至迟始于战国时期，由于在宫殿和官署之间布置，道路及街区都不甚规整，至隋唐长安城把里坊布置在外郭内后，才形成中国历史上最巨大、规整、中轴对称的里坊制城市，也方便了里坊标准面积大小的划分。但里坊制的城市街景都很呆板，除宫殿、衙署、坛庙、皇亲国戚和大官吏府邸，以及寺庙等建筑群可直接在大街上开门外，其余可见的只能是单调的坊墙和坊门，即便是本应热闹非凡的商业区，也封闭在高高的市墙内。一到晚间闭市闭坊后，整个城市就会如同一座死城，远不是很多现代影视剧中所表现的那种喧嚣场景。北宋钱易撰《南部新书·第一卷·甲》载："长安中秋望夜，有人闻鬼吟曰：'六街鼓歇行人绝，九衢茫茫空有月。'"到了晚唐时期，"市"内按所卖物品种类分"行"集中售卖及管理（带有行业协会的性质）。"行"内一般设供"行头"驻地和方便交流交易的酒楼，附近的里坊内也出现了行商和供客商存货、居住及交易的"邸店"。

公元 605 年隋炀帝即位时，又下令在汉魏洛阳城西 18 里营建东京。东京面积 45.3 平方公里，是规模仅次于大兴城的城市。公元 618 年，唐建立后，改东京为洛阳，又称东都。

洛阳平面近于方形，南北最长处 7.312 公里，东西最宽处 7.290 公里，面积约 45.3 平方公里。洛水自西南向东北穿城而过，分全城为洛北、洛南两部分。洛北区西宽东窄，故只能把占地大的皇城、宫城建在西端，恰好西部向南 20 里左右可以遥望两山夹水的伊阙，可作对景。这样，也只好把坊市建在洛南区和洛北区的东部，形成内城位于全城西北角、东北角和南半部为坊市区的布局。洛阳全城共有 103 坊、4 市，南北两区街道虽不全对位，但都是规整的方格网。洛阳之坊大小基本相同，街道网也比长安均整（图 2-54）。

在唐长安、洛阳城规划中，都是以皇城、宫城之长宽为模数，划全城为若干大的区块，其内再分里坊和市等。

北宋东京城又称"汴京""汴梁"，是中国城市形态转型最重要的代表。遗址位于现河南省开封市的附近，由于黄河改道，对东京城历史格局的认识更依赖于历史文献（如《东京梦华录》）。在这一历史时期，位于中原的都城的经济更多地依赖南方物产的供应，即依赖于漕运，并且面对北方少数民族入侵的压力，政治中心不得不向东、向北移动。

汴梁都城由外城、内城、皇城三环相套组成。这种由外城、内城、皇城三重城墙构成的都城规划布局形式，对后世的城市规划布局形式影响很大，为元、明、清都城所效仿。

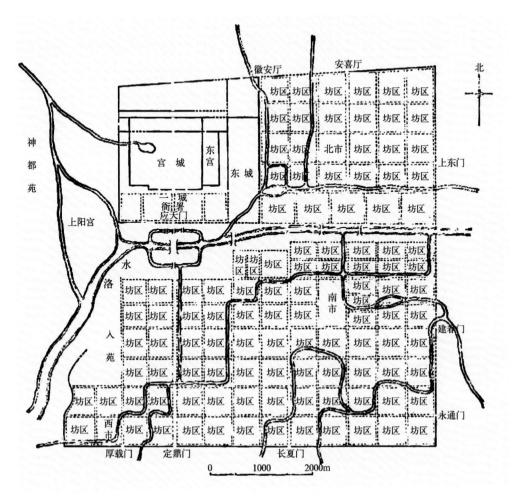

图 2-54　隋唐洛阳平面图

在北宋之前的后周时期的汴梁，由于人口膨胀迅速，百姓不得不在坊墙外搭建很多建筑。"民侵街衢为舍"导致城内街道大车难行，夏季炎热，雨季排水不畅，并有火灾隐患。后周世宗柴荣（921—959 年）主张改善城市拥挤不堪的环境，命令在扩建四倍于内城的外城的同时，扩展和拉直原被侵占的坊墙外的道路，并把坟茔、窑造、草市等迁移到新外城的七里之外。在新外城的规划中，在确定街巷、公署、军营、仓厂位置外，其余任由百姓营造住宅，并规定在宽五十步、三十步、二十五步的街道两侧，允许百姓各于十分之一宽度内种树、掘井、修盖凉棚。在浚通了汴口之后，准许百姓环汴河栽榆柳、起台榭等方式建设都市环境。其中允许街道两边的住户种树、掘井、修盖凉棚等，也自然可以沿街开户门。

　　可以推测，在上述后周汴梁城扩建规划中，允许街道两边的住户各自沿街开门与街后面为坊的形式并存，街道两侧的巷可以作为出入坊门的通道。宋承后周制，《宋会要辑稿·方域一》中记载，宋太宗曾于乾德三年（965 年）十一月，因为城内外121 个坊名"多涉俚俗之言"，便"命张洎（jì）制坊名，列牌于楼上"。同年，宋太宗还废除了街巷夜晚的宵禁制度。

　　宋仁宗在位时，为消除街巷和里坊两种制度并存的不方便性，下令拆除了坊墙。另外，《宋会要辑稿·舆服》记载，宋仁宗曾于景祐三年（1036 年）八月三日下诏："天下士庶之家，凡屋宇非邸店楼阁临街市之处，毋得为四铺作、闹八斗（注1）；非官品，毋得起门屋；非宫室寺庙，毋得彩绘栋宇及间朱黑漆梁柱窗牖、雕镂柱基。"那么反过来讲，"凡邸店楼阁临街市之处"，可以"四铺作、闹八斗"，也就是说沿街的商业性建筑等可以安装斗拱等。这一诏书的颁布，为城市街道建筑形象的进一步丰富多样起到了极大的促进作用。

　　汴梁城形态的变化，也可以从《清明上河图》中略见一斑。所谓"上河"，就是前往汴河游览的意思。当时东京的风俗，清明节出城上坟祭扫，同时也是群众性郊游的日子。《东京梦华录·卷七·清明节》记载，这一天"四野如市，往往就芳树之下，或园囿之间，罗列杯盘，互相劝酬。都城之歌儿舞女，遍满园亭，抵暮而归"（图 2-55 ～图 2-60）。

　　画卷先描绘东水门外虹桥以东的田园景色，有墙身很矮的草屋，有由草屋与瓦屋相结合的民居等，接着描绘的是汴河上的"桥市"及周围的街市，再进一步描绘城门口的街市以及十字街头的街市的情景。其中还用三分之一篇幅描绘了这一段汴河的航运。画有各色人物 770 多个，各种牧畜 90 多头，房屋楼阁 100 多个，大小船舶 20 多艘。

　　画中虹桥上两侧都搭有临时性的摊位，摊位顶盖为方形或圆形不一，这就是所谓的"桥市"。因为桥本身就是交通要道的重要节点，往来人员众多，利于商品交易。宋仁宗赵祯于天圣三年（1025 年）正月，因巡护惠民河田成说的奏请，曾下诏规定百姓不得在京诸河桥上摆摊经商，有碍车马过往。事实上这种禁令没有能够贯彻，到北宋末年这种"桥市"还非常流行。桥附近的南岸有一家"十千脚店"，这家酒楼自称"脚店"，规模自然要比"正店"小，但门前也有"彩楼欢门"（注2），在四周平房中间建了二层楼，临街的门面上已是酒客满座，门前停歇有马、驴等，幌子上有"天之美禄""新酒"等字样。

　　画中十字街头的街市在一座华丽而高大的城门以内。城门是唐宋以来流行的过

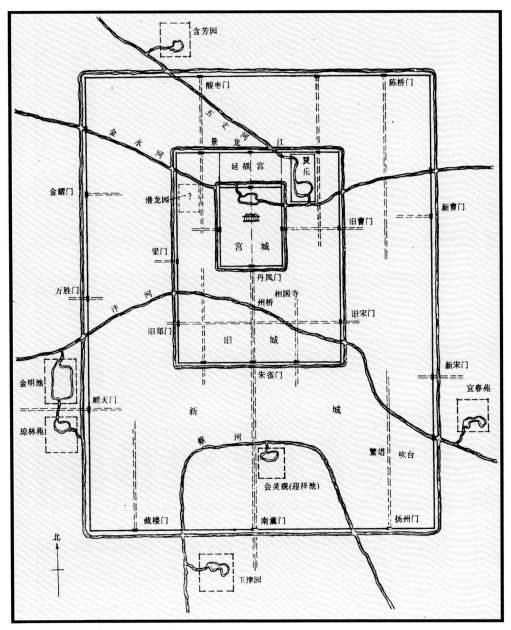

图 2-55　北宋东京汴梁平面示意图

梁式木结构门洞，城门上有高大木结构的华丽楼阁，这座城门应该是东水门北岸的
通津门。越过几家酒店，西边不远处有一座富丽堂皇的三层高大建筑，门前挂着"孙
家正店"的大字招牌，门前设有"彩楼欢门"，西侧用长杆子挂有旗子，这正是东
京"七十二家正店"之一。东京大酒楼往往设在城门口，《东京梦华录》上只说东

图 2-56　北宋．张择端《清明上河图》1

图 2-57　北宋．张择端《清明上河图》2

图 2-58　北宋．张择端《清明上河图》3

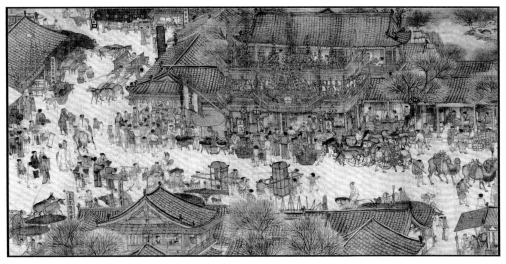

图 2-59　北宋 . 张择端《清明上河图》4

图 2-60　北宋 . 张择端《清明上河图》5

华门外的白矾楼是三层楼。据此画可知，到北宋末年，三层酒楼已经不止白矾楼一家了。三层的大酒楼以及"彩楼""绣旆（pèi，古代旗末端状如燕尾的垂旒、幌子）"，都可以从这里看到描绘的形象。从其他店铺的幌子中，还可以看到"王家罗锦匹帛铺""刘家上色沉檀楝（liàn）香""刘三叔精装字画""孙羊店"。另有"久住王员外家"，既自称为"员外"，又称"久住"，当是一家富豪开设的接待客商的"邸店"。

在十字街头的西南角上有一个棚子，坐着一群人正听人说唱。还有挂着"神课""看命""决疑"幌子的占卜者。

在十字街的横街的西边，有一家挂着"赵大丞家"四个大字的药铺，幌子上还写着"七劳五伤……""治酒所伤真方集香丸""大理中丸……"等。店堂内有长凳作座位，内有柜台，坐医正热忱地招待顾客。大概因为这一带往来的货船、车辆和轿子很多，撑篙、推车、抬轿以及搬运货物容易发生"七劳五伤"，而沉湎于酒楼又容易被"酒所伤"。

《东京梦华录》是宋朝孟元老的笔记体散记文，是一本追述北宋都城东京开封府城市风貌的著作，所记大多是宋徽宗崇宁到宣和（1102—1125 年）时期的情况，其中对繁华的商业街市的描绘：

"凡京师酒店，门首皆缚彩楼欢门，唯任店入其门，一直主廊约百余步，南北天井两廊皆小阁子，向晚灯烛荧煌，上下相照……"

"北去杨楼，以北穿马行街，东西两巷，谓之大小货行，皆工作伎巧所居。小货行通鸡儿巷妓馆，大货行通牒纸店、白矾楼，后改为丰乐楼，宣和间，更修三层相高。五楼相向，各有飞桥栏槛，明暗相通，珠帘绣额，灯烛晃耀。初开数日，每先到者赏金旗，过一两夜，则已元夜，则每一瓦陇中皆置莲灯一盏……大抵诸酒肆瓦市，不以风雨寒暑、白昼通夜，骈阗（piántián，聚集一起）如此。州东宋门外仁和店、姜店，州西宜城楼、药张四店、班楼、金梁桥下刘楼、曹门蛮王家、乳酪张家，州北八仙楼，戴楼门张八家园宅正店，郑门河王家，李七家正店，景灵宫东墙长庆楼。在京正店七十二户，此外不能遍数，其余皆谓之'脚店'。卖贵细下酒，迎接中贵饮食，则第一白厨，州西安州巷张秀，以次保康门李庆家，东鸡儿巷郭厨，郑皇后宅后宋厨，曹门砖筒李家，寺东骰子李家，黄胖家。九桥门街市酒店，彩楼相对，绣旆相招，掩翳天日。政和后来，景灵宫东墙下长庆楼尤盛。"

东京城内除酒楼、茶坊等聚集的集市外，还有瓦子（词话、杂居等表演场所）集市与相国寺的庙市等。

从以上的叙述可以看出，从后周时期起，从首都到地方各大城市，封闭的里坊制和市制陆续退出了历史舞台，一种城市聚居生活的新方式——街巷式应运而生。里坊制与市制解体以后的城市，其内部格局已发生了彻底变化，这种变化也彻底改变了城市居民生活的方式，特别是对商品经济的发展和世俗文化的发展都起到了前所未有的推动作用。

南宋时期，"行在"临安府人口曾达到一百二十五余万，时人称为东南第一州。

南宋灭亡后，马可·波罗依然称临安为"天城"。

东京汴梁城除御街等主要大道居中或呈对称布置外，绝大部分街道基本上都是按照城市发展的实际状况，或曲或直，或疏或密，因势利导，还出现了斜街。观念僵化的等级区域划分亦被打破，出现了贵族与平民、市肆与住宅、公共建筑与私人建筑相处的局面，其结果是使城市结构布局更为均衡合理。

街巷成为城市景观的主体，特别是人们的经济生活内容不再依赖于以前城市中封闭的"市"，商业与其他消费形式的建筑逐渐形成了商业街市。另外，盛唐以后，南方地区的经济发展十分迅速，号称天下财富"扬一益二"的扬州、成都地区成为重要的经济中心。在这些商业繁荣的城市中可能最早先后出现了夜市，逐步突破了夜晚宵禁的限制。

上述城市形态的变化也与政治制度的某些变化有着直接的关系。秦朝以前，中国社会采用分封制，选士主要依靠世袭制度。到了汉朝，分封制度逐渐被废，为选拔管理国家的人才，采用的是察举制，即由各级地方推荐德才兼备的人才，但后期逐渐出现地方官员徇私，所荐者不实的现象。魏文帝时，陈群创立九品中正制，由中央特定官员，按出身、品德等考核民间人才，分为九品录用。晋、六朝时也沿用此制。九品中正制是察举制的改良，主要区别是将察举之权由地方官改由中央任命的官员负责。但是，此制度始终是脱离不了先由地方官选拔人才。东汉末年及魏晋时期，士族势力强大，常影响中正官考核人才，后来甚至所凭准则仅限于门第出身。于是造成"上品无寒门、下品无士族"的现象，不但堵塞了民间人才，还让士族得以把持朝廷人事，影响皇帝的权力。

科举制度最早起源于隋朝。隋文帝为了适应经济和政治关系的发展变化，扩大知识分子参与政权的要求，加强中央集权，于是把选拔官吏的权力收归中央，废除九品中正制，开始采用分科考试的方式选拔官员。分科取士，以试策（"时务策"）取士的办法，在当时虽是草创时期，并不形成制度，但把读书、应考和做官三者紧密结合起来，揭开了中国选举史上新的一页。

唐朝承袭了隋朝的人才选拔制度，并做了进一步的完善。唐太宗、武则天、唐玄宗是完善科举制的关键人物。在唐朝，考试的科目分常科和制科两类。每年分期举行的考试称为常科，由皇帝下诏临时举行的考试称为制科。

宋代确立了三年一次的三级考试制度。于宋太祖开宝六年（973年）实行殿试。自此以后，殿试成为科举制度的最高一级的考试，并正式确立了解试(州试)、省试(由礼部举行)和殿试的三级科举考试制度。

　　如果说从汉至唐宋，由于都城人口的不断增长，城市经济生活越来越依赖于南方的漕运供应，并且面对北方少数民族的压力，都城位置不得不东移、北移（方便直接抵御北方少数民族的入侵），直接促进了经济的繁荣与商业人口的大流动，那么选拔国家管理人才制度的改革，又促进了全国知识人才的大流动。商业人口和知识人才的大流动彻底改变了城市人口结构和生活模式，其中包括重要的"休闲"生活模式。这必然又导致了城市的基础设施和管理体制形态必须与之相适应。最终直接导致了城市民居形态的改变，即从封闭的"里坊制"发展为半开放的"街坊制"，直到发展为完全开放的"街巷制"，并且民居与商业建筑的空间位置不再分设而立。

　　我们也可以从唐宋时代大量的爱情诗词作品中看出这种与城市形态相对应的生活模式与形态的现象，特别是人口流动和"业余休闲"生活模式的"刚性需求"现象。

　　"去年元月时，花市灯如昼。月上柳梢头，人约黄昏后。今年元夜时，月与灯依旧。不见去年时，泪湿春衫袖。"（欧阳修）

　　"汴水流，泗水流，流到瓜洲古渡头。吴山点点愁。思悠悠，恨悠悠，恨到归时方始休。月明人倚楼。"（白居易）

　　"梳洗罢，独倚望江楼。过尽千帆皆不是，斜晖脉脉水悠悠。肠断白苹洲。"（温庭筠）

　　"昨夜星辰昨夜风，画楼西畔桂堂东。身无彩凤双飞翼，心有灵犀一点通。隔座送钩春酒暖，分曹射覆蜡灯红。嗟余听鼓应官去，走马兰台类转蓬。"（李商隐）

　　"君问归期未有期，巴山夜雨涨秋池。何当共剪西窗烛，却话巴山夜雨时。"（李商隐）

　　"烟笼寒水月笼沙，夜泊秦淮近酒家。商女不知亡国恨，隔江犹唱后庭花。"（杜牧）

　　"落魄江湖载酒行，楚腰纤细掌中轻。十年一觉扬州梦，赢得青楼薄幸名。"（杜牧）

　　"金陵津渡小山楼，一宿行人自可愁。潮落夜江斜月里，两三星火是瓜洲。"（张祜）

　　宋朝以后，由于东北部少数民族进一步崛起和城市供给更加依赖于漕运的压力，全国政治中心又不得不进一步东移、北移。

　　北京位于华北平原北端，早在商代时期已有燕国。周武王灭商后，封宗室召公奭于燕国，封尧或黄帝之后于蓟；春秋战国时期，燕国打败蓟国，迁都于蓟，称为"燕都"或"燕京"；北宋初年，宋太宗赵光义率军在高梁河一带（今北京西直门外）

与辽军作战，意图收复燕云十六州未果。辽于会同元年（938 年）起在北京地区建立陪都，号"南京幽都府"，开泰元年（1012 年）改号"南京析津府"，后又改号"燕京"。北宋末年宋联金灭辽，短暂收复幽云十六州。后来金以张觉事件大举伐宋，再次侵占今北京地区。金贞元元年（1153 年），金国皇帝海陵王完颜亮正式建都于北京，称为"中都"。

辽燕京城的位置在北京市原宣武区西部，今广安门外的"天宁寺砖塔"就是辽代天王寺的建筑；金代辽后依辽燕京城向东、西、南扩建了数里，外城东南城角在原永定门火车站西南的四通路，东北城角在今宣武门内翠花街，西北城角在今军事博物馆南皇亭子，西南角在今丰台区凤凰嘴村；元灭金后至元世祖忽必烈时期，以金中都东北郊万宁宫一带"海子"（今北海、中海）的东侧建造新的宫殿，随后又营建了元大都城，并靠近"海子"建造皇城。元弃金旧城而将都城向东北迁移后，迁官员及富户于新城，旧城成了一般平民的居住区，这种南北二城并存的格局一直保持到元末。明成祖朱棣于永乐元年（1403 年）改北平为北京。永乐四年（1406 年）开始筹建北京宫殿城池，永乐十九年（1421 年）正月"告成"，正式定都北京。明北京城是由元大都城改建而成，北城墙南缩约 5 里（今北二环一线），南城墙南展不到 2 里（今正阳门一线）。嘉靖三十二年（1553 年），又修筑外城，仅筑了城南侧一面。至此，北京城完成了最终的轮廓，即由宫城、皇城、内城和部分外城构成。清朝北京城完全继承了明朝的北京城。

在元大都规划设计中，最重要的内容就是首先选择一个几何中心点和一条穿越宫城的南北中轴线，然后以这两者为依据向外扩展。元大都规划中轴线的确定与实施，与所在区域水系有着重要的关系。据元朝熊梦祥所著《析津志》记载，刘秉忠先是以城南的一株大树作为宫城中轴线的南基点（位于丽正门外第三座桥南侧），并以积水潭最东端（今什刹海之前海位置）的万宁桥（又名"后门桥"）为北基准点，划出南北方向的城市中轴线，然后向西以包括积水潭边缘在内的距离，作为具体确定东西两面城墙位置的尺寸。之前在位于今内蒙古蓝旗营的元上都，于中轴线上营造了一座方形的大安阁，在开始营造大都城时，就延续了元上都的传统，在规划的中轴线上也营造了一座大阁——万宁寺中心阁，位置在今鼓楼和钟鼓楼之间，这是元大都的第一个"中心点"。由于北京地区水系的特点是东南为水的流出方向，所以在规划中的东城墙位置遇到了低洼地带和许多大小不同的水泡子，东城墙不得不向西稍作收缩。这样一来，在以万宁桥为北基准点的中轴线，也就是保留至今的"重要建筑中轴线"之西约 129 米处，又出现了一条全城真正的"几何中轴线"，即今旧鼓楼大街及延长线。由于"几何中轴线"穿越了积水潭（今什刹海之前海区域），又西距太液池（今北海、中海）太近，如果将其作为包括宫城在内的"重要建筑中轴线"，则宫城会变得狭窄，且宫城后面的道路也不能笔直，因此仍旧将宫城建在原"重要建筑中轴线"上，并在"几何中轴线"上建了一座名为"齐政楼"的鼓楼（丽谯楼，位于今鼓楼西侧、旧鼓楼大街南口位置），在其正北建了一座钟楼（今旧鼓楼大街北口位置），齐政楼也就成为元大都的第二个"中心点"。因此元大都是以"丽正门"为"重要建筑中轴线"（南部中轴线）实际的南端起点，向北依次经过"千步廊"、皇城正门"棂星门"、宫城正门"崇天门"、处理朝政的"大明殿"、正寝"延春阁"、宫城北门"厚载门"、皇城北门"厚载红门"，直达北端终点万宁寺"中心阁"。而全城"几何中轴线"（北部中轴线）为"齐政楼"和"钟楼"之间的连线，并一直向北延伸至"北城墙"。因此，元大都城南半部以"重要建筑中轴线"为基准，北半部以全城"几何中轴线"为基准，规划出与之平行或垂直的街道等，并且在北部"几何中轴线"与城墙交会的位置不建城门，在视觉上是有所考虑的。另外，在上述两个"中心点"之间，具体在"中心阁"以西十五步的地方，建了一座底面积为一亩的"中心台"，在其正南的石碑上刻字曰："中心之台，寔都中，东、西、南、北四方之中也"，成为元大都城第三个"中心点"。

《析津志·城池街市》说元大都城时期："街制，自南以至于北，谓之经；自东至西谓之纬。大街二十四步阔（实测25米以上），小街十二步阔，三百八十四火巷，二十九衖（xiàng）通……"其中长街有千步廊街、丁字街、十字街、钟楼街、半边街、棋盘街，在南城有五门街和三叉街。马可·波罗说："街道甚直，此端可见彼端，盖其布置，使此门可由街道远望彼门也……各大街两旁，皆有种种商店屋舍。"黄仲文所著《大都赋》中写到："论其市尘，则通衢交错，列巷纷纭，大可以并百蹄，小可以方八轮。街东之望街西，仿而见，佛而闻；城南之走城北，出而晨，归而昏。"可见街道宽直是大都的一大特色。但由于大都冬季北风寒冷，所有纵横交错的街道都以东西向的横街为主，而且距离较近。

大都城内，萧蔷以外的居民区仍称作坊，最初划分有50坊，后来增加到60多坊。坊各有门，都有坊名，但无坊墙，坊以内就是东西向的胡同，坊是以街道为分界而排列的。清朝于敏中等所著的《日下旧闻考·卷三十八·京城总纪》中记载："至元二十五年，省部照依大都总管府讲究，分定街道坊门，翰林院拟定名号。坊门五十，以大衍之数成之，各名皆切近，乃翰林院侍书学士虞集伯生所立。外有数坊为大都路教授时所立……万宝坊，大内前右千步廊，坊门在西属秋，取万宝秋成之意以名……五云坊，大内左千步廊，坊门在东，与万宝对立，取唐诗五云多处是三台之意。"侯仁之先生主编的《北京历史地图集》标出方位的有46坊。

胡同一名起于元代大都，经考证，即蒙语"水井"的意思，也就是《析津志》中的"衖通"。胡同的宽度仅有5~6米。今东四北边的若干条胡同仍为元代规模。胡同中的居民点大体上也是四合院式的庭院。

马可·波罗说："各大街两旁，皆有种种商店屋舍。全城中划地为方形，划线整齐，建筑房舍。每方足以建筑大屋，连同庭院园囿而有余。以方地赐各部落首领，每首领各有其赐地。方地周围皆是美丽道路，行人由此往来。全城地面规划有如棋盘，其美善之极，未可宣言。"这里所说的"方地"并不是普通居民住的坊，是赐给权贵的住宅基地，以8亩见方。据今实测，元代平行胡同间距平均为60多米。

元大都城内各大街两旁虽"皆有种种商店屋舍"，但最繁荣的为斜街市（今积水潭北侧，即什刹海及以北地区）、羊角市（今西四牌楼附近）、旧枢密院角市（今东四牌楼西南）三处。积水潭为运河码头，斜街市繁华自不待言，而羊角市、旧枢密院角市也因位置适中，成为货物集散的中心。羊角市一带共有七处市场，即米市、面市、羊市、马市、牛市、骆驼市、驴骡市等，实际上是重要的牲畜交易市场。旧枢密院角市则主要为柴炭集市。除上述市场外，还有菜市、珠子市、鹅鸭市、穷汉市、鱼市、车市等专门市场30来处，都十分繁荣。仅每天进入大都的丝车就有"千车"，"百物输入之众，有如川流之不息"，当时与大都有商业往来的城市有"二百"处，均体现了大都为"商业繁盛之城"（图2-61）。

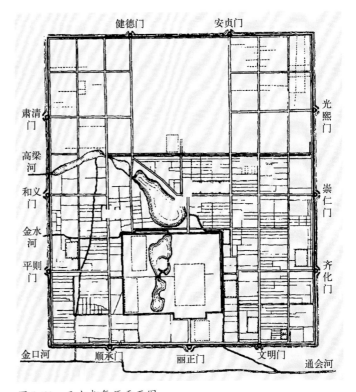

图 2-61　元大都复原平面图

在明朝时期，"重要建筑中轴线"前段自外城永定门起，经内城正阳门向北伸展。中段由大明门（正阳门）经天安门，穿过宫城至全城制高点景山，此段布局紧凑，高潮迭起，空间变化极为丰富。再由景山经寿皇殿、皇城北门地安门至鼓楼、钟楼，是高潮后的收束，钟楼、鼓楼体量高大，显出轴线结尾的气度。

在内城四面布置天、地、日、月四坛及先农坛等，与城中轴线上的建筑构成有力的呼应。内城还有在金元时期修建的太液池和琼华岛基础上扩建的三海（北海、中海、南海）、宫苑和什刹海等园林湖泊，其自然风景式的园林景观与严谨的建筑布局形成对比和补充。

在元朝宫城遗址上建于明朝的宫城即紫禁城，位于内城中部偏南地区，南北长960米，东西宽760米，面积0.72平方公里，为南北向的长方形。宫城设置8门，即承天门（清改为天安门）、端门、午门、左掖门、右掖门，东为东华门，西为西华门，北为玄武门（清改为神武门）。

皇城在宫城之外，南北长2.75公里，东西宽2.5公里，面积6.87平方公里，缺其西南角，左右也不对称。东部为宫城，西部为西苑（元为西御苑），中部为太掖池（即元太液池，增开了南海）。皇城有6门，"正南曰大明（正阳门），东曰东安，西曰西安，北曰北安，大明门东转曰长安左（即东墙偏南的位置），西转曰长安右"。清改大明门为大清门、北安门为地安门。

内城即元大都城改建而成，9门，东西长6.65公里，南北宽5.35公里，面积35.58平方公里。正南为大明门（正阳门），左崇文门，右宣武门；东之南为朝阳门，北为东直门；西之南为阜成门，北为西直门；北之东为安定门，西为德胜门。

明嘉靖时筑"重城，包京城之南，转抱东西角楼，长28里。门7，正南曰永定，南之左为左安，南之右为右安；东曰广渠，东之北曰东便；西曰广宁（清称广安），西之北曰西便"。"重城"即南侧外城。今实测东西长7.95公里，南北宽3.1公里，面积24.65平方公里。内、外城面积合计约为60.08平方公里，大于明初的南京城，在中国古代首都中，仅次于隋唐长安城和北魏洛阳城，为第三大城。

明北京内外城的街道格局，也是以通向各个城门的街道最宽，为全城的主干道，大都呈东西、南北向，斜街较少，但内、外城也有差别。南边的外城是先形成市区，后筑城墙，街巷密集，许多街道都不端直。通向各个城门的大街，也多以城门命名，如崇文门大街、宣武门大街、东西长安街、阜成门街、安定门大街、德胜门街等。被各条大街分割的区域，又有许多街巷，据《京师五城坊巷胡同集》的统计，北京内、外城及附近郊区，共有街巷1264条，其中胡同457条。比较而言，以正阳门里皇城两边的中城地区街巷最为密集，达 300 余条。这是由于中城地理位置优越，处在全城的中部，又接近皇城和紫禁城，人口自然稠密（另据统计，清乾隆时期北京共有街巷约 1500 条，清末增至约 1860 条，到民国时期增至约 3200 条）（图 2-62）。

明朝北京城内居民区仍以坊相称，居民住宅就是典型的四合院。坊行政区划的变化较多，直到嘉靖三十七年南外城建成以后，北京的地方行政划分为中、东、南、西、北五城，共计有 36 坊。中城区（正阳门里，皇城两边）有 9 坊；东城区（崇文门里，

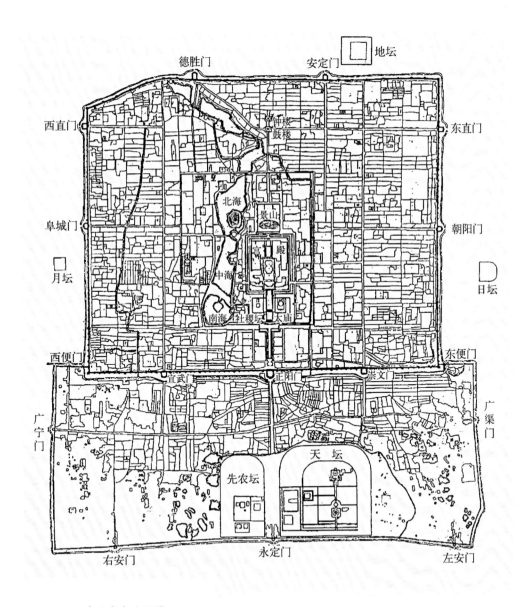

图 2-62　明清北京城平面图

街东往北，至城墙并东关外）有5坊；西城区（宣武门里，街西往北，至城墙并西关外）有6坊；南城区（正阳、崇文、宣武三门外，新城内外）有8坊；北城区（北安门至安定、德胜门里并北关外）有8坊。

明代北京城除如元代设置宛平和大兴二县外，还设置与二县地位相当的五城御史巡视，所属的兵马司，名为专理"刑名盗贼"，实际上其行政职能已接近今天的市政机构。中城兵马司在仁寿坊（东安门外东北），东城兵马司在思城坊（东安门外东南），南城兵马司在城外正阳街，西城兵马司在咸宜坊（西安门外西南），北城兵马司在教忠坊（北安门外东北，现交道口往南）。

清代北京的坊、街、巷、胡同多有变迁和易名，但大体沿袭明代规模。其管理除仍置宛平、大兴二县外，则划归八旗驻防。正黄旗居德胜门内，镶黄旗居安定门内，正白旗居东直门内，镶白旗居朝阳门内，正红旗居西直门内，镶红旗居阜成门内，正蓝旗居崇文门内，镶蓝旗居宣武门内，分为左、右两翼。

明清时期北京的市场沿街道布设，形成了几个主要的市场区。明初的市主要集中在皇城四门、东四牌楼、西四牌楼、钟鼓楼，以及朝阳门、安定门、西直门、阜成门、宣武门附近。明初为了招商，在上述城门附近修建了民房、店房，称作"廊房"。从廊房的分布可知，商业市场区主要在城的西部。随着社会经济的发展，市场区不断增多，而且地区分布也有变迁。最主要的是正阳门里棋盘街、灯市、城隍庙市、内市和崇文门一带的市场十分繁荣。

大明门（皇城南门，清改为大清门）前棋盘街，"百货云集"，由于"府部对列街之左右""天下士民工贾各以牒（文书或证件）至，云集于斯，肩摩毂击，竟日喧嚣"，一派热闹景象。这显然是由于其位置居中，又接近皇城、宫城和政府军、政机关，所以来往人多，商业自然繁荣。

总之，元、明、清北京城在规划思想、布局方式和城市造型艺术上，继承和发展了中国历代都城规划的传统，是中国古代城市艺术的高潮与总结。城市平面格局是典型的宫城、皇城、内城、外城（没有建完）四环相套的封建都城形式，皇城布置在内城中心偏南，皇城中心是宫城，采用前朝后寝制度，布局上采用了"左祖右社，面朝后市"的传统王城形制。皇城周围是居住区，后来商业区则主要集中于南城。在体现中国古代社会都城以宫室为主体、突出唯天子独尊的礼制文化思想方面，以自南而北的中轴线为全城骨干（"重要建筑中轴线"长达7.5公里），所有城内宫殿和其他重要建筑都循中轴线布置。

以上所述中国都城规划的发展历史中，包含了城市居民居住空间形态的发展历史，即居住区域从封闭的里坊制到半封闭的街巷与里坊共存制，直到完全开放的街巷制的变迁，包括相应的商业形态的变迁，为城市民居形式最终的定型提供了必要的外部条件和根本性的动因。假如中国都城的形态始终停留在其历史的初期或中期，那么就不可能有今天以街巷和胡同为交通依托的北京四合院民居空间形态的存在。因此，北京四合院民居形制的最终定型，不能仅看作是区域性的发展结果，而是与中国政治制度、经济活动、文化生活的演进等所引发的城市形态的改革与变迁的大环境息息相关。

注 1：面阔轴线上某组斗拱前后各出挑一次，构件中共有 4 个拱、8 个斗。

注 2：为以后历史时期商业店面"冲天牌楼"的滥觞。

第三节　宫廷建筑布局与宫殿建筑形式对都城民居的影响

在建筑学语境中，宫殿与宫廷的概念往往区分不明确，特别是"宫廷"一词有复杂的解释，在此我们称如明清紫禁城类建筑群为"宫廷"，其中的主要建筑为"宫殿"。宫廷与宫殿的萌芽和发展经历了一个部落合首领居住、聚会、祭祀等多种功能为一体的混沌未分的阶段，然后才与祭祀功能分化，发展为只用于朝会和君王后妃居住的独立建筑类型，可以把整个建筑群称为"宫廷"（各种形式等较复杂，不赘述）。在宫廷内，朝会和居住功能又进一步分化，形成所谓"前堂后室"，以后发展为"前朝后寝"或称"外朝内廷"的规划格局。另外，至晚从商周时期开始，又在宫廷内布置了园林，这种建筑体系形式一直延续到明清（虽然形式变化多样），园林所占比例比较大的一般称为"宫苑"。宫廷中建筑的布局和单体宫殿建筑的形式与相应城市的民居建筑一直存在着互为影响的关系。

从新石器时代早期开始，距今 8000 余年到 4000 年，黄河流域盛行穴居和半穴居系列建筑。许多穴居小屋常常围成圆形，形成原始村落。圆形的中央可能是广场，也可能是一座被考古学家称为"大房子"的较大些的房屋，作为部落的公共建筑，兼有集会、祭祀、部落首领居住（也有的供老人与儿童居住）等三项功能。从这里可以看出，最早的"宫殿"就是源于民居，只是位置和大小具有一定的特殊性。在河南偃师二里头遗址，曾经发现过有可能属于晚夏的宗庙或宫廷遗址，即在庭院内建造的一座长方形殿堂。其规模当然已经比"大房子"大得多了，却仍可看出"大房子"的影子，集合集会、祭祀与居住三项功能为一体。殿堂前部开敞，称为"堂"，面积最大，是处理政务、接见群臣和祭祀的场所；后部和左右隔为许多小房间，用作居室，称为"室"。这个宫廷首次使用了院落式的群体布局方式。院落以横向的延伸来补偿当时木结构不易造成的高大，以室外空间的大和多变以及室内外空间之间的丰富关系来补偿木结构建筑单体内部空间的较为仄狭和形体变化的不足，从而有利于创造出宫殿建筑所要求的壮丽气势和谨严肃穆的氛围。

在西周周原岐邑地区（今陕西岐山凤雏村），有座实属晚商但在早周还在使用的宫廷（或宗庙）遗址，在建筑艺术史上具有重要意义。遗址虽比二里头宫殿小，但更加精致成熟。整群建筑取严格对称的由两进四合院组成的院落布局（后院也可以看为两个"天井"）：如果确实是宫廷，那么中轴线上最前（南）为广场，即"外朝"；广场北通过照壁到达前院，院内最大的一座房屋称为"堂"，向前开敞；堂后以中廊隔为两座后院，再后为一排房屋和前、后院左右的房屋隔为许多间，是居住用的"室"。"堂"和"室"已不再共处在一座房屋中，而是以多座房屋围合成院，平面紧凑，人们在这个人造的小天地里活动，和"不可预知"的自然环境既保持一定的距离又有一定的接触。外界面是院墙，除大门外，其他门、窗都开向院内，有很强的安全感和宁静感，性格内敛而含蓄。这组建筑居于中轴线中心的"堂"被一再强调，体现出了以国君为核心的政权的尊严。孔子说："中正无邪，礼之质也"，特别注重群体的均齐对称，此后也成为中国传统建筑的重大特色之一（图 2-1）。

其实，秦汉以前绝大部分宫廷的具体情况目前尚不特别明了。在春秋战国至西汉七百年间，宫室即宫殿主体虽多为高大的台榭建筑，但四周仍有其他建筑或墙围成宫院，而各台榭、宫院之间也多保持一定的轴线或呼应关系。

西汉时期以未央宫为主宫，位于汉长安城的西南部，全宫为一规整的方形，四面有围墙，周长近 9 公里，合汉代 21 里，面积约 5 平方公里，占长安城总面积的 1/7。由于位置在西，又有"西宫"之称。未央宫有 43 座高台，见于记载的大殿名称有前殿、高门、猗兰、承明、清凉、宣室、温室、金华、玉堂、白虎、麒麟、椒房殿等 50 处，台名尚不在其数。未央宫规模之大、殿宇之盛，确实达到了一个新的高峰，它以前殿为中心向四面展开，前殿居于全宫的最高处，其基址南北长约 350 米、东西宽约 200 米，北部最高处约 15 米，是利用龙首原上的山丘有意造成凌空之势，以显示皇权的至高无上。1981 年在未央宫前殿遗址北侧大约 200 米处发现了一座大殿遗址，占地达 40 亩，清理出了房屋基址和铺地砖、台阶、水井等，以及其他遗物，曲廊回径，建筑物很多，据说可能是未央宫中皇后居住的椒房殿。

组成未央宫建筑群体的除宫殿外，还有许多台、阁、阙、室等。例如，皇帝登高瞭望于柏梁台，最大的水面沧池中还有渐台，有收藏天下秘书的天禄阁、石渠阁和麒麟阁等。由于西汉的大朝会设在司徒府内，所以这一时期的宫殿尚以皇帝日常听政和生活为主，不具备外朝功能。从未央宫的平面布局来看，没有规整突出的中轴线，倒是类似于一座皇家园林建筑群，因此可以称为"宫苑"（图2-63、图2-64）。

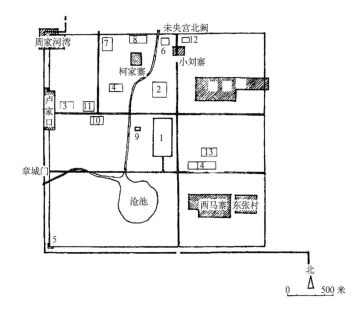

1.前殿 2.椒房宫 3.中央官署 4.少府（或所辖署）
5.宫城西南角楼 6.天禄阁 7.石渠阁 8—14.其他建筑

图2-63 汉长安未央宫已挖掘遗址平面图

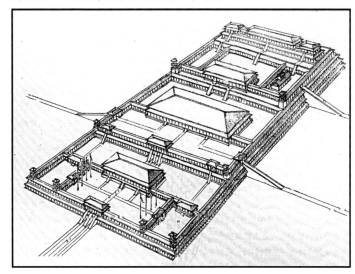

图2-64 西汉长安未央宫前殿复原透视图（采自《宫殿考古通论》）

东汉以后，宫廷采用的院落式布局已经定型，但其后的形式和规模也在不断地发展变化。宫廷的外朝和内廷两人区域都由大量规模不等的院落组成，院落可以视为宫廷的基本组成单元。每个院落都是封闭的，周边建有廊庑或配房，用左右对称的布置形成一条中轴线，以突出建在中轴线上甚至是院落几何中心处的主体建筑宫殿；若干院落以一定方式组织起来，构成院落群，共同拱卫或突显出其中的主院落；若干院落群又以一定方式组合起来，布置在最重要建筑群的周围，形成全宫的主轴和中心，以突显出全宫的主要建筑群和其中的主体建筑宫殿。这种宫廷布局最终的形式可以说完成于明清时期。

　　东汉洛阳有南、北二宫，位于全城的中部地区。南宫南北长约 1.3 公里，东西宽约 1 公里，是东汉初年的政治中心。根据《永乐大典》和《元河南志》的记载（不一定确切），南宫有五排宫殿，位于全宫中轴线上的有却非殿、崇德殿、中德殿、千秋万岁殿和平朔殿。在中轴线两侧各有两排宫殿，30 余座，十分壮丽。东汉明帝以后，政治中心又转移到了北宫，位于中轴线上的大殿有温锵殿、安福殿、和欢殿、德阳殿、宣明殿、平洪殿。另外，在中轴线两侧，还有殿观近 20 座宫殿，同样是一组庞大的宫殿建筑群。这两座宫殿的布局较未央宫已经有了很大的变化，但也可以说是有 3 条平行的南北轴线并存，中轴线的地位还不是特别突出。（图 2-65）

　　隋于公元 582 年兴建大兴宫，次年建成。其位于长安城中轴线的北端，占地规模是现北京明清紫禁城的 4.5 倍，在唐改称为太极宫。近年已经过勘探，其东西宽 2820 米，南北深 1492 米，分为中、东、西三部。中部为皇宫，即"大内"，东、西宽 1285 米，东部为太子东宫，宽 833 米，西部为服务供应部分及作坊掖庭宫，宽 703 米。大内部分自南向北分为外朝、治朝、燕朝（日朝）、内寝和苑囿区五大部分。

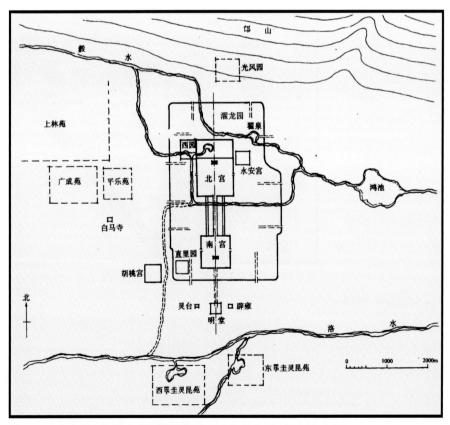

图 2-65　东汉洛阳主要宫苑分布设想图（采自《中国古典园林史》）

　　太极宫以正门承天门为外朝，是元旦、冬至举行大朝会等大典之处，比附周代宫殿之"大朝"，门外左右还建有与大门相连的高大的双阙。门内正北为太极门，再北为主殿太极殿，相当于治朝（常朝），是皇帝朔望（初一、十五两日）听政之处，比附周代宫殿之"中朝"。殿四周有廊庑围成巨大的宫院，四面开门。太极殿一组宫院之东西两侧建有宫内官署，东侧为门下省、史馆、弘文馆等，西侧为中书省、舍人院等。太极殿后为朱明门，再后为宫内第一条东西横街。

　　朱明门后正北为两仪门，门内正殿为两仪殿，相当于古之燕朝，也由廊庑围成矩形宫院。此殿是皇帝隔日召见群臣听政之处，比附周代宫殿的"内朝"。两仪殿东有万春殿，西有千秋殿，三殿前都各有殿门，由廊庑围成宫院，与两仪殿并列。两仪殿之北又各有殿门，再后为宫中第二条东西横街，街东端有日华门，街西端有月华门，横街北即后妃居住的寝宫，大臣等不能进入。

　　寝宫区正中为正殿甘露殿，殿东有神龙殿，殿西有安仁殿，三殿并列，以甘露殿为主，各有殿门廊庑形成独立宫院。两仪殿和甘露殿性质上近于一般邸宅的前厅和后堂。

　　甘露殿之北即苑囿，有亭台池沼，其北即宫城北墙，有玄武门通向宫外。在外朝区门下省、中书省和寝区日华门、月华门之东西外侧，还各有若干宫院，是宫中次要建筑。

　　从以上描述可以看出，太极宫大内也有 3 条平行的南北轴线并存。

　　再如唐长安的大明宫，前半部分从含元殿、宣政殿到紫宸殿，可以看出一条重要的中轴线(左、右基址损毁严重，布局不详)，但后半部分仍是一座自由布局的园林，最大的水面称为太液池，著名的麟德殿就建在太液池西侧的高地上，是皇帝宴会、非正式接见和娱乐的场所。虽然明清北京紫禁城的后面也有园林（"御花园"和"乾隆花园"等），但其布局规整，规模也小得多（图 2-66）。

　　宋东京汴梁城宫城大内的前后两部分布局仍有些"凌乱"，但前部已有突出的中轴线。前部中轴线上中心大殿为大庆殿，是举行大朝会的地方，殿后有中廊连接后阁，形成整体的"工"字形状建筑，俗称"工字殿"。

　　元大都的宫城位于全城中部偏南地区,元《南村辍耕录•卷二十一•宫阙制度》载:"周回九里三十步，东西四百八十步，南北六百一十五步，高三十五尺，砖甃（zhòu）"。面积 0.57 平方公里，略小于明清北京紫禁城（0.72 平方公里）。宫城南三门，正中为崇天门，东为东华门，西为西华门，北一门为厚载门，"凡诸宫门，皆金铺、朱户、丹楹、藻绘、彤壁、琉璃瓦、饰檐脊"。宫城内的主要大殿有前后两组，即大明殿

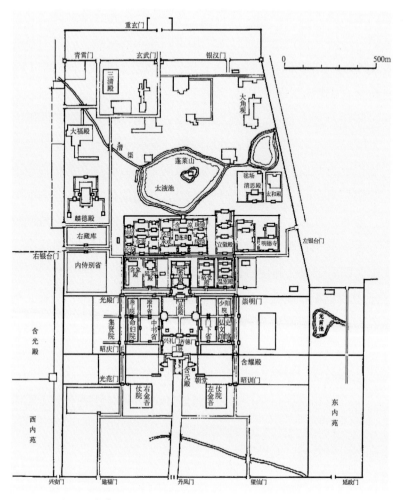

图 2-66　唐大明宫复原平面

和延春阁（现景山公园位置），均为"工"字形建筑。大明殿后的柱廊深 240 尺、
广 44 尺、高 50 尺，延春阁后的柱廊深 140 尺、广 45 尺、高 50 尺，略有差异。两
座"工字殿"均压在非常明确的贯穿全宫殿区的中轴线上，其他大殿左右对称布局，
共有大殿二三十座。

　　宫城以西有西御苑，太液池（今北京的北海和中海）之阳有琼华岛，元改名"万
寿山"，亦名"万岁山"。池西有兴圣宫（北）、隆福宫（南）和太子宫，都与宫
城隔池相望。万寿山"皆叠玲珑石为之，峰峦隐映，松桧隆郁，秀若天成"，这里
的"玲珑石"全部来自北宋开封"岳氏"的"花石刚"。山顶之上有广寒殿。兴圣、
隆福二宫之西就是西御苑，楼台亭阁林立，倒映清池渠水之中，景色绮丽。石假山
前有圆殿，"圆顶上置涂金宝珠，重檐，后有流杯池"（图 2-67、图 2-68）。

明清北京紫禁城是中国古代宫城建筑的总结，是现有中国古代建筑群艺术的代表。紫禁城宫内布局采用严格突出的轴线对称手法，其轴线与北京城轴线相重合。清代紫禁城的建筑物多有重建，名称也有变迁，但基本上维持了明代的规模。

宫内主要建筑依南北轴线分为前朝、后寝和御花园三大部分，南门午门是宫城正门，俗称五凤楼，平面凹形，形似宫阙。

从现天安门进入午门要通过一条相对狭长的南北通道，更强调了中轴线的空间感。进入午门即为前朝（外朝），以太和殿（明为奉天殿）、中和殿（明为华盖殿）、保和殿（明为谨身殿）为中心，以文华殿、武英殿为两翼。中轴线上的三大殿，依前后次序坐于一个工字形汉白玉台基上，气势极为宏伟。

太和殿是紫禁城最大的建筑，也是最高等级的建筑，面阔 11 间（63.96 米），进深 5 间（37.17 米），面积 2380 平方米，重檐庑殿顶，由地面到殿脊通高 30.05 米，是中国现

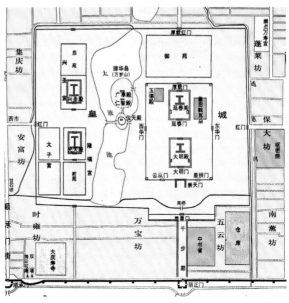

图 2-67　元大都宫苑平面图（采自《北京历史地图集》）

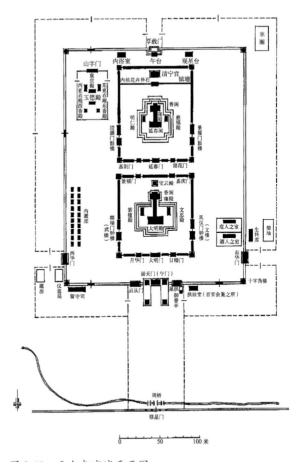

图 2-68　元大都宫城平面图

存最大的木结构古建筑。大殿的细部如斗拱、脊饰、彩画、石雕等亦相应采用了最高等级做法，并于殿前月台上陈设了象征皇帝身份的铜龟、铜鹤、日晷和嘉量。太和殿供天子登基、颁布重要政令、元旦及冬至大朝会及皇帝庆寿活动之用。

中和殿是面阔五间的单檐攒尖顶方殿，供在太和殿行礼时皇帝休息之用。

保和殿面阔九间，重檐歇山顶，是举行殿试和宴请王公贵族、文武大臣及外宾之处。

位于东南的文华殿在明代是太子读书、举行经筵讲学典礼和召见学士的地方，清代在此增建文渊阁，藏四库全书；位于西南的武英殿原是召见大臣议事的地方，但实际上应用很少，到清康熙时，在此刻印书籍。武英殿前小院有明代的南薰殿，原是学士缮写宝册和收藏历代皇帝和名贤像之地。

后寝（内廷）部分以乾清宫、交泰殿和坤宁宫为主，三殿亦共立于工字形石台基之上。乾清宫和坤宁宫是内廷的正殿、正寝，名义上分别是帝、后的正式起居场所，均面宽九间，为重檐庑殿顶；交泰殿则是面阔三间的单檐攒尖顶方殿，是明清时期为皇后举办寿庆的地方。交泰殿宝座东侧有古代计时的铜壶滴漏，西侧有乾隆年间造的大自鸣钟，神武门和钟鼓楼报时都以此为准。

乾清宫东西各有六组自成体系的院落，即东六宫和西六宫，是妃嫔的住所。

东六宫南面有奉先殿、斋宫和毓庆宫。奉先殿曾为明清皇室祭祀祖先的家庙（有别于太庙）；斋宫为皇帝行祭祀典礼前的斋戒之所；毓庆宫系清康熙十八年（1679年）在明代奉慈殿基址上修建而成。乾隆五十九年（1794年）添建大殿一座并游廊、抱厦。嘉庆六年（1801年）继续扩建。该宫原是康熙年间特为皇太子胤礽所建，后作为皇子居所。乾隆皇帝12岁到17岁间一直居于此宫，乾隆六十年（1795年）退位后又迁回此宫。同治、光绪两朝，此宫均作为皇帝读书处，光绪皇帝曾在此居住。

西六宫前面是养心殿，明代嘉靖年建，为工字形殿，黄琉璃瓦歇山顶，明间、西次间接卷棚抱厦。康熙年间，这里曾经作为宫中造办处的作坊，专门制作宫廷御用物品。雍正时重修。自雍正到清末的二百年间，皇帝多在这里居住和进行日常活动。正厅设有宝座、御案。宝座后设有书架，藏有历代皇帝有关治国经验、教训的著述，专为传给新皇帝阅读。一些官员在提拔、调动之前常被领到这里觐见皇帝。西间是皇帝批阅奏折，以及同军机大臣策划军政活动的要地。

东、西六宫之北各建五所院落，每院内各建前后三重殿堂，是皇子住所处。

内廷后面的御花园是现存皇家规整式园林的重要范例，宁寿宫西北侧的乾隆花园则是故宫中著名的小型皇家园林。御花园之后为神武门。宫城周围有护城河，宽达 52 米，称为御河。

明清紫禁城的建筑艺术成就主要表现在外部空间组织和建筑形体的处理上，其中以明确的中轴线、建筑和院落空间的大小、方向、开阖和形状的对比变化来烘托与渲染气氛是其最显著的特征（图 2-69）。

从以上对中国古代皇家宫廷和宫殿建筑的基本描述可以看出，最早的宫廷建筑群源于最基本的居住建筑，其组合形式也是从简单到复杂、从无序到有序、从多轴线并列到最终存在一条最重要的中轴线，主要建筑均位于这条中轴线上，其余建筑基本在这条中轴线两侧对称排列。把这种布局形式推向极致的便是元大都宫殿和明清时期的北京紫禁城。

宫廷建筑布局形式与民居建筑互有影响的实例很多，比如汉代的宫廷犹如一座清代自由布局的皇家园林，从汉代画像砖、石的民居形式来看，一般民居或豪强宅第院落也很少有完全对称布局的实例（图 2-70）。似乎相矛盾的是，很多汉代冥器建筑模型呈现出一种对称布局方式，更多的原因应该是出于制作上的方便和美感的

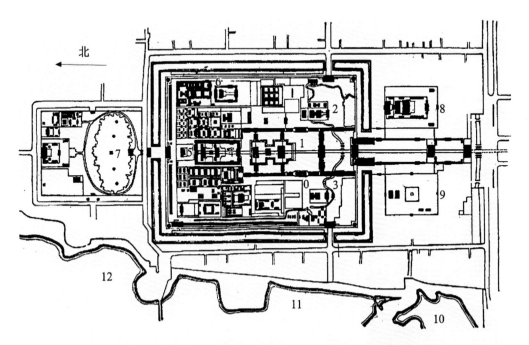

1 太和殿　2 文华殿　3 武英殿　4 乾清宫　5 钦安殿　6 皇极殿、养心殿、乾隆花园　7 景山　8 太庙　9 社稷坛　10、11、12 南海、中海、北海

图 2-69　明清北京故宫平面

考虑，建筑内容也多属于有城堡性质的坞壁。在唐宋时期宫廷建筑（如唐大明宫）中，有明显中轴线对称布局的只占整个建筑群的一部分，但以中轴线对称的布局形式已经成为不可逆转的趋势，这种趋势在民居中也有所表现。元大都宫殿沿中轴线的布局方式贯穿了宫廷建筑群的全部，从北京后英房元代四合院民居遗址来看，已经完全呈现出了沿中轴线对称的布局形式。这是一座大型住宅，分东、中、西三路。中路前院纵长，没有倒座房，安置正房和厢房的中院反而狭小。正房分前、后两座，各三间，中间用廊连接，平面呈"工"字形，与元宫殿主要建筑形式相同（同时也继承了北方宋代民居的形式之一）。厢房在"工字房"两侧并距离较近，实际上"工字房"把中院完全分割成了两部分（图2-71）。至于明清时期北京标准四合院民居的建筑形式，已经俨然是宫廷建筑的缩小版，其间还有规模中型的王府等类型建筑。当然，宫廷建筑对民居建筑的影响，不仅体现在具体的外观形式上，也同样体现在"内外有别"的功能上与"长幼有序"的尊卑观念上。

第四节　山西四合院民居对北京四合院民居的影响

一、明初北京接纳山西移民的历史

元大都是当时世界上超一流的大都市，在忽必烈时代户籍即已达近十五万户，人口达到四十余万人，成为马可·波罗笔下的"汗八里"。但到朱元璋的大将徐达于明洪武元年（1368年）八月二日攻破北京的时候，人口只余下一万三千多人。大

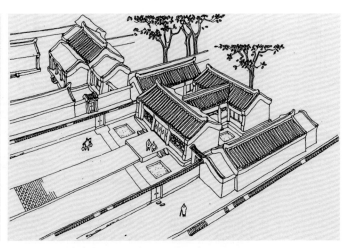

图2-70　山东曲阜旧县村汉画　　图2-71　后英房胡同元大都住宅遗址复原透视图
　　　　　像石中大型住宅形象

都人口的锐减当有多种原因:

其一是饥荒和瘟疫。至正十四年(1354年)京师大饥,加以疫疠,民有父子相食者,这也是红巾军起义的第3年。面对危机,元统治者也曾积极努力,做了不少补救工作。当时,大都的粮食供应基本依赖于南粮北运,但是主要通道不是大运河,而是海运。中书右宰相脱脱曾经建议在京畿地区召募江南人耕种,"岁可得粟麦百万余石,不烦海运而京师足食"。但是,这个良好愿望始终没有实现。至正十六年命大司农司屯种雄、霸二州以给京师,号京粮。至正十八年七月,京师大水,蝗,民大饥。至正二十一年,京师又大饥,三月,张士诚从海上运粮十一万石至京师救急。察罕帖木儿也遣其子副詹事扩廓帖木儿(汉名王保保)从山西贡粮至京师。以司农丞胡秉彝等人为主组织了生产自救,"是岁,屯田成,收粮四十万石"。朝廷还给予了嘉奖,但是粮食供应始终十分紧张。自张士诚被朱元璋所灭以后,南粮断绝,大都缺粮的现实更为严重。饥荒和瘟疫这两大杀手至少使大都人口消失百分之六十。

其二是战争因素。至正十七年六月,红巾军首领刘福通的三路大军北伐,兵锋直指大都。中路军由关先生、破头潘率领,从山东曹州出发迂回包围大都。大军攻无不克,连下辽州、大同、上都,震动元廷。至正二十五年八月初一,竹贞、貊高军至城外,命军士缘城而上,"碎平则门键,悉以军入,占民居、夺民财……"这样,大都百姓的死伤与逃亡也就成为必然。

其三随着元帝北遁。朱元璋的大明军队北上以后,大都城已经难以坚守。有一点可以肯定,在元帝北走健德门时,包括蒙古、汉族等官僚体系内人员大批北上,又进一步将大都人口带走。

至此,偌大的大都,最后只剩下一万三千多人,也就为后来明初外来移民的迁入留下了真空地带。

其实,不只是大都,元末的灾害瘟疫与战乱,使得两淮、山东、河北、河南百姓十亡七八。北方地区唯独"地方军阀"王保保统治下的山西省堪称"表里山河",社会相对安定,风调雨顺,连年丰收,经济繁荣,人丁兴旺。

明洪武元年八月初二,当徐达的明军进入大都的时候,发现这个曾经光环般的大都市满目疮痍,城市功能基本瘫痪,街面上根本看不到人。尽管拿下了大都,但战斗经验十分丰富的徐达并没有太多的兴奋,元帝虽然北遁,但是他们仍然有力量随时"反攻大都"。

当时统治山西"模范"省的王保保拥兵数十万,正带领数万精锐从太原星夜驰援在赶赴大都的道路上,已经过了雁门关,逼近大同。

徐达决定"攻其所必救"。他在大都留下六卫约三万人防守，由于大都内人员稀少，北部防线从大都城墙后撤约5里（这也是明北京北城墙南移约5里的肇始），其余大军与常遇春合军一处，从井陉、娘子关抄近道直逼太原。

王保保的部队这时已经过了大同，出了山西，到了保安州（今涿鹿县一带）。这一路上，他得到各种情报，首先大都城已经被明军攻破了，元帝消极避战，安全撤退到了元上都。令王保保一直惴惴不安的是，明军要是现在突然从井陉、娘子关猛攻太原老巢怎么办？很快，王保保又得到情报，明军徐达、常遇春部已经合兵一处，突破娘子关天险，进入山西。当王保保率军回援到太原的时候，太原还没有失守。

就在王保保北援大都这段时间里，明军已经派出大批军士以打扮成难民等方式混入山西，开始发动群众斗争。目标是蒙古人。

王保保回师太原以后，手下的太原守将豁鼻马（色目人）已经和明军的回回将军常遇春暗中通好，准备起义。第三天夜里，王保保正心急如焚，在烛光下整理军事文件，突然听到外面喊杀声一片，整个军营都骚动起来了。大明军与起义军里应外合，数十万元军顷刻间土崩瓦解。

在王保保丢了太原、退出山西以后，元朝作为一个仍然保存有相当实力的前政权，是明朝君臣的心腹大患。洪武四年（1371年）初，徐达坐镇北平（明初改大都为"北平府"），操练兵马以防北患，痛感北平人口的稀疏、市井的凋敝，于是给朱元璋上书，请求将"山后六州"之民迁入北平。

元代，北方汉人的分布早已超越了"幽云十六州"（又称"燕云十六州"）的范围，在"幽云十六州"以北，经历辽、金、元三朝，又设立了不少重要居民点。自后晋天福元年（936年），"幽云十六州"割让给契丹，到1368年徐达拿下大都、常遇春拿下大同，其间统治者一直是北方少数民族。

"幽云十六州"的"山前东七州"（大致以太行山东麓余脉和燕山为界）为幽州（今北京）、顺州（今北京顺义）、檀州（今北京密云）、涿州（今河北涿州）、蓟州（今天津蓟县）、瀛州（今河北河间）、莫州（今河北任丘北）。在辽代，瀛州、莫州就被划给了赵宋。其他五州，除幽州演变为北平外，到元末明初均存在，但已人烟稀少。"山后西九州"为云州（今山西大同）、朔州（今山西朔州）、寰州（今山西朔州东）、应州（今山西应县）、蔚州（今河北蔚县）、武州（今河北宣化）、新州（今河北涿鹿）、妫州（今河北怀来）、儒州（今北京延庆）。其中的新州，契丹改名"奉圣州"，元更名"保安州"。武州，契丹改名"归化州"，并在今山西神池设立了新的武州。而寰州、儒州、妫州在辽金时均被撤销。这样，到元时，"幽云十六州"山后部分只剩六州，分别是云州、朔州、应州、蔚州、归化州、保安州。

徐达的奏请得到了朱元璋的批准，在都指挥使潘敬等人的具体操办之下，在很短的时间之内，强行迁徙了三批移民填入北平地区。

第一批是"山后六州"之民"户万七千二百七十四，口九万三千八百七十八"，平均每个家庭 5 ~ 6 口人，被政府强行迁徙到北平各州县屯戍。这一批迁徙于洪武四年春三月完成，他们基本勉强赶上了这一年的春耕。第二批距离更远、规模更大，计"三万五千八百户，一十九万七千二十七人，散处卫所"，于当年六月完成，筚路蓝缕，已经误了春耕。还有第三批，距离最远，即沙漠遗民三万二千户，人口一十八万人左右。

当时的一个边境州县，人口一般在两万人左右。动迁人口合计将近五十万人，可见规模之大、波及面之广。

这次移民和"洪洞大槐树"是无关的，移民主要来自以山西大同为圆心的周边地区，包括今天的山西雁北地区、河北张家口地区、内蒙古呼和浩特地区和锡林郭勒地区等。长城之外，顿时田园荒芜、城池废弃、人烟绝迹，在之后的许多年里渐渐还原成了草原植被地面。

明初建文元年（1399 年）七月，燕王朱棣起兵反抗明朝中央政府，即发动"靖难之役"。建文四年（1402 年），朱棣攻破明朝京城南京，战乱中建文帝下落不明。同年，朱棣即位。

从元末至明永乐十五年（1417 年），山西省共有八次大规模的往外移民活动，后几次外迁的移民又多来自雁北以外的晋中和晋南地区。迁出的移民主要分布在河南、河北、山东、北京、安徽、江苏、湖北等地，少部分迁往陕西、甘肃、宁夏地区。从山西迁往上述各地的移民，后又转迁到云南、四川、贵州、新疆及东北诸省。

明清时期的北京（明永乐元年，即 1403 年改北平为北京，改"北平府"为"顺天府"），由于汉族居民大多来自山西，其民居的形式必定会受到山西民居形式的重要影响。一个颇为显性的实例是，目前在北京市门头沟区的沿河城村，还保有山西风格的古戏台。

二、山西四合院民居的形式和特点

山西民居以四合院为主，目前所遗留的四合院多为清代及民国时期所建，也有部分为明代遗存。这些四合院保存完好，布局与造型丰富多样，细部华丽精美，达到了很高的艺术水平。很多山西四合院民居得以保存完好至今的原因大致有三：其一是早在元末时期，山西的地方经济水平就普遍良好，"表里山河"，社会相对安定，风调雨顺、连年丰收、经济繁荣、人丁兴旺等，为民居的建设、打下了良好的基础；其二是山西四合院类民居的外墙等普遍使用砖石等建筑材料（煤炭充足），尤其锢窑建筑形式大量用于四合院民居的建造，利于建筑物的长期留存；其三是由于清朝山西商品经济的发展与票号兴起，资本积累大幅度上升，使其具有了建筑豪华家宅并常年修缮的经济实力。这样，质量较好的商贾大宅不断涌现，也带动了山西四合院类民居建筑整体水平的普遍提高（图2-72）。

在四合院类建筑组群中，位于中轴线上的被四周房屋包括围墙围合起来的空间称为"一进院落"。山西四合院民居规模不一、类型多样，但总地来讲，基本构成要素内容主要有宅门、倒座房（三至五开间）、东西厢房（三至四开间）、正房（三或五开间）和耳房等。由上述要素内容简单构成的四合院就是"一进四合院"；稍高级的，则在倒座房与内院之间形成一个横向的前院，用垂花门（或腰门）和内院墙加以分割与连通，形成"二进四合院"；再纵向增加便可形成多进四合院，前后院落之间或以垂花门（或腰门）和内院墙分割与连通，或由"穿堂"过厅连通，形成各自独立的纵向空间；也有的多进、多跨四合院，左右院落之间由垂花门或腰门连通。总之，通过几个基本要素内容的多重组合，可以产生多种形式的四合院类型，并以"二进"和"三进"四合院为多。

多进四合院的室外地坪，均采取逐进增高手法，既利于排水，也加强了最后一进院落正房的气势，体现了家族长幼有序、尊卑有别。另外，由四周房间或内墙组成的纵向院落较为狭长，长宽比大都在1：（0.3～0.5），厢房对正房五间的会有遮挡（图2-73）。

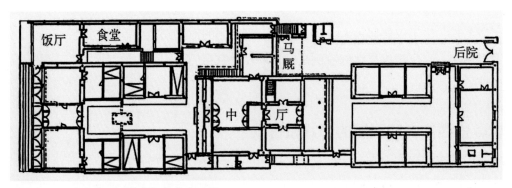

图2-72　山西平遥"日昇昌"票号平面图

山西四合院民居对外的墙面都不开窗，靠外侧的房屋很多建成两层，采用向内的单坡屋面或后坡屋面很短（以增加"外墙"的高度）。虽然以倒座房、厢房、正房等组成的四合院外观因规模、高度、细部等也各不相同，但外墙皆为灰色清水砖墙，颜色古朴单一，整体外观高耸封闭。另外，由于造型各异的宅门、脊饰、烟囱帽、风水楼与风水影壁的共同作用，有些沿街的建筑轮廓线也显得丰满舒展。风水楼和风水影壁等增加了封闭外观的视觉层次，成为山西合院民居最具地域特色和民俗特征的形象（图2-74、图2-75）。

山西四合院民居还融合了诸多乡约民俗，影响着设计和建造四合院民居的各个方面：择地、奠基、破土、上梁、封顶、入住，以及入口的位置、房屋的高度、形制的选择等。人们把希望与恐惧、福禄寿禧、生老病死等与民居的地点、朝向、布局、形制、体量联系起来，近乎虔诚地相信这种超自然的力量并自觉自愿地遵守。在建房之前首先要根据风水理论审慎地勘察宅址的地形、地势、水源及周围的建筑、植物、道路等情况，一般的选址原则是"近水向阳""负阴抱阳"。在选定宅址后，还要进行建筑布局的设计等。

在中国古代社会，除了儒教、佛教、道教外，民间信仰更多地带有原始宗教色彩，在居住生活中，土地神、

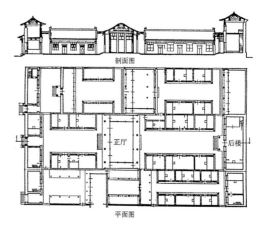

图2-73　山西太谷武家巷武宅平面与剖面图

图2-74　山西祁县乔家堡某宅外观

图2-75　山西平遥某宅长短坡屋面

门神和灶王更占有特殊的重要地位。在山西四合院民居中，几乎院院必有土地祠，虽因建筑规模不同导致土地祠大小不一，但土地祠作为山西民居不可缺少的附属物，又成为其特色的一部分。例如，平遥地区的民居中的土地祠多在与大门相对的影壁上或在入口附近的墙上设一个小龛，通常为砖雕或木构形式的小庙，龛内放土地造像，平时龛上盖以红布。在一些正南向开门的宅院，由于大门入口与两道垂花门相对而设，一般在院内垂花门两侧的隔墙上建影壁，两座影壁上都设小龛，称之为"门神府""土地庙"，内供神像，用以弥补宅门中开，进入后无影壁遮挡的不足，达到视觉与心理上的安全感。在宅中灶台上方的墙上还会有一个供灶王的小龛，希冀保佑家人饮食平安，每年的祭灶活动是一项非常重要的民俗事项（图2-76～图2-79）。

山西四合院民居建筑装饰主要包含砖雕、木雕、石雕和彩绘等。砖雕装饰位置，大到一座门楼或影壁，小到墀头、烟囱帽、土地龛、硬山墙上的悬鱼饰和屋顶脊端的小兽等。

图2-76　山西民居中的土地庙1

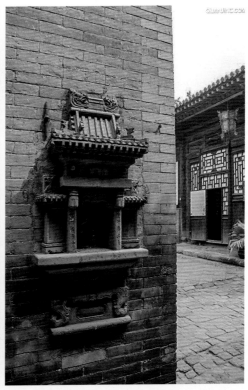

图2-77　山西民居中的土地庙2

图 2-78　山西民居中的土地庙 3

图 2-79　山西乔家大院某内门与土地庙

木雕装饰的位置，有门簪、麻叶梁头、雀替、牛腿、云墩、走马板（门的中槛之上）、倒挂楣子、檐垫板、隔扇门、隔扇窗、木隔断（碧纱橱和花罩）等。例如，所有的窗格都做成式样繁多的吉祥图案或图形，做工精细巧妙，与实墙构成鲜明的对比。

石雕装饰的位置，有拴马桩、柱础、门鼓石（门墩）等。

建筑彩画一般用于由檐檩、檐垫板、檐枋组成的面积较大的部位。但由于山西民居的木雕装饰较繁复，或在木雕上施彩绘进一步丰富装饰效果，或只突出木雕本身的装饰，因此单纯的彩画就相对少一些。

各类门是建筑装饰的重点，其中有宅门、垂花门、腰门、车马门等，有的宅门牌楼结合，形式新颖。其色彩或艳丽或肃穆，辅之以匾额、柱饰、砖雕、木雕、石雕和斗拱细部装饰，增加了各类门的艺术魅力。尤以垂花门最能体现出山西民居建筑装饰的特点。例如，门上的木雕精细传神，有的安装小巧的斗拱，出挑做成卷云的式样，木构件上也都雕有花饰并施彩绘等。大门檐下匾额上的题字更是书法精美，做工精细。总之，山西四合院民居的形象特点可用"外雄内秀"概括（图 2-80 ～图 2-92）。

图 2-80　山西民居的内门与雕饰

图 2-81　山西民居某宅门门楼砖雕

图 2-82　山西民居的门楼与砖雕

图 2-83　山西乔家大院内影壁 1

图 2-84　山西乔家大院内影壁 2

图 2-85　山西乔家大院某内门与两侧砖雕

图 2-86　山西乔家大院内砖雕

图 2-87　山西乔家大院内某垂花门

图 2-88　山西乔家大院内某垂花门门头

图 2-89　山西乔家大院内某门头

图 2-91　丁村某清代民居宅门前牌楼

图 2-90　丁村某民居的牌楼门　　　　　　图 2-92　山西丁村某清代民居宅门前牌楼上的木雕

　　上述内容可以山西襄汾县的丁村民居为例。丁村民居是典型的山西明清时期的民居建筑群，村内有明清民居院落 33 座，房舍 498 间，分为北院、中院、南院、西院四大组。北院以明朝建筑为主，中院以清代雍乾时期为多，南院则以清道咸时期居首，西北院皆为清乾嘉时期所建。

　　丁村民居庭院布局设置有门楼（宅门）、倒座房、东西厢房、正堂，有的前后两院是通过"穿堂"过厅相联系。明代院落宅门（门楼）设在庭院东南角，符合"坎宅巽位"。门内对面有影壁，入门后左转即进入前院。清代院落较窄，在南隅正中辟宅门者为多，有的门前设夹巷。有的院落规模较大，主院两侧建跨院。

　　丁村民居多以北房为正堂（上房），面宽有三间或五间之分，或为正房三间、左右耳房各一间。正堂有单层和两层楼阁之别，有的前檐设廊，有的是在楼上前檐设廊，依廊柱置钩栏。屋面为悬山式和硬山式两种，以筒瓦和板瓦覆盖。明代正堂正面多为隔扇门，无窗，棂花图案秀美、刻工纤巧。清代正堂正面有隔扇门和板门两种，棂花较明代程式化，板门多用角叶包裹，铁钉满布，风格截然不同。

　　东西厢房每列三间、四间不等，屋面为悬山式，有两层和单层之别，后者则在梁上架天花隔板,用于存放物品(立面上有窗)。梁外端略做装饰,开间设华板垫托。四开间时,屋内前后纵向当中筑隔墙,分成两屋,前檐于隔墙两侧设门,次间安方格窗。

倒座房多为五开间,屋面有悬山式和硬山式两种形式。

若两进院落当中横置过厅一列,则高大壮丽,与正房相近,面宽三间至五间不等,前后檐下均装隔扇门,室内无间隔墙,作为居住、待客和饮宴等活动的场所(图2-93~图2-106)。

图2-93　丁村民居某宅门1

图2-94　丁村民居某宅门2

图2-95　丁村民居某宅门3

图2-96　丁村民居某宅内门

图 2-97　丁村民居某宅内院南向

图 2-98　丁村民居某宅正房

图 2-99　丁村民居某宅正房的门窗

图2-100　丁村民居某宅正房与东厢房　　　　图2-101　丁村民居某宅过厅门与厢房

图2-102　丁村民居某宅东厢房与正房

图 2-103　丁村某居某宅东厢房

图 2-104　丁村某清代厢房木窗

图 2-105　丁村民居某宅仓神庙　　　　　　图 2-106　丁村民居某宅仓神庙内的神龛

建筑梁架采用抬梁式，三架梁或五架梁上置角背、脊瓜柱、大叉手托负脊檩和檐檩。前檐设廊庑者则加施单步梁。明代堂屋举架较平缓，清代较陡峻。

山西四合院民居又有"锢窑型"这一较特殊的类型。锢窑型根据院内窑洞的位置分为四种：仅正房为窑、正房和厢房为窑、正房和过厅为窑、正房和厢房及倒座房均为窑。锢窑建成单层或多层均可。通过多样的平面类型与剖面类型进行排列组合，可建造出纷繁复杂的山西四合院民居形式。锢窑的外形接近于传统木结构的建筑，内部结构又如"无梁殿"，由于外墙和顶部相对较厚，居住感受是冬暖夏凉（图2-8、图2-9）。

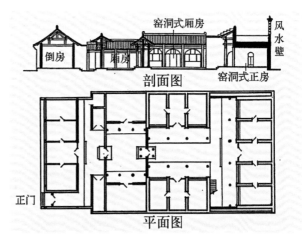

图 2-107　山西平遥西石头坡张宅平面与剖面图

三、山西四合院民居与北京四合院民居的异同

山西四合院民居与北京四合院民居同属北方的四合院民居类型，由于在明初有大量以山西北部为中心的周边人口移居北京，使得山西四合院民居形式对北京四合院民居的影响极大。

从明代形成并流传至今的北京四合院民居的形式来看，仍以灰色清水外墙围合成封闭的院落为主要特征，并依然忠实地保留着明代山西四合院民居"坎宅巽门"的基本特点（如丁村某明代民居）。另外，北京四合院民居大到基本布局，小到各种宅门的形式，以及对木雕、砖雕、石雕、彩画的精心应用等方面，都可以看到山西四合院民居建筑的影子。但由于自然与人文环境等方面的不同，山西四合院民居"落户"北京，必然也要有所发展变化。另外，自清代开始，山西四合院民居形式自身也有所发展变化，以至于目前两者在建筑形制、建筑形式、建筑装饰等方面更会有较大的区别。

山西自古战事频繁，其北部属于农耕民族与游牧民族接壤处，在明朝镇守长城的"九边重镇"中就有大同镇和太原镇，因此商贾大户特别注重住宅的安全。防御性在山西四合院民居中一直被着重强调着，院落封闭的外观显示出对外界的戒备，这一切使得山西四合院民居或多或少地显示出一种冷漠压抑的表情；天高皇帝远，由实际的财富产生的炫富心理得不到有效的抑制，使得部分山西四合院民居的建筑规模和形制敢于"越制"，如正房可以建五间，木雕、砖雕、石雕等装饰的繁复性也都做到了极致；或因平地狭小的限制，或因封建礼教的沉重，即便是豪宅的院落空间，一般也是狭长而压抑地处于华北西部，情感的表达质朴而直接，对神灵的祈求也毫不掩饰，这在山西四合院民居中也有着最直接的表现。

北京四合院民居在基本形制等方面虽然受山西四合院民居影响深刻，但由于地处都城人文地理环境之内，宅基地也平缓舒展等，导致其基本形制与山西四合院民居有着较大的不同。例如，特殊的人文环境等使得人的心态更加平和，对防范的要求相对减弱，所以四面建筑均为一层，并采用双坡屋面；最主要的中院两侧厢房均为三开间（可增添"盝顶"）；加大了院落横向的比例，且厢房不挡正房。这些都促使中院长宽比例接近1∶1，显得开敞疏朗；恪守礼仪制度，虽然建筑院落在整体上也体现"长幼有序"，但建筑严格遵循等级制度的要求，正房最多为三开间，如有需要，另加耳房。大门的形制或样式等不由财富而由社会地位即"等级"决定（详见后面叙述）；建筑装饰虽丰富但适度，也绝无"越制"的彩画与显性的斗拱等（图2-108～图2-113）。

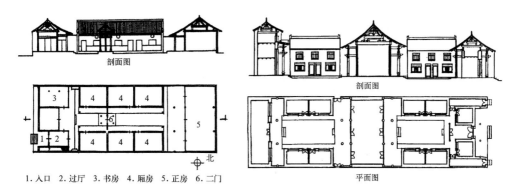

图 2-108 山西芮城范氏住宅平面与剖面图 图 2-109 山西临汾丁村一号院平面与剖面图

1. 入口 2. 过厅 3. 书房 4. 厢房 5. 正房 6. 二门

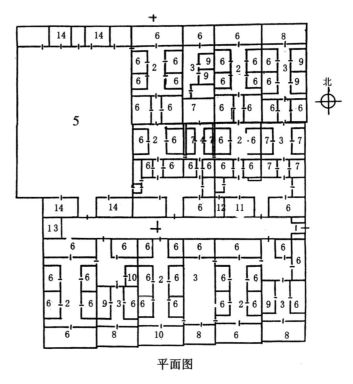

平面图

1. 大门　2. 正院　3. 偏院　4. 书院　5. 花园
6. 住房　7. 书房　8. 食房　9. 厨房　10. 库房
11. 账房　12. 厕所　13. 祠堂　14. 用具房

图 2-110 山西祁县乔家大院平面示意图

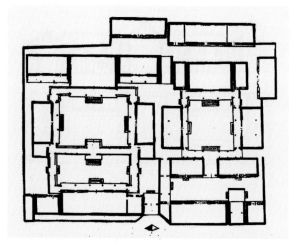

图 2-111　北京市东城区东四十二条某四合院平面图

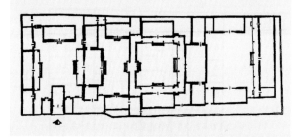

图 2-112　北京朝阳区关东店某四进四合院平面图

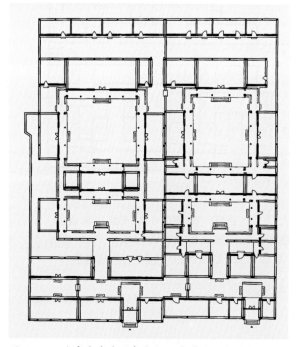

图 2-113　北京市东城区秦老胡同某并列四合院平面图

第五节　北京的自然环境对北京四合院民居的影响

一、地形地貌和气候条件等对北京四合院民居的影响

北京中心位于北纬 39 度 54 分 20 秒、东经 116 度 25 分 29 秒，位于华北平原西北边缘，毗邻渤海湾，上靠辽东半岛、下临山东半岛。北京与天津相邻，并与天津一起被河北省环绕。西部是太行山余脉的西山，北部是燕山山脉的军都山，两山在南口关沟相交，形成一个向东南展开的半圆形大山弯，人们称之为"北京弯"，它所围绕的小平原即为北京小平原。北宋范镇之《幽州赋》说："虎踞龙盘，形势雄伟。以今考之，是邦之地，左环沧海，右拥太行，北枕居庸，南襟河济，形胜甲于天下，诚天府之国也。"北京的气候为典型的暖温带半湿润大陆性季风气候，夏季高温多雨，冬季寒冷干燥，春、秋短促。全年平均气温 14.0℃，极端最低气温 −27.4℃、极端最高气温 42℃ 以上。全年无霜期 180 ~ 200 天，西北部山区较短。年平均降雨量500 毫米左右，为华北地区降雨最多的地区之一（年平均气温和降雨量随统计年段的不同差距也较大）。降水季节分配很不均匀，全年降水的 80% 集中在夏季 6 月、7 月、8 月三个月，7 月、8 月有大雨。北京太阳辐射量全年平均为 112 ~ 136 千卡 / 厘米，两个高值区分别分布在延庆盆地及密云县西北部至怀柔东部一带，年辐射量均在 135 千卡 / 厘米以上；低值区位于房山区的霞云岭附近，年辐射量为 112 千卡 / 厘米。北京年平均日照时数在 2000 ~ 2800 小时之间，大部分地区在 2600 小时左右。年日照分布与太阳辐射的分布相一致，最大值在延庆区和古北口，为 2800 小时以上，最小值分布在霞云岭，日照时数为 2063 小时。全年日照时数以春季最多，月日照时数在230 ~ 290 小时；夏季正当雨季，日照时数减少，月日照时数在 230 小时左右；秋季日照时数虽没有春季多，但比夏季要多，月日照在 230 ~ 245 小时；冬季是一年中日照时数最少的季节，月日照时数不足 200 小时，一般在 170 ~ 190 小时。

北京地区年气温、日照和干湿等差值较大，冬春干冷多风，夏秋湿热多雨（"秋高气爽"指的是后秋时段）。北京四合院民居的建筑布局和单体建筑顺应了这种自然条件：由于夏秋湿热多雨，主要院落开敞，厢房不遮挡正房，利于通风；抄手和窝角游廊更利于雨水天气的院内交通和其他基本的活动；由于冬春多风干冷，主要院落的开敞也利于无论是在院内还是主要屋内享受阳光；房屋正面门窗面积较大，同样利于冬春季室内日照或夏秋季通风。而除正面外，房屋其他三面一般不开

窗，有利于冬季保温；正房高大，加有后罩房，都利于冬春季节遮挡来自北面的寒风。

二、历史水系等对北京四合院民居的影响

北京的水系是城市最重要的基础设施之一，除供城市居民生活饮用外，曾经也是最主要的交通命脉（漕运）。北京地域性的文化生活内容与这个水系有着不可分割的关系，如从金代至清乾隆十六年总结出的燕京八景"太液秋风、琼岛春荫、道陵（金台）夕照、蓟门飞雨（烟树）、西山积雪（晴雪）、玉泉垂虹（趵突）、卢沟晓月、居庸叠翠"中，就有五景与这个水系有关。历史上北京的经济、部分街巷和胡同的走向、众多的各类园林，以及相关文化的形成与活动等，也都与这个历史水系相关。

在《水经注》中记载的与北京地区相关的大小河流有几十条，隶属于五大水系，按流入方向从西南开始向东顺时针方向排列有拒马河（境内只流经今房山区）、永定河、温榆河、潮白河、泃河（境内只流经今平谷区）。其中，永定河在辽、宋、金、元、明时期又称"桑干河""卢沟河""泸沟河""芦菰河""浑河""小黄河""无定河"等，直至清康熙三十七年（1698年）大规模修整河堤、疏浚河道后，康熙赐名"永定河"，上游仍称"桑干河"。永定河在北京地区的主要支流在北魏时期就有清夷水、清泉河、车箱渠（三国时期修建）、高凉水、洗马沟水等。潮白河原为独立的潮河与白河，在辽时期，两河于今密云区东、西分别向西南流经今怀柔区，于顺义区北牛栏山附近汇合后始称"潮白河"，再往南流至今通州区、河北香河县、天津武清区及天津市入渤海。上述潮白河下游段也就是北运河。潮白河在明朝之后在今顺义区又分出了东支流等。

据《水经注》记载，三国时期，曹魏刘靖于永定河上筑戾陵堰、开"车箱渠"接通高梁河上游；北齐时期，斛律羡扩大灌区，引高梁水（北支）北合易荆水，向东汇入潞水（今潮白河），也沟通高梁河与北京北部的温榆河；因辽燕京城位于今北京市西南广安门一带，城市供水主要利用其西南永定河水系的洗马沟水（元时称"细水"）；金在扩建中都城时，有计划地把城西一片天然湖泊（今莲花池）中的一条小河圈入城内解决城市供水问题，同时开凿护城河引水入宫苑。为了漕运，又开挖金口河引今永定河水至中都北护城河，再转向东至今通州城之北入潮白河（早期通州为潞县）。具体为：上游河口在今石景山区西麻峪村，设闸控制。河道首段循永定河向东南流，由今石景山北转东流，经今老山、八宝山北，向东至今玉渊潭

附近，折向南流入金中都北护城河，再东流借高梁河（南支）下游一小段，自今前三门之北、长安街之南之间向东流至新开挖的闸河，再至今通州城北入潮白河。开挖金口河与闸河的目的是解决漕运并为金中都提供丰富的水源，但由于永定河河床高、河水含沙量大、汛期洪水凶猛等因素，最终又不得不闭塞金口河口，另找水源，因此也曾利用过城外东北的白莲潭。白莲潭为刘靖在桑乾河上修戾陵堰、开车箱渠后在古高梁河中游形成的湿地（到元朝时，范围包括由北海和南海组成的太液池和皇城以外的积水潭，这里也是古高梁河南北支的分流地）。金章宗继位后（1190 年），打通了万泉河水系与高梁河水系的分水岭（海淀台地），尝试将瓮山泊（今昆明湖）一带的水源由高梁河引入白莲潭。自白莲潭以下从高梁河（南支）故道（又称"萧太后河"）向东南，自今通州城南张家湾村（原高丽庄）附近入潮白河。

元大都城址转移到金中都的东北，元初郭守敬曾主持重开金口河（并在上游预开溢洪道分洪），元末也曾重开金口新河，结果都是重蹈金朝时期的复辙，不得不以堵闭告终（1949 年以后在永定河上游修建了官厅水库）。郭守敬为了解决大都的漕运问题，经实地勘察，由昌平县白浮村引山泉先西行后南转，在大都城西北修了长约三十公里的白浮堰，流经青龙桥再绕过瓮山（今万寿山）汇聚于瓮山泊（沿途汇聚双塔河、榆河、清河、一亩泉、玉泉山等诸水），于瓮山泊往东南沿高梁河从和义门（今西直门）北之水门入城，汇入积水潭（元时称"西海子"，区别于西苑太液池范围的"海子"）。以上为忽必烈命名的通惠河上游段。然后自积水潭南端（今什刹海之前海区域）东引，横穿今地安门外大街，过金锭桥（设有响闸）、万宁桥（亦称"后门桥"），大约由今帽儿胡同转东不压桥胡同、北河胡同，南折沿东安门大街南下，经望恩桥、御河桥、正义路，向东经台基厂二条、船板胡同，最终在文明门（今崇文门）外汇入原金闸河后一直向东再南转，自今通州城南张家湾村附近入潮白河。以上为通惠河下游段。这一水系也可以简称为"白浮泉—瓮山泊—高梁河—积水潭—通惠河水系"。这样，南方的漕运船等可以从大运河直达大都城内的积水潭，往上还可以达上游的高梁河。

元朝还自积水潭北部直线往东开凿了一条坝河（城内段后来成为明清北京城的北护城河），从东城墙出城后先北转后东转直行再转南，汇入温榆河后在通州城北入潮白河，成为另一条承担漕运的河道（从元末逐渐荒废停运）。这一水系可以简称为"白浮泉—瓮山泊—高梁河—积水潭—坝河水系"。

元朝为了保障宫廷与园林用水的纯净，也为砌筑皇城北面萧墙，在今平安大街方向，地安门西大街段修建了一条东西堤坝，使积水潭南末端（今什刹海之前海）与西苑太液池之间隔绝。同时开凿了一条金水河（注意，不是"金口河"），直接从玉泉山引水入城后注入西苑太液池（水位高于积水潭）。为保持河水洁净，在金水河与其他水道相遇时，都用"跨河跳槽"的方式跨越其上。金水河上游河道大致位于高梁河上游之南并与之平行，两河相距约半里。从和义门（今西直门）南面水关入城，大约于今前半壁街和柳巷之北一线往东一直到今赵登禹路北口，用"跨河跳槽"跨过高梁西河后，逐渐往北往东绕一个大弯后南行（位于前述高梁西河北端"弧线"的南面），具体为从今赵登禹路北口逐渐往北往东，接今新街口东大街（原名"蒋养房胡同"），然后沿着羊房胡同、柳荫街、龙头井街前行，最终穿过皇城北城墙从太液池北面入池。金水河末段是从太液池南端稍北位置东行，在宫城崇天门前往南绕了一个小弯（北临棂星门）后继续东行，出皇城东墙入后入通惠河。这一水系可以简称为"玉泉山泉—金水河—太液池—通惠河水系"。

另外，在城内还有一条高梁西河，其走向是从积水潭今什刹海之西海端头开始，向西南方向沿着一条弧线至今赵登禹路北口，然后顺着赵登禹路、太平桥大街南行，在闹市口北街北口曲折东转南转，最后接入南护城河。

高梁西河还有一支流，极有可能是在元朝后期金水河逐渐断流之后，为保障宫廷供水开挖的。此支流自太平桥大街东面的前泥洼胡同向东行，再经西斜街（河道流向）、宏庙胡同至甘石桥东，继续往东穿过皇城西城墙，直抵太液池之中海。又从甘石桥东分出一条北支流，经东斜街（河道流向）至皇城西城墙外，先往北再往东绕皇城，从北面皇城城墙入太液池之北海。

因潮白河下游在金、元时期成为重要的漕运水道即北运河，当时的潞县成为漕运枢纽地，金取"漕运通济"之意，升当时的潞县为通州。因附近的潮白河临潞县古城，也称"潞河"。

明朝北京水系情况也有新的变化，这时昌平的白浮泉已经断流，只能靠瓮山泊供水。因永乐年间把元大都的北城墙向南收进了五华里，走向是从元大都和义门（今西直门）以北斜向东北，在积水潭上游最窄的地方转向正东，把积水潭的一部分分割到了城外，成为太平湖。又修建了德胜门水关，作为京城引水入城的唯一通道。为了保证皇家宫苑用水，在积水潭南端（今什刹海之前海南端）重新开通了向南沟通太液池的渠道，水从西不压桥下面可直接进入太液池，并在太液池中海之南开挖了南海。还利用今柳荫街和龙头井街金水河故道，在西南方向沟通了今什刹海的后海和前海部分。此时原金水河的上游已彻底断流，城外部分旧河道逐渐湮没了，城内河道与高梁西河连通后演变成了排水功能的大明濠，并且因永乐年间北京城南扩，元大都南护城河被填平，于南城墙外新挖了护城河。为了引导皇城排水等，又在承天门（今天安门）外一线开挖了新的金水河，在东末端（清代称"菖蒲河"）连接通惠河。明正统年间又沿金口河故道从玉渊潭开挖三里河，下游沿金口河故道可达潮白河。明嘉靖年间筑南外城，又开挖了南外城的护城河。自明初北京城南扩开始，从积水潭万宁桥到崇文门外的通惠河已不便漕运，货物只能运到崇文门外或东便门外的大通桥下，因此通惠河下游段城外部分又称"大通河"。

　　清初北京城的供水格局依如明朝，直到乾隆十六年（1751年），为增加积水潭和太液池上游高梁河水量，把西山碧云寺、卧佛寺的泉水经玉泉山麓也引入瓮山泊内，建成了北京西北近郊最大的人工蓄水库，这就是今天的由乾隆皇帝赐名的"昆明湖"。但随着北京水系水量的减少与河道的淤塞，大运河的漕运船只逐渐只能至于通州码头。清末随着铁路和公路交通的发展，实行"停漕改折"政策（把应交的漕粮折合成银两），入京的货物转为陆运为主。至20世纪50年代初期，通惠河下游段仅有少量船只作间歇性通航。从明朝时期开始，通惠河又统称为"玉河"，目前北京通惠河遗址都属于大运河遗址。（图2-114～图2-117）

图2-114　菖蒲河

图 2-115　什刹海东南方向北河沿胡同的通惠河遗址 1

图 2-116　什刹海东南方向北河沿胡同的通惠河遗址 2

图 2-117　太液池中海水云榭（内有"太液秋风"碑）

北京的街巷和胡同多为东西、南北走向，但因受城内水系的影响，前述街巷和胡同等很多非东西、南北走向，清晰地反映了城内水系的历史痕迹（目前有些下面依然有古河道，称为"盖板河"）。

北京的西北方向属于历史水系的流入方向，既有山地又有低洼的湿地（包括玉渊潭）；东南方向属于历史水系的流出方向，多为低洼的湿地；城内的积水潭、北海和中海为城市内的低洼湿地。因此上述地区都成为皇家营造园林的必选之地。不仅是皇家园林，历史上北京地区私家园林的分布特点也是如此。记载辽金时期北京地区私家园林的资料较少，零星记载的有辽代赵延寿的别墅，郭世珍的独秀园（位于今通州区），金代赵亨的种德园（位于今丰台区）、草三亭（位于今丰台区），丁氏园林（位于今玉渊潭一带），王郁的钓鱼台别墅（位于今玉渊潭一带）等。

元朝时期，大都西南近郊地势低洼、草桥河流贯、泉多水盛、土腴宜花，成为"京师养花之所"，私家园林也多汇聚于此，著名的有遂初亭、玩芳亭、瓠瓜亭、廉园、祖园等。同样，西郊今玉渊潭一带私家园林有玉潭亭、万柳堂等，东南郊有野春亭、水木清华亭、双清亭等，东郊（今朝阳门外）有漱芳亭、杏花园等。同时，皇城外积水潭周边也有小型私家园林。

明朝时期，各种文献记载的私家园林众多。在今海淀区有著名的勺园和清华园；在西直门外高梁河附近有郑公庄、白石庄、国花堂、齐园等；在东便门内通惠河下游分支泡子河附近，有杨氏泌园、傅家东园和西园、张家园（两个）、方家园、房家园等；在积水潭周边汇集有虾菜亭、莲花社、方相国园、漫园、湜园、杨园、刘茂才园、镜园、太师圃、英国公新园、西涯（李长沙别业）等；在西郊玉渊潭附近、月坛附近、白云观附近、前三门外（筑南外城前）、朝阳门外、左安门和右安门外凉水河沿岸等地，也是私家园林汇集之地。上述私家园林的聚集地，也同时为城内外著名的公共风景园林区。

清朝时期，因皇家在西郊建设了"三山五园"，私家园林又更多地汇集于"三山五园"附近。京城内外各类私家园林共计一百五十余座。至民国时期，北京城内仍保有规模较大的私家园林三十余座。

第六节　北京地区的能源构成对北京四合院民居的影响

中国主要形式的传统木构建筑，从外观上看可分为台明、墙身和屋顶三大部分，其中在中原地区可考的从商周至元绝大部分的时期里，建筑墙身多为夯土墙或土坯墙，即便是宫殿建筑也不例外。这主要是因为烧制黏土砖瓦和石灰等都需要消耗大量的能源，而作为主要能源的树木柴草等燃烧效率较低，成本太高，对环境的影响也太大。另外，从宋末元初开始，国内可用于建材的大木料越来越少了。

北京地区从辽代开始便有了煤矿开采活动。在元朝时期，能源构成中煤的使用比例逐渐增大，这一点也给外国人留下了深刻印象。意大利旅行家马可·波罗在其《马可·波罗游记·第二卷》《忽必烈大汗和他的宫廷西南行程中各省区的见闻录2》中说："契丹省（实为元朝）的各地都发现了一种黑石。它从山中掘出，其矿脉横贯在山腰中。这种黑石像木炭一样容易燃烧，但它的火焰比木材还要好，甚至可以整夜不灭。这种石头，除非先将小小的一块燃着；否则，并不着火，但一经燃烧，就会发出很大的热量。这个国内并不缺少树木，不过因为居民众多，灶也就特别多，而且烧个不停，再加上人们沐浴又勤，所以木材的数量供不应求。每个人一星期至少要洗三次热水澡，到了冬季，如果力所能及，他们还是一天要洗一次。每个当官的或富人都有一个火炉供自己使用。像这样大的消耗，木材的供给必定会感觉不足，但是这种石头却可以大量地获取，而且十分廉价。"穆斯林旅行家、出生于摩洛哥的伊本·白图泰，在元顺帝至正六年到九年（1346—1349 年）来过中国的泉州、广州、杭州、大都，他在《伊本·白图泰游记》中记载："中国及契丹居民所燃之炭，仅用一种特产之土。此土坚硬，与吾人国内所产之黏土同。置之火中，燃烧与炭无异，且热度较炭为高。"这些文字表明，当时欧洲地区还不知道使用煤炭。

但在元朝早期，即便在大都城及其附近地区，柴草、芦苇仍是最普遍使用的燃料。据元人熊梦祥的《析津志·城池街市》记载，大都城内外有"柴炭市集市，一顺城门外，一钟楼，一千厮仓，一枢密院"。《析津志·河闸桥梁》记载，大都城外有"魏村苇场官柴埠"，大都城内有"烧饭桥"，并"南出枢密院桥、柴场桥，内府御厨运柴苇俱于此入"。宫廷尚且如此，寻常百姓家就更多地以木柴、杂草、芦苇作为基本能源。元代的诗歌里有不少篇章反映了这种情形。艾性夫（儒学教授、诗人，与其叔艾可叔、艾可翁齐名，人称"临川三艾先生"）的《深冬》诗中说："无情风雪偏欺老，经乱衣裘不御寒。春意一炉红榾柮（gǔduò），故人两坐绿蒲团。"所谓"榾柮"，是方言"木头块"的意思，可见他冬季要靠烧木柴取暖。张观光（儒学教授）的《寒夜呈梅深》有句云："炉冷频烧叶，灯昏不吐花。"即便是杂草和树叶，也都成了不可缺少的燃料。宫廷以及贵族和官宦人家，才有可能烧更多的木炭与煤。实际上直至 20 世纪末，在北京周边的郊区县中，也只有门头沟区和房山区部分地区的农村用煤炭烧火取暖和做饭等，其余还均使用柴草和庄稼秆等。

现存国家博物馆的元代绘画《卢沟运筏图》显示，卢沟桥两岸是大都西南一个颇为繁忙的木材集散地，从西山乃至更远的蔚州（今河北蔚县）一带砍伐的树木，顺着浑河（清康熙年间改名永定河）水运到这里，其中应当包括作为燃料使用的木柴在内。

为了保证宫廷的能源需求，元朝在詹事院之下设立"柴炭局"，负责管理采薪、烧炭及柴炭分配等事务。至元二十年（1283年），"以东宫位下民一百户烧炭二月，军一百人采薪二月，供内府岁用，立局以主其出纳"。至元二十四年（1287年），设立了徽政院管辖下的西山煤窑厂，领马安山、大峪寺石灰、煤窑办课，奉皇太后位下。同年设置的上林署，在掌宫苑栽植花卉、供进蔬果、种苜蓿以饲驼马之余，还要担负起"备煤炭以给营缮"的任务。而早在此之前，元官府还设置了烧制琉璃、砖瓦等建筑材料的窑厂。中统四年（1263年）置大都南窑厂和琉璃局；至元四年（1267年）置西窑厂；至元十三年（1276年）在少府监之下设立"大都四窑厂"，领匠夫三百余户，营造素白琉璃砖瓦，从前所设的南窑厂、西窑厂、琉璃局一并归其管辖。工部于至元十三年（1276年）和二十五年（1288年），分别置平则门（今阜成门）窑厂与光熙门（旧址在今东城区和平里北街东口与朝阳区东土城路交会处）窑厂。

随着西山煤矿的逐渐开发，煤炭在能源构成中的地位逐渐上升。据《元统一志》记载，北京城附郭宛平县45里大峪山有黑煤窑30余所，西南50里桃花沟有白煤窑10余所，西北200里斋堂村有水火炭窑1所。

考古发掘出土的元代铁炉子、铁炉算子等表明，燃煤也是大都城部分人家冬季御寒等的措施。在元人诗词中，也有一些形象的描述。例如，尹廷高(儒学教授)的《燕山寒》写道："地穴玲珑石炭红，土床芦簟（diàn，炕席）觉春融。一窗明月江南梦，恍在重帘暖阁中。"这是冬季通过燃烧煤炭来暖炕的写照（以地穴炉烧炕的形式，在20世纪还存在于北京房山区的一些农村中）；其《燕山除夕》又有所谓"客里光阴只暗惊，拥炉危坐惜残更"。欧阳玄（文学家、史学家）的《渔家傲·南词》十二首，作于至顺三年（1332年），依次展现了大都城从正月到腊月的生活图景，其第十首上阕写道："十月都人家百蓄，霜菘雪韭冰芦菔（fú，萝卜）。暖炕煤炉香豆熟。燔獐鹿，高昌家赛羊头福。"柯九思（书画家）的《宫词十首》之九有句云："夜深回步玉阑东，香烬龙煤火尚红。"描写的也是宫廷里用煤炭取暖的情景。

《析津志·城池街市》记载，元大都的修文坊前有"煤市"，还通过采掘、运输、买卖等环节，使西山的煤炭源源不断地流入大都城中。《析津志·风俗》记载："城中内外经纪之人，每至九月间买牛装车，往西山窑头载取煤炭，往来于此。新安及城下货卖，咸以驴马负荆筐入市，盖趁其时。冬月，则冰坚水涸，车牛直抵窑前；及春则冰解，浑河水泛则难行矣。往年官设抽税，日发煤数百，往来如织。二三月后，以牛载草货卖。北山又有煤，不佳。都中人不取，故价廉。"

为了缓解人口增多等因素造成的燃料紧张，元顺帝至正二年（1342年）开挖从永定河东岸的金口（位于今石景山区西北6公里麻峪村南、石景山发电厂内）至大都城南的河道，试图解决西山煤炭由水路向京城运输的问题。但因为河流落差过大，水势汹涌，进一步开发西山能源的设想终究没有实现。

总结以上内容，元大都的能源构成，在以木柴、木炭为主的基础上，在煤炭的开采和应用方面取得了明显的进步。到明代永乐年间定都北京以后，沿袭着元代已有的能源地理格局，只是在各种能源消耗的数量上继续增长。煤炭开采、消费、交易的水准明显上升，用煤炭取代柴炭作为燃料的要求越来越高。但总体看，明代北京的能源仍然以来自外围州县的柴炭为主。以木柴和木炭为主的能源构成，使得北京外围关隘附近的树木经多年砍伐后日渐稀疏，森林所具有的军事屏障作用不断削弱，危及了首都的战略安全，柴炭供应给相关州县带来的经济负担也非常沉重。明朝邱濬著《大学衍义补》记载，礼部右侍郎丘溶在弘治帝刚刚即位的成化二十三年（1487年）正式提出了普遍用煤代替柴炭的主张，希望改变京城的燃料结构，减少对森林的砍伐与环境破坏，他推测，煤炭可以解决京城99%的燃料需求。以他在朝廷的地位衡量，应当对京西的煤炭开采有所推进。

《明武宗实录》记载，正德元年（1506年）五月，仁和大长公主"请浑河大峪山煤窑四座榷（què，专卖）利养赡"。浑河大峪山，即今永定河边、门头沟区政府附近的大峪一带。这份奏请显示，明代在门头沟的煤矿已具备了一定规模，其经济收益也引起了贵族们的关注。

《宛署杂记》记载，西山煤炭的采办在明万历年间也已成为地方事务的一部分；此外，宛平县需要负担"东厂柴煤户二百四十丁"的劳役，这是京城以煤作燃料且使之制度化的证明。

清于敏中等的《钦定日下旧闻考·卷一百六·郊坰·西十六》记载："原由门头村登山数里至潘阑庙，三里上天桥，从石门进，二里至孟家胡同，民皆市石炭为生。三里至流水壶，泉自石罅分流灌园，扳蹬三里至官厅。""民皆市石炭为生"，意味着门头沟地区煤炭交易的普遍性。煤炭运到北京城，通过市场流向各个家庭，并形成了以此为交易地的街巷。张爵的《京师五城坊巷胡同集》记载的南城正阳门外"煤市口"，到清代演变为前门大街西侧的"煤市街"。

北京作为我国古代社会最后三个朝代的首都，达到了城市发展的又一个鼎盛时期。能源是城市肌体中的血液，是城市运转的动力。最基本的用途就是日常生活中的燃料，除了有限的金属冶炼之外，另外最重要的用途就是烧制建筑用的砖瓦和石灰。到清朝时期，北京城及其郊区的能源构成与利用方式，除了清末为时短暂的电力开发之外，与元明时期没有根本的区别。在此前提下，随着人口的增长与森林的减少，煤炭在燃料构成中的地位迅速提升，西山煤炭开采的规模也超越了元、明两朝，成为北京城乡居于首位的能源类型。

从元末明初开始，以煤炭作为能源比例的明显提高，使得非原生性砖瓦和石灰等建筑材料的产量大幅度提高，建筑结构和形式发生了不小的变化。首先对建筑整体而言，有条件的普遍使用砖墙。由于砖墙抗雨水的冲刷性明显强于夯土墙或土坯墙，这样，屋檐的出挑就不需要太大，斗拱（如果有）的尺寸也可以相对缩小。对于北京四合院民居建筑而言，也主要体现在可以普遍使用砖墙和室内外用砖铺地。这种影响绝不是可有可无的，由于经济原因，即便是 20 世纪 70 年代，北京郊区除西郊门头沟和房山部分地区以外的广大农村中，很多民居还普遍使用土坯砌墙，上覆黄泥掺滑秸屋面。

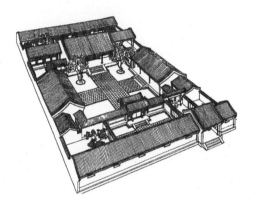

第三章

北京四合院传统营造技艺的物化
形态与意识形态内容

第一节　北京四合院民居物化形态的动态变化过程

元末熊梦祥所著《析津志·城池街市》在描写北京规划形式时讲："大街制，自南以至于北谓之经，自东至西谓之纬。大街二十四步阔，三百八十四火巷，二十九衖（xiàng）通。"这里所谓"衖通"即我们今日所称的胡同。胡同大多呈东西走向，南北走向的多称为"巷"。胡同与胡同之间是供居民建造住宅的地皮，间距也大致相同。明朝初年，除了大街和小街外，原来的"三百八十四火巷"也叫胡同。历经年代变迁，胡同也变得宽窄不一，后来一般把 24 步宽的称为大街、12 步宽的称为小街，通常是商贾云集的市场，只有 6 步宽的才称为胡同等。

为了大都城建设，世祖忽必烈曾颁诏，让金中都旧址居民，特别是有钱的商人和官宦贵族等到大都城内建房，还规定每户建房者可以占地 8 亩。这一政策使元朝统治者、贵族、商人等大批迁入城内，出现大规模建造四合院式住宅的现象，并且这种两城并存的情况一直维持至元末。

元代一组四合院占地面积较大，并且前院大于后院，主要建筑平面布局呈"工"字形，即前堂与后寝之间以穿廊连接的形式，与当时的宫殿形式无异，一般有东、西厢房，但没有倒座房（图 2-71）。

到了明朝初年，由于有大量山西等地百姓移居到北京地区，四合院的格局也就受到了山西部分地区民居形式的影响。一般大的四合院占地 4 亩，小的占地 1 亩，甚至占地半亩的也不在少数，但最终形成了北京特有的四合院形式，即以大门（门楼）、倒座房、垂花门、抄手和窝角游廊、正房、东西厢房和后罩房等组成的名副其实的四合院格局。

在四合院传统民居中，我们把位于中轴线上的被四周房屋或围墙围合起来的空间称为"一进院落"，比较标准的四合院在中轴线上会有两进或三进院落，较大的四合院还会有左右跨院。（图 3-1）

以位于胡同北侧朝南向的四合院为例（以下例子均同），大门的位置近于院落的东南角。走进四合院，迎面就能看到垒砌精致的影壁，它是四合院建筑不可缺少的风水内容，也相当于古语中的"萧墙"。同时，影壁也是四合院的重要装饰，尤其是一些影壁建造讲究，在其墙壁上雕饰有精美的图案和吉祥文字，增加了四合院的文化品位。另外，影壁对大门外视线的屏蔽作用，也符合北京居民含蓄内敛的文化性格。

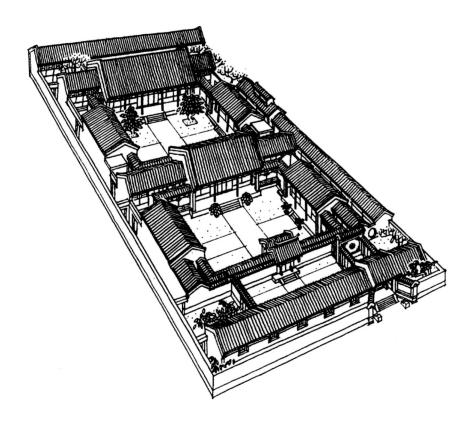

图 3-1　带东跨院的四进四合院

　　进了大门右转进入一道屏门（或月亮门）后（大多在影壁两侧各有一道屏门或月亮门），在大门东面倒座位置上（坐南朝北）一般会有两间房屋，是专门为私塾设置的。在中国传统方位文化观念中，凡与"文""礼"等概念相关的建筑也都应安排在东南的"吉位"，如在北京紫禁城内，供"太子视事之所"和其他礼仪活动的文华殿就安排在紫禁城的东南部。另外，"塾"的由来很早，在西周至秦汉时期的闾里制居住区内，闾门的旁边都设有门房，就称为"塾"。

　　进了大门左转，经过屏门（或月亮门）后要下几步台阶才能进入真正的位于正中的第一进院落，因为门楼要高于倒座房，地平面就会垫得稍高（下面有暗沟走水）。南侧的倒座房间一般主要用于男仆和男性客人居住或杂用。第一进院内西端一般也有一道屏门（或月亮门），进入屏门后南面的倒座房一般安排为第一进院内的厕所。在中国传统方位文化观念中，凡与"武""残""污秽"等概念相关的建筑也都安排在西南的"凶位"。如在北京紫禁城内，象征国家武备的武英殿就安排在紫禁城的西南部。衙门中的监狱等也要放在西南部。传统四合院中的厕所只能采用旱厕方式。

中轴线上倒座房对面的正中建有垂花门，两端是"卡子墙"。只有进了垂花门，才能看清第二进院落的内宅房屋。内宅是四合院的中心，作为正房的北房前出廊，而抄手游廊（位于东南和西南）和窝角游廊（位于东北和西北）可将垂花门、东西厢房、北房连成一体，既可躲风避雨、防日晒，又可乘凉、休憩和观赏院内景色。四合院内可以种树、养花，有的还置有金鱼缸，搭有葡萄架……

作为正房的北房相对高大而豁亮，面阔三间，东、西两侧可各建一间或两间耳房。北房正中的"堂"一般为家中主要的公共活动房间，即相当于今天所说的起居室，两侧的房间由宅主人居住，一般老年人要住在东侧。东西耳房或住人或为他用（如作为书房）。在横向总面阔稍小的四合院中，耳房还可以作为进入后院的穿堂门。西厢房一般由儿女居住，东厢房一般由孙子、孙女及奶妈居住，因为在中国传统"宇宙模型"的方位和季节概念中，东方属木、属春，利于儿童生长发育。东、西厢房南侧接建的耳房有时不称为"耳房"，由于它们的屋顶可能是建成"盝顶"的形式，所以这些房间的名字就称为"盝顶"。厨房一般安排在东南角的"盝顶"，内院的厕所一般安排在西南角的"盝顶"。东、西厢房北侧不建耳房类建筑。

较大的四合院民居在中轴线上还会有第三、第四、第五甚至是第六进院落，这就有条件形成"前堂后寝"的格局。中轴线上内院正房根据礼仪和实际情况"分户"使用，正中的有时也可作为联系前后院的穿堂使用。最后一进院子最北端为后罩房。

在布局稍复杂的四合院民居中，在中轴线上院落的两侧建有或东或西跨院，后罩房与跨院内的东西向的房间主要为女仆居住或杂用。如东跨院内的部分房间可以作为较大的厨房使用，北侧尽端多为厕所。东西跨院与后罩房之间也可以建屏门。有或东或西跨院的四合院民居，一般又会在第一进院落东侧私塾或西侧厕所对面的北墙上辟屏门，便于仆人等可不经过中轴线上的内院而直接进入或东或西跨院及后罩房，利于中轴线上内院的相对封闭。

从理论上讲，四合院可以进行无限的纵向组合，但因受胡同格局的限制，至多是六进。在横向上，理论上也可以进行任意的组合，但实例中最多的为五路，且不全部安排住宅，而是根据需要进行处理。例如，清末协办大学士文煜在帽儿胡同的住宅，中为北京著名的私家园林"可园"（图3-2）。

总结普通四合院民居的连通方式为：

在较宽的四合院民居中，正房的或东或西耳房前面的左右侧墙上设屏门（或月亮门），通或东或西跨院（多数为"纵院"，院内只有或西向或东向的房屋），通过或东或西跨院形成的通道(或仅有通道)连接后院。没有东、西跨院的，可在一间耳房的位置设门，即把耳房直接变为"穿堂"，直接连通后院；如果院落较窄，一进院落与二进院落之间有垂花门及卡子墙，但卡子墙背面无游廊，厢房也是完全挡在正房的耳房前。这种情况下，在正房与厢房侧面之间可开或东或西向的屏门（或月亮门），东、西耳房或通向后院的"穿堂"可隐蔽在屏门后的小院内。通过屏门还可直接进入东或西跨院；一般又会在第一进院落东侧私塾或西侧厕所对面的北墙上辟屏门，直接进入东或西跨院。

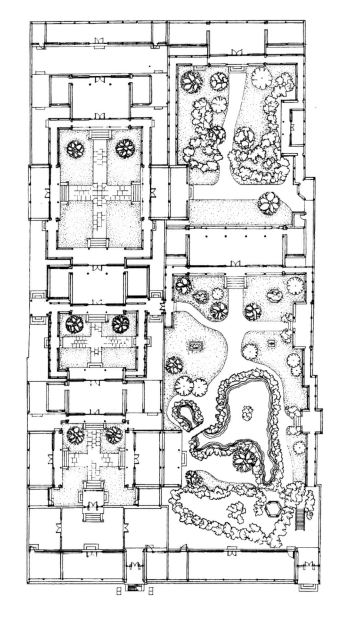

图 3-2 帽儿胡同 9 号、11 号院（可园）平面图

在四合院民居中，家具的选择和布置与房间的功能和民俗密不可分。正房堂屋内的家具一般设有条案、八仙桌、太师椅（交椅）、茶几和花架等。条案就与祭灶、祭祖、祭祀等民俗有关。春节是中华民族的传统节日，腊月二十三，桌案就成为家家祭灶的供桌、供案。桌案上放两支红烛一炉香，再放一碟糖瓜和一碟南糖。这个风俗源于传说每年腊月二十三，灶王爷要回天宫向玉皇大帝汇报这家的善恶。家人则求灶王爷"上天言好事，

回宫降吉祥"，用糖瓜封住灶王爷的嘴，以便报喜不报忧，为来年带来好运。旧时童谣"糖瓜祭灶，新年来到"即指此。到了除夕，桌案又用来祭祖。将祖宗牌位请上供案，挂家谱，全家在家长带领下布供、焚香、化纸、叩头，迎接新年。

四合院民居的冬季采暖最早采用地坑式火炕、煤炉和炭盆等不同的方式，后来都改为直接用煤炉加铁皮烟筒。

清顺治元年（1644年）十月，清政府规定满蒙旗人住内城、汉族等人住外城，只有重要的汉族等大臣可以住在城内，明代勋贵的宅第多被改造为清朝王公贵族的府邸。但由于政治斗争的原因，也有很多王公贵族的后裔又被迁回东北，如和珅的后裔。晚清以后，这个制度逐渐松弛。光绪年间的军机大臣李鸿章住在今天东城的西总布胡同，左宗棠住在西堂子胡同，张之洞住在西城的白米斜街。

从民国初期开始，满族旗人丧失了朝廷俸禄，社会地位与经济状况逐渐式微，不少四合院纷纷易主，但是原有的建筑格局基本未变。也基本上是从民国时期起，由于社会不稳定、城区范围又未扩展（城墙之内），新建四合院民居活动逐渐减少。但因人口膨胀，很多原来一家一户的四合院逐渐变成了出租的大杂院。

1949年以后，北京成为中华人民共和国首都。许多高等级并保存完好的四合院（包括王府等）或成为各级政府领导和民主人士的住宅，或成为机关宿舍和机关驻地，除此之外，普通百姓已经很少有一家一户独立的四合院了。如著名的民主人士章士钊来到北京以后，先是住在东四八条朱启钤的家里，后来被分配到史家胡同一座多进的四合院。他的女儿章含之回忆："北屋之外，我们在东边还有独立的餐厅，西厢房三十多米的两间房是大哥章可居住。除了北屋的大客厅，父亲还有一个前后院相连通的前厅，一明两暗的前厅，供他和秘书使用。最前一排房子是传达室和车库。"

这只是两进房屋的使用情况。此宅后面还有院落，章含之说，她的父亲章士钊感觉太大了，让出去成为另一户人家的院落。这样就把多进的四合院变为两个独立的院落。但是，从整体看，四合院里的建筑和格局并没有被破坏，仍然保持着原有风貌，只是不再是一家，而是分为两家居住了。

相对于此，帽儿胡同文煜的住宅与章士钊的住宅近似，建筑与格局也基本保持完好。但就住户而言，则要繁密得多，一户变为多户。因为文煜的住宅成为某机关宿舍，其中西路住进五户，中路的可园住进一户，东路的下房住进了更多的住户。

20世纪50年代以后，由于北京市建设的需要等，再一次涌进了大量人口，虽然在老城区近郊修建了一部分机关宿舍，但是更多的人还是住在老城区，而四合院的数量同样没有也不可能随着人口的增加而增加，其必然的结果是更多的四合院变成了大杂院。大量的四合院里挤进了稠密的住户，把房屋分割得更为细碎。但是，这一时期的四合院还是保持了基本格局。

"文化大革命"期间，又有不少原本属于私人的四合院被房管局接收，分配给更多的居民居住。由于人口的急剧膨胀，原有的房屋住不下了，便在房屋之间的空地构筑房屋，有的院落甚至把垂花门拆掉，在那里建房。更有甚者，不少"大式"（王府等或有一定品级的官员家级别）四合院的游廊和大门也被改造为住房。当然，这样的大门必须是屋宇式大门。大门住人了，为了进出，只有在院墙的适当位置另辟院门，简单的做法是挖墙门。比如，东城三眼井胡同1号，原本是如意门，坐北朝南，位于院落的东南。大门被封闭以后，便在东部围墙开门，坐西向东，门的位置改变了，不仅门牌改为嵩祝院西巷6号，自然也破坏了四合院的结构（图3-3、图3-4）。

另在"文化大革命"期间，中苏关系完全破裂

图 3-3　游廊变住房的实例

图 3-4　大门变住房的实例

后，为了响应毛泽东主席提出的"深挖洞、广积粮"的号召，在北京市大部分有一定规模的四合院内都开始建设防空洞，使得很多院落原本的格局，如垂花门和游廊等进一步遭到了拆毁。

"文化大革命"末期，唐山发生了7.8级大地震，北京地区也受到波及，大量四合院的房屋受到不同程度的破坏（不属于特别严重）。限于当时的财力，维修方法是极其简陋的，比如，把屋顶上的清水脊拆掉，把原来的阴阳板瓦改为水泥瓦，把原来传统的灰色砖墙改成红色砖墙，一些装饰性构件，如山墙前端的戗檐砖脱落的也不再重新粘砌等。

20世纪70年代末，北京开始使用罐装煤气，为了安全，住在四合院里的居民纷纷在自己的房前建造简易的小厨房。一个四合院有多少住户，便有多少个小厨房。再加上很多住户的子女长大结婚，院内又进一步加建可住人的简易房屋，以至于各种简易房遮住了正规的建筑，把宽敞的庭院挤得只剩下狭窄小道，成为名副其实的大杂院。大部分王府类建筑、寺庙类建筑也不能幸免（图3-5、图3-6）。

另外，从1949年至今，更有大量的胡同与四合院被拆除，场地用于建设其他用途的建筑。

图3-5　大杂院1

图 3-6　大杂院 2

　　直至目前，北京老城区内，建筑格局与建筑本身非常完整的传统四合院已经不多见了。近年，又有不少"落实政策"的小型四合院被转卖、翻建，并用现代方法加建了地下室等。

第二节　北京社会与人文环境对四合院民居的影响

　　人文环境是社会环境的一部分，其特点似为捕捉不到具体的内容，却又让人能够时刻感觉得到、体验得到，并得以形成既模糊又真实的印象、记忆与行为。从心理学的角度讲，人文环境是某种聚落心理的形成并起作用的过程，它让人们只要步入这个聚落，就有一种"聚落文化"的感觉和享受，它具有强大的感染性，似弥漫于聚落空间的社会的"气候"。人文环境又以某种明显的文化特性为集中体现，而文化特性在成长过程中有一种捍卫性的特质，使旧有的价值观念，包括语言、文字、礼仪、举止、情趣、习俗、时尚、信仰、教育、制度、职业等得以延续，并使之普放异彩和加强内部的团结，发挥创造力。文化特性的成长过程又是一种社会内部动力进行不断探求创造的过程，它自觉或不自觉地从所接受的多样性内容中汲取营养，在必要时又会予以双向改造。人文环境与个体人的关系，可以某地域人文环境与某个体人的生活片段内容之关联为例。

北京积水潭地区风景优美，这里不仅至晚从元朝开始便是私家园林汇集之地，其广阔的范围更是大都城内最著名的公共风景园林区，并且漕运船只从北运河循通惠河直达积水潭，也使得其周边地区非常繁华，成为大都商业和各类文化最重要的汇集区。例如，早在元朝时期，就曾于其沿岸的万春园内继承了唐曲江宴的文化活动。其多样化的文化底蕴，在元朝以后时期也一直传承延续着。

生于明朝正统年间的大学士李东阳，年幼时曾生活在积水潭畔，其故居就是积水潭北岸的"西涯"（李长沙别业）。儿时的美好记忆，使他在一生中都对这一地区倾注了深厚的感情，在其《怀麓堂集》中收录了与这一地区相关的众多诗词，既有涉及如桔槔亭、杨柳湾、稻田、菜园、莲池、洗马池、响闸、钟鼓楼、慈恩寺、广福观及西山等远近景物的，也有借景生情以表达人生感悟的。描写景物的如《西山》云："磐石傍幽溪，群峰坐回首。静爱白云来，苍苔湿衣久。"（注1）在明朝的"燕京八景"中有"西山霁雪"，今什刹海银锭桥附近东西一线，正是在城内欣赏"西山霁雪"的最佳之处（注2）。《西山》可能正是李东阳在这一范围的某处久望西山后推敲出来的诗句。李东阳经常在这一带盘桓的时间不仅有白天，还有夜晚。如《响闸》云："春涛夜忽至，汩汩溪流满。津吏沙上来，坐看青草短。"（注3）李东阳在此还写过不少借景表达人生感悟的诗句，如晚年所写的《重游西涯次韵方石》："流水平堤柳绕垣，重来又隔几寒暄。轻鸥似解随人意，老马犹能识寺门。千载高情彭泽社，百年幽事杜陵村。王郎亦有携琴兴，聊共清风石上尊。"（注4）又如《又宿海子西涯旧邻》："匹马缘溪却度桥，荜门疏树影萧萧。东陵旧路元相接，北郭幽期岂待招。满地月明如白昼，一灯人语共清宵。悠悠二十年前事，都向春风梦里消。"（注5）从这两首诗句中所表达出的隐隐惆怅，与古代很多文人士大夫一生在"仕与不仕"（"待招"）中徘徊的内心纠结如出一辙，并且在中国古代社会后期具有典型的代表性（图3-7～图3-10）。

总结元、明、清时期，北京的社会与人文环境有如下特点：

其一是全国的政治中心，主要表现在除皇帝和皇族外，中央及地方政府（市属及以下）各级官吏也众多，而这些官吏又与普通百姓有着千丝万缕的联系，全国政令又皆出于此——使得大众普遍有着现实和心理上有别于其他地区的优越感；城市

图 3-7　什刹海之前海

图 3-8　什刹海与通惠河下游段交界处的金锭桥

图 3-9　什刹海前海与后海交界处的银锭桥

图 3-10　银锭桥边的"银锭观山"碑

地理环境宽阔优越，生存空间大——使得大众普遍有着现实和心理上的舒适感和优越感；城市被最高等级的城防设施和最强大的军队守卫着，又在"天子脚下"，即便是豪强和贪官污吏，也相对少有超出一般限度"显性"对普通百姓的残害行为——使得大众普遍有着现实和心理上的安全感；另外，在天子脚下虽然等级森严，但社会的常态为"秩序井然""歌舞升平"——也使得大众普遍有着现实和心理上的平和感与安稳感。

其二是全国经济中心，主要表现为供给相对充裕多样，生活保障程度高，抵御各种灾害的能力强——使得大众普遍有着现实与心理上的安全感与优越感。

其三是全国文化中心，仕途和经济利益的驱使，全国各种人才特别是文化人才荟萃，主要表现在文化生活上的高屋建瓴性、普遍性和多样性——使得大众普遍有着现实与心理上的优越感。

其四也是全国的信息中心，各种信息、观念和信仰等在这里交集、碰撞、融合——使得大众普遍有着现实与心理上的包容性。

北京的人文环境就是在一种缓慢的动态下，在跨越三个朝代时间的延续和地域空间的稳定中逐渐积累而成。与当时国内绝大部分地区比较，北京居民的基本物质生活状态是富足、安逸，文化生活状态是包容、多样，政治生活态度是敏感但处事不惊。大风大浪，甚至是激烈的改朝换代都在这里演绎过，但不能急躁冒进、六神无主，常态的生活终究还要继续，遗老遗少无须抛头断腕，依然可以悠然地提笼架鸟、琴棋书画、海阔天空。老北京人生活得四平八稳、大大方方、性情温和、自我约束、厚德宽容，至今都有遗韵。这种状况和心态都是依赖于北京特有的稳固的社会环境和长期积淀的文化环境。

北京四合院民居虽然在明朝时期受山西四合院民居的影响显著，但经历了北京社会和人文环境的长期洗礼与滋润，各种演变也是非常明显的：坐落在地处平原的城市之中，依胡同的走向排列而井然有序；院落虽然也具有封闭性，但单层两坡屋顶的建筑组团亲切平和，绝无山西豪宅的戒备与冷漠感；中院方正，在单层两坡屋顶建筑的围合下，无论大小都会显得开敞疏朗，仰可观天之邃远，俯可赏动植之生态，绝无山西民居两层建筑所夹院落带来的局促或压抑感；天子脚下等级森严、形制格局严整规矩，不能突发奇想试图打破定式，即便是王公重臣也不能例外，如清代的郑亲王济尔哈朗在建府时正殿地基高了一点，又用了只有皇宫才能用的铜狮、龟、鹤等装饰品，因此被"罢辅政"，罚银 2000 两；天子脚下重官轻商，即便是富甲天下商贾的宅邸，也不敢轻率地炫富；建筑朴素规矩，各种装饰适度，在皇家高大建筑的俯瞰之下也怡然自得，不与之争奇，"云开间阖三千丈，雾暗楼台百万家"；长幼有序、尊卑有别，虽然北京四合院内的建筑也体现了这种等级之分，但差别小，过渡平缓自然，绝无山西豪宅内建筑的差异性带来的霸气与森严感，体现了厚德包容的普遍心态；居民整体的文化素养较高，并具多样性特点，在民居建筑中对祈求神灵护佑的表达也较平和内敛。

北京四合院民居又是北京中轴线建筑体系的有机组成部分，在中轴线的两翼，街巷密布，四合院鳞次栉比，平静恬淡。街市人流，叫卖、吟唱、遛鸟、斗蟋蟀、喝茶、聊天，可以在时空交错之中任意固定成一幅和谐的市井图。明清时期的北京城市，在空间布局配置上的宽裕、在世间情感释放上的宽厚，是中国封建社会深厚奇妙文化理想的最终表达。在这里，北京四合院民居是城市的背景也是主体，是配角也是主角。

注 1、注 3～注 5：（清）于敏中，等 . 钦定日下旧闻考 [M]. 北京：北京出版社，

2018：878.

注 2：李东阳于八景之外又增"南囿秋风""东郊时雨"并赋《十景》诗。

第三节　北京四合院民居的风水格局与禁忌

北京四合院民居方位与布局的确定属于风水术中理法范畴，要符合所谓"天人合一"的宇宙观的一部分内容。具体来讲，这部分内容就是确立一个宇宙人事总体构架，将世界万物抽象成为阴阳、五行和八卦三组符号，并用它们的组合图像和运动规则等解释天地间的一切现象。以阴阳代表事物对立面与属性的转化关系，五行代表事物的性质与构成关系，八卦则代表事物的相生与相克关系。

确定四合院布局的顺序是先用罗盘校方位，找出院落的中轴线，然后根据街道走向和四合院在街道中的位置，用"后天八卦"和其他风水理论确定出大门的位置，最后依据大门的位置确定院内各个房间的性质、朝向和位置等。一般按照《八卦七政大游年》歌诀来安排正房和大门的位置，这首歌诀是："乾六天五祸绝延生；坎五天生延绝祸六；艮六五绝延祸生延天五；巽天五六祸生绝延；离六五绝延祸生天；坤天延绝生祸五六；兑生祸延绝六五天。"歌诀中的第一个字称为伏位或伏吟，就是俗称的"座山"，是主房（正房）的方位或大门的方位。

以最典型的东西走向胡同内北侧南北向的四合院民居为例，院门面南临街，开在南墙偏东边，这在八卦中是"巽"位，是柔风、润风吹进的位置，在风水上也是吉祥的位置（图 3-11）。

大门的位置一旦确定后，再依据"巽天五六祸生绝延"的口诀对照后天八卦图，按顺时针方向来确定整个四合院的布局（具体内容见后）。

在北京四合院民居中，"水法"也要受到特别关注。所谓"水法"，就是在雨季时如何排除雨水，在北京四合院中雨水一定要

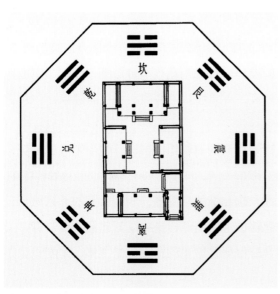

图 3-11　巽门坎宅后天八卦图

从大门东侧的"青龙"位置排出去，水排出院后还要向西流（但很难做到），违反了这种排水方式是最为忌讳的，因为那样会犯"桃花水"。院落内部最低的地平面还要比胡同的地面高一些，既便于排水，又不会一进大门就会让人觉得是跳"蛤蟆坑"、一出大门"状如登山，步步艰难"。

在北京四合院建筑中，对门窗的尺寸也有严格的要求，必须用"鲁班尺"来核定。鲁班尺也称"门尺"，每尺约合 48 厘米，每尺分 8 等份，每份为 1 寸，每寸再分 5 格，每寸每格都有或凶或吉的含义，吉利的位置用红色字，凶的位置用黑色字。门窗的尺寸要先经过做法习惯的一般性推算（设计），然后必须以最接近的吉位尺寸确定。

除此之外，房子要取单数，如果有四间的地方也不能盖四间，而是盖三间，两边再各补盖半间，这种盖法称为"四破五"，也就是将四变成五，以此来避开"四六不成材"的忌讳。如果按照场地和使用需要必须盖四间的，其中的一间必须与其他三间有明显的区别，如东西厢房的"盝顶"房。

在北京四合院民居中，植树的位置主要是内院的四隅，四方形的没有铺地砖的地块就是专为植树预留的。大的四合院要种海棠树，这种树每年的早春三、四月开花，满枝繁华白中带粉，粉白之间透出淡淡的清香，秋日枝头挂满红果，既能品尝又能欣赏。除此之外还有另一层含义，《诗经·小雅》有《棠棣》篇，据《诗序》中说是召公燕兄弟所作，其中有"棠棣之华，鄂不韡韡（wěi），凡今之人，莫如兄弟"。后人将棠棣比喻兄弟情谊。棠棣为常绿灌木，花黄色。因棠棣和海棠都带个"棠"字，在家庭观念十分浓厚的老北京，把种海棠树视为正宗，取兄弟和睦之意。除了海棠树，常种的还有枣树、石榴树、柿子树以及葡萄、紫藤等，这些树木春有花开，秋有果实，其字义更能让人联想到榴开百子、多子多福、早生贵子、早发财、万事如意、万事大吉等吉祥之语。

在众多的树种中，最忌讳的是在庭院中种松柏树，因为住宅是"阳宅"，寓意有生命活力的宅院。将已逝之人的陵墓称为"阴宅"，松柏常绿，阴宅之地种松柏，寓意永存的思念，故不宜把松树植入院内。另外，桑树的"桑"与"丧"谐音，梨树的"梨"与"离"读音相同，槐树的"槐"字与"鬼"相似，所以有"桑松柏梨槐，不进府王宅"之说，就是指这些树名的读音或字形容易与不吉祥的文字含义产生联想。但也有相反的情况，如槐树很适合在北京地区生长，又因《周礼·朝士》说："掌建邦外朝之法。左九棘，孤卿大夫位焉，群士在其后；右九棘，公侯伯子男位焉，群吏在其后；面三槐，三公位焉，州长众庶在其后。"也就是说在庭中种上左右两列各九棵枣树（古称棘），正面种上三棵槐树，作为公侯将相群吏列位的标志。

后人便以棘和槐代指朝廷高位，如"位极三槐""将登槐棘"等。《宋书·王旦传》记载："王旦父祐为兵部侍郎，……手植三槐于庭，曰：'吾之后世必有为三公者，此其所以志也。'"因此，槐树在北京四合院民居中又几乎是必种的，俗谚曰："有老槐，必有老宅。"由于槐树树型过于高大，大都种在外庭院或大门之外。

第四节　北京四合院民居的建筑

一、北京四合院民居的大门

中国传统木构建筑是由各种柱子支撑着全部屋架与屋面结构。从建筑平面来看，最前和最后的一排柱子称为"檐柱"，无论这些柱子是独立地支撑着前后走廊，还是前排柱子间有窗间墙（无前廊），或后排柱子间及其后有后檐墙（无后廊）。此外，除了左右山墙上的两根"山柱"外，其余的柱子都称为"金柱"。四合院大门类型分类，主要是依据大门安置于哪一排柱子之间。

复杂大门的内容包括门洞（建筑范畴）和门扉（装修范畴）两大部分。门扉部分非常复杂，构件就包括门扇（隔扇）、门框、门槛、腰枋、余塞板、走马板、连楹、门簪（以上均为木结构）、门枕石等。门扇上的构件就有大边、抹头、穿带、门心板、门钹、插关、兽面、门钉、门联等（图3-12）。

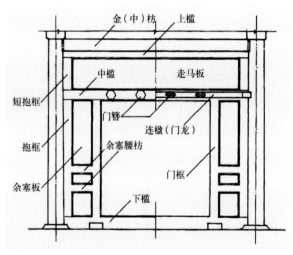

图3-12　大门各部分名称

（一）广亮大门

广亮大门的门扇放置在门洞的两根山柱轴线之间，把门洞空间前后一分为二。门框构架含上、中、下槛和抱框、门框，即抱框而不是门框紧挨着山柱，其间还有"余塞板"（上为"走马板"）。门板多为攒边门，也称为棋盘门。这种屋宇式大门的开间略大于倒座房的一个开间，也高于倒座房，门扇前又有一定的空间，显得很敞亮，故称"广亮大门"（图3-13～图3-16）。

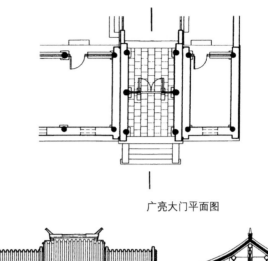

广亮大门平面图

沿街立面图　　　　　　　　　剖面图

图 3-13　广亮大门

图 3-14　广亮大门 1

图 3-15　广亮大门 2

图 3-16　广亮大门 3（改建过）

广亮大门在北京四合院民居建筑中级别最高（"王府大门"不在此介绍之列），一般有一定品级的官员家才能使用。门洞的前檐下左右对称装饰的木制雀替与三幅云，就是官品的象征。

（二）金柱大门

金柱大门在形式上很像广亮大门，区别是把门扇放置在山柱前侧金柱轴线位置上，故称为"金柱大门"。因为门扇向前推出了一个步架，门前就略显局促了，不如光亮大门深邃庄严，在级别上也就略低于前者（图 3-17 ～图 3-19）。

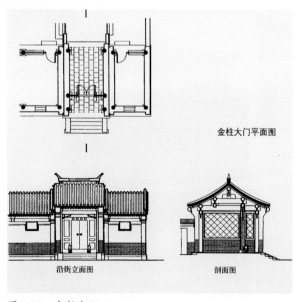

金柱大门平面图

沿街立面图　　　剖面图

图 3-17　金柱大门

图 3-18　金柱大门

图 3-19　金柱大门门洞内

（三）蛮子门

蛮子门的门扇又向外推出了一个步架，放置在前檐柱轴线上，其余与广亮大门和金柱大门没有很大的区别，只是门内空间反而扩大了。传说很多南方来北京经商的商人虽不缺钱财，但不便于炫富，采用这种形式的大门以示与官宦人家的区别，故称"蛮子门"（图 3-20～图 3-23）。

（四）如意门

如意门与蛮子门的重要区别是去除了紧挨着檐柱的抱框和余塞板，而换成了砖砌的"鱼鳃墙"，这样，门的两侧就只有门框了。门上槛两侧即鱼鳃墙上檐的位置有一条雕成"如意"形状的砖雕，学名"象鼻枭"，俗称"如意头"，门板上也浮雕出"如意"两字，故而这种大门称为"如意门"。如意门的门楣装饰很复杂，自屋檐的檐檩往下有栏板、望柱（或花瓦墙）、冰盘檐、贴砖挂落板、象鼻枭（以上外表均为砖雕）。

如意门多为中小型四合院使用，大小不一，形式多样，虽然略显生冷，但防卫性较强（图 3-24～图 3-29）。

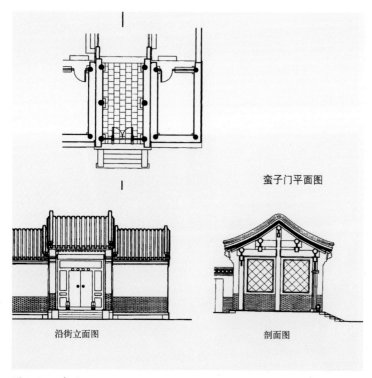

蛮子门平面图

沿街立面图　　　　　　　剖面图

图 3-20　蛮子门

图 3-21 蛮子门 1

图 3-22 蛮子门 2

图 3-23 蛮子门 3

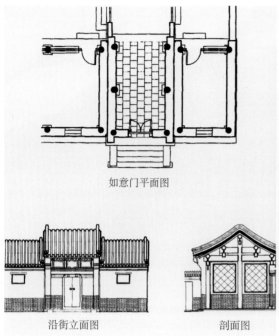

如意门平面图

沿街立面图   剖面图

图 3-24　如意门

图 3-25　如意门 1

图 3-26　如意门 2

图 3-27 如意门 3

图 3-28 如意门 4

图 3-29 如意门象鼻枭

（五）小开间门楼

这是一类以前从未被分类过的门楼。其特点是仍属于屋宇式门楼，门扉在檐柱位置上，但因开间小，门框两侧既无蛮子门的"余塞板"，也无如意门的"鱼鳃墙"，门楣位置可能是"走马板"，也可能是砖雕，甚至有中西合璧式。有的这类小开间门楼与倒座房同高。这类属于因用地局促或建筑预算有限，但又想真正建出门楼的妥协选择；也有的可能是在倒座房中后改建的门楼（图 3-30 ～图 3-34）。

图 3-30　小开间门楼 1

图 3-31　小开间门楼 2

图 3-32　小开间门楼 3

图 3-33　小开间门楼 4

（六）小门楼

一些平民居住的一进四合院或三合院用地局促，院门随墙而开（没有门洞），但不是仅开个门洞，而是仍要在某种程度上模仿屋宇式大门形式，故称"小门楼"。这种小门楼形式多样，一般由腿子、门楣、屋面、脊饰等部分组成（图 3-35 ～图 3-37）。

图 3-34　中西合璧小开间门楼门

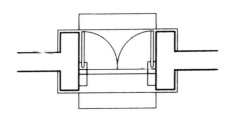

图 3-35　小门楼平面图

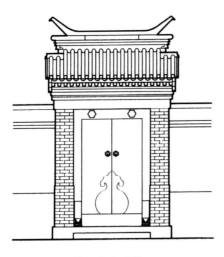

图 3-36　小门楼沿街立面图

图 3-37　小门楼

（七）西式风格和其他随墙门

清初，西洋式建筑传入北京，最具代表性的是圆明园西洋楼景区建筑群。这类建筑形式一经传入北京，就对传统建筑产生了一定的影响，最明显的除一些商业建筑外（如前门大栅栏的商业建筑），便是在某些王府花园和四合院民居建筑中，使用融合中式元素的巴洛克式随墙门。也有某些小型四合院或三合院及其他不重要的偏门、后门等开随墙门（图 3-38 ～图 3-40）。

图 3-38　西洋风格门 1

图 3-39　西洋风格门 2

图 3-40　西洋风格门 3

二、北京四合院民居的内门

（一）垂花门

垂花门是四合院内宅二进院入口处的大门，绝大多数坐北朝南，与正房同在一条南北向的中轴线上，与倒座房对面而立，当然也有少量朝北或朝东的垂花门。它之所以称为"垂花门"或"垂华门"，就是因为建筑的"檐柱"下垂但不落地，而是悬于中柱穿枋上，柱端做成莲蕾形向下的垂珠。垂珠的形式多种多样，如"二十四节气"或雕花的方形等，但以莲蕾形最为常见。

所谓的"内外有别"就是以此为界。传统礼教不准妇女抛头露面，女眷迎送亲友就到此为止，当时的轿子或轿车就停在垂花门前，行礼、话别也就在垂花门台基上进行。规矩大的人家，男仆及一般的男宾客都不能进入内宅。

较高级的垂花门屋顶是"一殿一卷棚"式，垂花门也就分内、外两部分，即门朝外部分的屋面是两坡顶起清水脊，门内侧部分的屋面是卷棚顶，都用悬山式，二者勾连相搭接。另一种垂花门是"五檩（或六檩）单卷棚"式，屋面仅采用一个单一的卷棚形式，虽然活泼不足，但仍不失高雅，在四合院中应用也较广泛（图3-41～图3-43）。

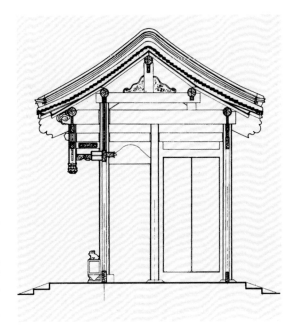

图 3-41　五檩式垂花门剖面图

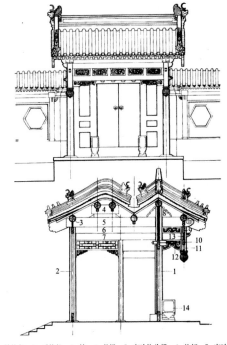

1.前檐柱　2.后檐柱　3.檩　4.月梁　5.麻叶抱头梁　6.垫板　7.麻叶穿插枋
8.角背　9.檐枋　10.帘笼枋　11.垂帘柱　12.骑马雀替　13.花板　14.门枕

图 3-42　一殿一卷棚式垂花门立面及剖面图

图 3-43　垂花门与卡子墙透视

垂花门都有两种功能：

其一是要求有一定的防卫性，为此，在垂花门向外一侧的两根柱间安装第一道门，这道门比较厚重，与街门相仿，名为"攒边门"或"棋盘门"。白天开启，供宅人通行，夜间关闭，有安全保卫作用。

其二是起屏障作用，这是垂花门的主要功能。为了保证内宅的隐蔽性，在垂花门向内一侧的两根柱间再安装一道，这道门称为"屏门"。除去家族中有重大仪式，如婚、丧、嫁、娶时需要将屏门打开之外，其余时间屏门都是关闭的，人们进出第二进院落时不通过屏门，而是走屏门前两侧的侧门或直接通过垂花门两侧的抄手游廊等到达内院和各个房间。垂花门的这种功能充分起到了既沟通内外宅，又严格地划分空间的特殊作用。

垂花门的形象可以说是中国传统建筑装饰艺术的缩影，也是精华的集锦，构成中国建筑的基本要素，如构件和装修手法等几乎全都具备。各种构件，如台基、门枕石、抱鼓石、柱、梁、枋、檩、椽、望板、博风板、雀替、华板、门簪、联楹、板门、屏门、屋面、屋脊、瓦式、干摆砖墙（磨砖对缝）等一应俱全。各种装饰手段，如砖雕、木雕、石雕、油漆彩画等相衬得体，华彩悦目。

垂花门朝外一面两侧的墙面（卡子墙）常做得很精致，与影壁相似使用干摆砖墙砌法，也有的在白粉墙上开各种形象的灯窗（牖窗），背后就是抄手游廊。

（二）屏门

屏门因大多非正门，随墙而开，一般不太引起人们的注意。但屏门很重要，就是在北京紫禁城院内也随处可见各种形式的屏门。在较大型的四合院民居中，院内有几处地方会安置屏门。一进大门，正对着的是较为严肃的影壁，而左右两侧就可能安置颇为轻松的屏门，安装在有短檐的或是顶部用瓦叠成花样的"花墙"的门洞内。门板漆成绿色，槛框则是黑色，还有些线脚。这里的屏门是"门虽设而常开"。第一进院落在朝西通向厕所的小院前、小院内可通向西跨院（纵院）的北面墙都要安装屏门，东面的私塾院也如是。

四合院中最庄重的屏门当然就是垂花门内的屏门。这里的屏门刚好与其他处的屏门相反，是"门虽设而常关"的，只有在重大节日举行仪礼或贵客临门时才开启。

在第二进内院正房或耳房前的或东或西墙上也开屏门（位置视院落宽窄而定），通向东或西跨院。在仅有厅房、周围为游廊的"花厅"院子里，通往两侧的门也用屏门。

由于四合院民居中的屏门是院内分隔用的门，在防御方面的功能要求不高，所以做法很简单，一般采用光平的木板——镜面板。在每扇门板的一侧上下角上安铁构件插在连楹及地窝内，可以转动开启。需要时可以把门板端下来，存放别处。正是因为屏门不是很坚固且很容易拿下来，所以今天在一般的四合院中已经很少能见到完整的屏门了。大门内两侧的屏门更极为少见，就连那安门的两堵墙也多被拆除了（图3-44、图3-45）。

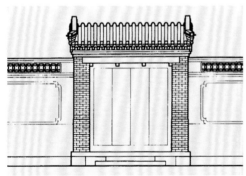

图 3-44　屏门立面图

图 3-45　随墙屏门

三、北京四合院民居的游廊

游廊在北京较大的四合院中非常重要，它既是连接垂花门、厢房和正房环形避雨的重要交通线，又是内院观赏景物及休息的空间场所，其自身同样也是内院重要的景观内容。

从垂花门的屏门前东西两侧分别向东西前行，再转弯通向东西厢房的称为"抄手廊"；从东西厢房北端向北，再分别拐弯通向正房东西两侧的称"窝角廊"。在有游廊的四合院中，东西厢房和正房前都有檐廊，与抄手廊和窝角廊相连，形成一个半封闭的围合"灰空间"。游廊与正房和厢房的连接，是直接"撞在"房屋山墙前廊的位置，即"廊心墙"位置上，这便要在廊心墙上开门洞，即开"吉门"，因此这种游廊又称为"穿山廊"。还有一种游廊是纵深或横向的，用来连接两个以上的院落。所有游廊屋面都采用卷棚式屋顶（图3-46～图3-48）。

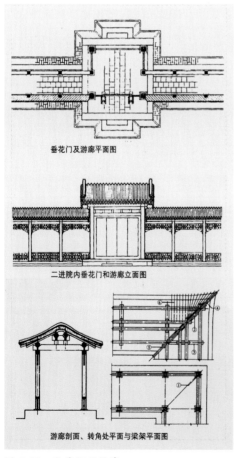

图 3-46 垂花门及游廊

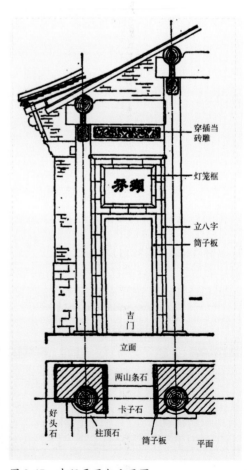

图 3-47 吉门平面与立面图

四、北京四合院民居的影壁

影壁是中国传统建筑大门内外的重要装饰壁面，主要作用在于屏蔽视线并美化大门附近的空间形态。它虽然只是一座墙壁，但由于设计巧妙，制作精良考究，在四合院入口处起着烘云托月、画龙点睛的作用。影壁与大门也是互相陪衬、互相烘托的关系，二者密不可分。实际效果是在人们进出大门时，首先看到的是叠砌考究、雕饰精美的墙面和镶嵌在上面的吉辞颂语。

图 3-48　吉门

在风水理论中，认为影壁是针对冲煞而设置的。《水龙经》云："直来直去损人丁。"故门楼前或院内设影壁，使气流绕着影壁而行，气则不散，符合"曲则有情"的理念。

常见的影壁有三种：

第一种位于大门内侧，建在一进大门的正面，呈"一"字形，所以称为"一字影壁"。大门内的一字影壁如果是独立于厢房山墙的，也称为"独立影壁"。其下面为须弥座，中间为影壁心，用方砖斜向贴成。方砖又名"炕面子"，多为一尺至一尺二见方。影壁心上面也可能有青砖雕成的各种图案，凸出于平面，砖雕图案多为吉祥颂言组成，如"鹤鹿同春""松鹤同春""莲花牡丹""岁寒三友（松竹梅）""福禄寿喜"等。再上为墙檐口，用青砖打磨成柱、檩橼、瓦当等形状。

如果是在贴着厢房的山墙直接砌出影壁，使影壁与山墙连为一体，则称为"座山影壁"。这种座山墙影壁多为平心，即影壁心为白灰挂面，再走一道青灰，中间写个"福"字或"平安""鸿禧"等吉祥词。这种影壁也可以不用须弥座，但上面必须有檐口，显出影壁在四合院中的衬托作用。

第二种是位于大门外对面的影壁，坐落在胡同对面，正对大门。一般有两种形状，平面呈"一"字形的称为"一字影壁"，平面呈"八"字形的称为"八字影壁"。这两种影壁或单独立于对面院墙之外，或倚砌于对面院墙壁上，主要用于遮挡对面房屋和不甚整齐的房角檐头，使经大门外出的人有整齐、美观、愉悦的感受。

　　第三种是位于大门外的左右两侧，直接与大门平面成 120 ～ 130 度夹角的影壁，称为"撇山影壁"。特殊的是在大门两侧先分别有一段平行于大门平面的影壁，再分别接一段成角度的影壁，这样的影壁称为"一封书撇山影壁"或"雁翅影壁"。

　　北京四合院民居的影壁多为第一种，绝大部分为砖料砌成。还有更简单的影壁，即在一进门的对面山墙上直接抹灰找平，然后刷白，用毛笔和毛刷在山墙勾画出一个假影壁（图 3-49 ～图 3-51）。

图 3-49　"座山影壁" 1　　　　　图 3-50　"座山影壁" 2

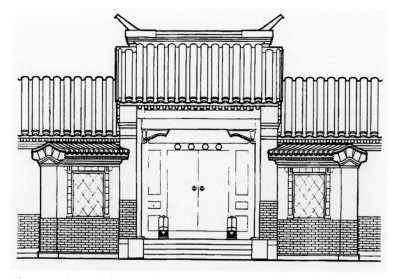

图 3-51　"撇山影壁"与广亮大门沿街立面图

五、北京四合院民居的房屋

（一）正房与耳房

北京四合院第二进院落的北房因"坐北朝南"，故称为"正房"。它是宅院中最主要的建筑，台基和房屋的尺度都比较高大，一般是三间，官员住宅最多为五间。《明史·卷六十七·舆服志》载，室屋制度上规定："一品二品厅堂五间九架……三品五品厅堂五间七架……六品至九品厅堂三间七架……庶民庐舍不过三间五架，不许用斗拱，饰彩色。"

三间正房一般有三种形式：

其一为三间正房"前脸"横向位置在同一个平面内，即三间正房前面的门窗都立在檐柱的位置上，无前廊，中间一间正房的开间可能稍大。

其二为三间正房"前脸"横向位置在同一个平面内，但三间正房前面的门窗都立在金柱的位置上，形成前廊，中间一间正房的开间可能稍大。

其三为三间正房"前脸"横向位置不在一个平面内，中间一间正房的开间稍大，但其门窗立于金柱位置上，而左右两间正房的窗立于檐柱位置上，这样，就在中间一间正房的前面形成了局部前廊，左右正房在前廊内的侧面开门。这是面阔较窄的四合院民居在正房前形成前廊的通常做法。

如果正房之后没有另一进院落，正房及耳房后面均不开窗或只开小高窗，屋后檐有"露檐（檩）""封护檐（檩）"之分（图3-52～图3-54）。

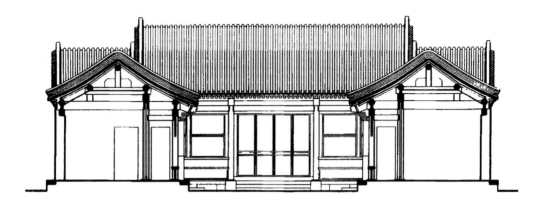

图 3-52　某四合院横剖面图

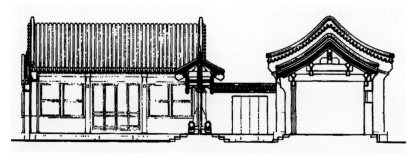

图 3-53　某四合院纵剖面图

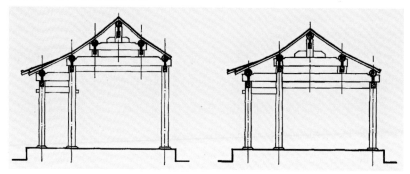

图 3-54　正房常见屋架剖面图

在正房的两侧各有一间或两间进深、高度都偏小的房间，如同挂在正房两侧的两只耳朵，故称为"耳房"。如果每侧各一间耳房，称为"三正两耳"；如果每侧各两间耳房，则称为"三正四耳"。小型四合院多为"三正两耳"，中型及以上四合院多为"三正四耳"。如果四合院总的面阔偏窄，某一间耳房也会成为进入后院的"穿堂（门）"。

（二）厢房与盝顶

在第二进院落的东西两侧，各有三间分别向院内方向开门的房间，因位于正房的左右两厢，故称为"厢房"。如果四合院的规模较大，在厢房的南侧，还可以再加耳房。厢房的耳房为了与厢房有所区别，可以建造成平顶形式，即"盝顶"。西南盝顶可作为内宅的厕所，东南盝顶可作为厨房。如果没有两侧的跨院，厢房一般不开后窗，屋后檐有"露檐（檩）""封护檐（檩）"之分（图 3-55）。

（三）倒座房

在坐北朝南的四合院民居中，位于南部的房屋"坐南朝北"，与正房正好相反，故称为"倒座房"。倒座房与正房并不对称，开间小，一般以七间为多，只要倒座房

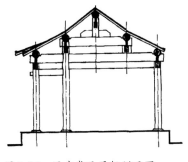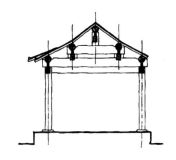

图 3-55　厢房常见屋架剖面图

的柱子不正对着正房的房门便可。一般面对垂花门居正及西侧的倒座房供男宾居住，其东边靠近大门的一间多用于门房或男仆居室，倒座房的西部常用墙和屏门分出一个小跨院，内设厕所，大门以东的小院为私塾，有一至二间。倒座房后檐墙临街或胡同，一般不开窗或只开小高窗，屋后檐有"露檐（檩）""封护檐（檩）"之分。

（四）后罩房

中型及以上的四合院常在正房的后面建一排"坐北朝南"的房子，与倒座房形成基本相近的对称格局，由于建在最后，故称为"后罩房"。其与正房的耳房或东西厢房之间均由卡子墙连接。背面临街或胡同的后罩房一般不开后窗，屋后檐有"露檐（檩）""封护檐（檩）"之分。

一些经商人家的四合院，如果倒座房或后罩房临街，一般都会改为经商的铺面房。

第五节　北京四合院民居的装修与装饰

一、北京四合院民居的装修

在中国传统建筑中，将非承重木构件的"小木作"制作安装内容统称为装修，其中，用于室外的为室外装修，或称"外檐装修"，用于室内的称为室内装修，或称"内檐装修"。北京四合院的室外装修有大门（街门）、屏门、居室隔扇门、帘架、风门、槛窗、支摘窗、什锦窗，以及廊内的座凳楣子、倒挂楣子等。室内装修有碧纱橱、各类花罩、多宝格、板壁、天花（吊顶）等。

四合院正房和厢房都是三开间，并排的三间房之间不需要内隔墙承重（由木屋架承重），这就为方便三间房一起或各自独立使用创造了条件。在使用功能上，有时需要用隔断将它们分隔开，但当房间的使用功能变化时，又需要将隔断取消，就是说，室内的分隔要随主人的需求而不断变化。这就要求室内隔断不能是固定的砖墙，必须是可拆可装的木隔断。另外，砖砌固定的隔断墙太过单调，远不及木质隔断轻巧并丰富多样。于是，就产生了如下几种木隔断装修形式。

（一）碧纱橱

碧纱橱是室内装修最常见的隔断形式，它由若干隔扇（门）组成，设置在进深方向前后柱间，起分间的作用。隔扇分上、下两段，下段由木板（裙板和绦环板）和边框组成，板面有素平的，也有做雕刻的。上段为棂条花格，组成精美的图案。棂条花格是两面做法，中间夹一层半透明的绢纱，或为乳白或为淡青或为碧绿，颜色淡雅，其上还可请丹青妙手题诗绘画、咏梅颂竹、翰墨飘香、风雅备至。一樘木质装修同时又是一件上乘的艺术品。

碧纱橱其中的两扇可以开启，在开启的隔断外面还附着一樘帘架，可在上面挂帘子。这样碧纱橱既可以用作分间的隔断，又可以沟通相连的两间房，还可以作为艺术品供人欣赏，可谓一举三得（图3-56）。

图 3-56　壁纱橱立面图

（二）花罩

如果三间房安装两樘碧纱橱，便可形成"一明两暗"格局，但有时需要两间或三间沟通，特别是作为客厅或起居室时，室内就可以采用另一种装修方式，即安装"花罩"。花罩在北京四合院民居建筑内装修中的应用也很广泛，它的种类很多，上面常做非常精细的木雕刻。花罩两侧各有一条边框的，称为"几腿罩"；两侧各有两条边框，并在其间安装栏杆的，称为"栏杆罩"；两侧各安装一扇隔扇，中间留空的，称为"落地罩"；上面的雕花沿边框落至地面的，称为"落地花罩"；通间周边布满棂条花格，仅在中间留圆形洞口供人通行的，称为"圆光罩"，留八角形洞口的称为"八角罩"；还有专门安装在床或炕前面的，称为"炕面罩"或"床罩"，一般做成边框不落地的"飞罩"。

花罩的功能与碧纱橱不同，它虽然也可以使空间既分隔又沟通，但是以沟通为主、分隔为辅；碧纱橱则正相反，是以分隔为主、沟通为辅。花罩上面的木雕刻题材大多数是"岁寒三友""玉堂富贵""子孙万代"一类既吉祥喜庆又易于构图的民间传统吉祥图案（图 3-57）。

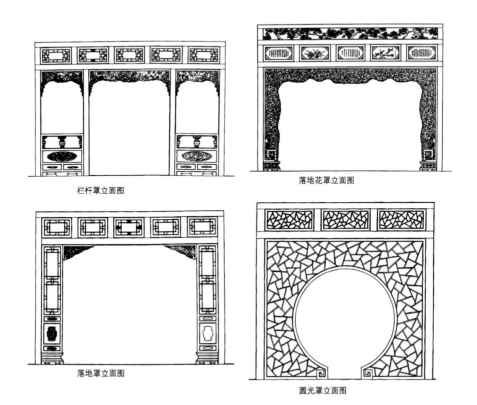

栏杆罩立面图

落地花罩立面图

落地罩立面图

圆光罩立面图

图 3-57　花罩立面图

（三）博古架

室内另一种可起到隔断效果的装修方式称为"博古架"或"多宝格"。它由不规则形状但有一定规律的木格子组成，其上专门摆放古董玩器、工艺珍品。格子的形状和大小一般按所摆设的器皿形状和大小而定。博古架也分上、下两段，上段为多宝格，下段为柜橱，橱里可以存放暂时不用的器皿。也有在下面放书，作为书柜用的。博古架多见于书香门弟或殷实之家，它既可以作为装修，又是重要的家具陈设（图3-58）。

图 3-58　博古架隔断立面图

（四）板壁

室内还有一种常见的装修方式就是"板壁"。板壁即板墙，是用木板做的隔墙。一般的板壁，两面糊纸，只作隔断用，讲究的板壁其表面涂刷油漆或烫蜡，镌刻名家书法字画，紫檀色地子上透出扫绿锓（qǐn）阴字，另有一番雅趣。

室内装修做工都非常精细，用料也格外考究。好一些的内装修多用楸木来做，再讲究一些的则用楠木、樟木，最讲究的要用紫檀、红木、花梨等贵重木材。还有可以用优质红松作心，花梨或红木作皮，贴在表层上，表面看来是红木、花梨，但内里是不易走形的松木。虽非真材实料，但其工艺之细、要求之高是绝非多见的。

（五）隔扇门

在北京四合院民居中，一般明间安偶数的隔扇门，上安奇数的横陂（窗），次间安支摘窗。隔扇门由边框（边梃）、隔心、裙板和绦（tāo）环板等基本构件组成，形象上瘦高剔透。但隔扇门的缺点是体重大、开启不便，又由于构造及开启方式上的原因，扇与扇之间缝隙大（隔扇门不是嵌入槛框内而是贴在槛框内），不利于保温。应对的方法是在隔扇门外安装"帘架"和"风门"（图3-59）。

（六）支摘窗

在次间，槛墙之上居中安间框，将空间一分为二，间框上端交于上槛或中槛（中

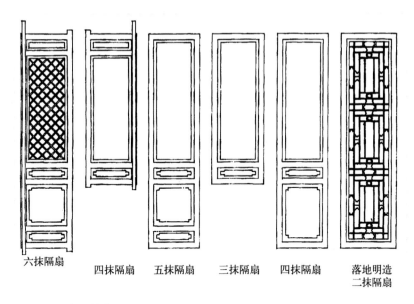

六抹隔扇　　四抹隔扇　　五抹隔扇　　三抹隔扇　　四抹隔扇　　落地明造
　　　　　　　　　　　　　　　　　　　　　　　　　　　　　　　二抹隔扇

图 3-59　隔扇与槛窗立面图

槛与上槛间也可安横陂，这种
装修法比较少见），下端交于
踏板（窗台板）上。抱框与间
框、上槛（或中槛）与踏板之
间便可安装支摘窗。支摘窗
分上、下两段，上段为支窗，
下段为摘窗，一般都为内外两
层。支窗外层为棂条窗，装玻
璃或糊高丽纸，内层罩纱屉
（相当于现在的纱窗），夏天
炎热时，可以把外层的棂条窗
支起来以通风。下面的摘窗外
层也为棂条窗，装玻璃或糊
高丽纸，内层做固定的屉子，
装玻璃或糊高丽纸或罩纱（后
者较少），冬天寒冷时，安上
外侧的摘窗以保（图 3-60）。

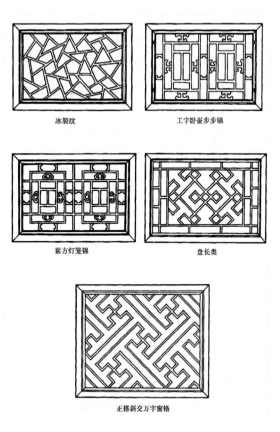

冰裂纹　　　　　　工字卧蚕步步锦

套方灯笼锦　　　　盘长类

正搭斜交万字窗格

图 3-60　支摘窗立面图

（七）吊顶

四合院建筑的吊顶，一般都是用高粱秆作龙骨架子，可以很方便地吊在上层木结构上，高粱秆上要先糊上糙细两层底纸，下面再平糊"高丽纸"作为面层。如果房间高大，架子高度可以是在檐柱顶端位置上，顶棚平直；如果房间低矮，架子高度可以在下金柱顶端位置上，顶棚呈倒扣的船形。裱糊顶棚是一门技术，被单列为"裱糊作"，由于从顶棚到墙壁、窗帘（单层支窗内侧的高丽纸可以做成卷帘的形式，窗棂上再粘贴一层棉质窗纱，利于夏季通风纳凉）、窗户全部用高丽纸裱糊，称之"四白落地"。普通人家几年裱一次，有钱人家则是"一年四易"。

二、北京四合院民居的装饰

在北京四合院民居建筑中，建筑装饰内容丰富多样，一般可分为木雕、砖雕、石雕和彩画几类，但这些很少是独立的装饰内容，往往与建筑构件和装修内容混杂在一起，结合得天衣无缝、珠联璧合，具有极高的艺术价值和观赏价值。

（一）木雕装饰

北京四合院民居的木雕刻装饰，有大木雕刻（大木作）和小木雕刻（小木作）之分。大木雕刻指大木构件梁枋上的装饰雕刻，如麻叶梁头、雀替、花板、云墩等；小木雕刻则指外檐与室内装修内容的雕刻。外檐部分主要包括各式门窗、栏杆、挂落等；室内部分主要包括分隔空间的碧纱橱和花罩，以及形式多样、雕工精美的博古架等。所以北京四合院民居的建筑木雕装饰是木雕装饰与建筑构架、构件有机结合，并利用其木制材料进行雕饰加工，丰富建筑空间形象而形成的雕饰门类，是建筑内外环境装饰中的一种重要装饰形式与装修处理手法。

木雕装饰的工艺技术有平雕、落地雕、透雕、贴雕、嵌雕和圆雕几种类型。

平雕，即在平面上通过线刻或阴刻的方法表现图案实体的雕刻手法。常见的又有线雕、锓（qǐn）阴刻、阳刻三种。

线雕，即用刻刀直接将图案刻在木构件表面的雕法，工艺类似篆刻中的阴文刻法，其效果又如国画中的工笔白描，比较平滑细腻。

锓阴刻，是一种将图案外轮廓形状阴刻下去，并使图形外低中高的雕法，一般多用来雕刻门联、楹联、诗词等书法作品。

阳刻，即将图案以外的地子全部平刻下去，烘托出图案本身，工艺也类似篆刻中的阳文刻法，多用于"回纹""卍字""丁字锦""扯不断"等装饰图案。

落地雕，在宋代称作"剔地起突雕法"，是将图案以外的空余部分剔凿下去，从而反衬出图案实体的雕刻方法。但落地雕不同于平雕，它有高低迭落，层次分明。

透雕，即镂空雕法，有玲珑剔透之感，易于表现雕饰物件两面的整体形象，因此常用于分隔空间、两面观看的花罩、牙子、团花、卡字花等物件的雕饰。

贴雕，即落地雕的改革雕法，兴于清代晚期，常见于裙板、绦环板的雕刻。方法是使用薄板锼出花纹并进行单面雕刻之后，贴于裙板或绦环板上。其完全具备落地雕之效果，但在工料方面则节省很多，效果也更佳，尤其是在底子平整无刀痕刃迹方面，非落地雕所能及。另外，也可通过使用不同质地和颜色的木料做底子及花纹，以达到特殊效果。

嵌雕，即为了解决落地雕中个别高起部分而采用的技术手段，如龙凤板中高起的龙头、凤头，可在雕刻大面积花活时预留出龙头、凤头的安装位置，另外用料雕出并嵌装在花板上，从而得到与等厚板浮雕效果不同之传神感。

圆雕，亦称混雕，即立体雕刻的手法，首先要画样，并根据图样尺寸备料、落荒（做出大体形态），再将落荒形修正至近似造型所需形状，然后在表面摊样（画样子），再按样子进行精刻、细刻，最后铲剔细部纹饰。

从木雕装饰部位和雕刻题材来分，有宅门、垂花门、隔扇门、隔扇窗、碧纱橱、花罩与博古架、倒挂楣子、抱柱与匾额等。

1. 大门的木雕装饰

大门上部需要雕刻的构件是门簪，其位于门口上方，用以锁合中槛和连楹，其朝外一面做成圆形、方形、多边形等断面，朝外看面加上木雕花饰。其尾部是一长榫，穿透中槛及连楹，伸出头，插上木楔使连楹及中槛紧密固定。门簪的形式多种多样，大门用四颗门簪，小门用两颗门簪。门簪正面雕刻题材有四季花卉，如牡丹（春）、荷花（夏）、菊花（秋）、梅花（冬），象征"四季富庶"，有吉祥文字，如"福""禄""寿"或"吉祥""平安"等吉祥祝辞，还有汉瓦当等图案。雕法多采用贴雕，即雕好以后粘贴于门簪看面上。

雀替用于广亮大门、金柱大门（还有王府大门等）。雕刻比较简单，多采用剔地起突雕法，讲究的采用透雕，内容多为蕃草。一般也靠油漆或彩画分层装饰。

中槛之上走马板多为平板，讲究的也在其上放置雕刻的木板，一般采用剔地起突雕法，也有不少透雕的实例，内容多为蕃草。

门联亦是宅门的雕刻内容之一，镌于街门的门心板上，通常采用锼阴刻雕字，字体多为行书、隶书、魏碑、篆字。门联内容一般是桃符辟邪、春联纳吉等题材，从道德理想、审美情趣、治家名言等方面为门户之饰增色添彩，有着无限的情调与韵味（图 3-61 ～图 3-64）。

图 3-61 大门上的门簪

图 3-62 大门上面走马板的木雕

图 3-63 门楼的彩画

图 3-64 混合风格的小开间门楼上的砖雕与木雕

2. 垂花门的木雕装饰

在垂花门正面的檐枋和帘笼枋之间，由短折柱分割的空间内嵌有透雕"花板"，雕饰内容以蕃草和四季花草为主。一点一卷棚式垂花门前脸的形象与牌楼有相似之处，牌楼上的"花板"都采用透雕，除了装饰性强外，主要作用是透风，即减少风压。

垂花门的垂柱头有圆、方两种形式。圆柱头雕刻最常见的有莲瓣头，形似含苞待放的莲花，还有"二十四节气"柱头（俗称"风摆柳"）；方柱头一般是在垂柱头上的四个面做贴雕，内容均以四季花卉为主。

垂花门上面的垂柱与前檐柱之间安装"骑马雀替"（柱间跨度小，两侧的雀替连在了一起）或"骑马牙子"也做雕刻（同雀替）。讲究的垂花门，包括月梁下的角背上均附有精美的雕饰，使得垂花门格外华丽。

3. 隔扇门的木雕装饰

隔扇门由外框（边梃）、隔芯、裙板、绦环板及若干抹头组成。抹头数目有四、五、六三种。隔芯用木制棂条花格和菱花格，裙板、绦环板上施以浮雕、贴雕或嵌雕，花饰为如意、花卉、夔龙、福寿图案及风景、人物、故事画幅等。

在隔扇门中间两扇的外面一般要加有一道帘架和风门，为抵御北方冬季气温寒冷之用。固定帘架边框的构件，下端雕刻成荷叶墩，上端用荷花栓斗。

4. 窗的木雕装饰

槛窗用于较郑重的厅堂，支摘窗普遍用于北京四合院民居。槛窗、支摘窗间用木棂条组成"盘长""步步紧""龟背锦""马三箭""豆腐块""冰裂纹""万字不到头"等图案，局部设有花卡子，分圆形与方形，图案有蝠、桃、松、竹、梅等。

什锦窗用于四合院的游廊背墙，其外廓有圆、方、多边、银锭、扇面、器物、果蔬形。

5. 隔断的木雕装饰

碧纱橱的做法同隔扇门，由槛框、横陂、隔扇组成。根据房屋进深大小，采用六至十二扇不等。裙板及绦环板上通常按照传统题材做落地雕或贴雕，内容以花卉和吉祥图案为主，偶有人物故事，多用"子孙万代""鹤鹿回春""岁寒三友""灵仙竹寿""福在眼前""富贵满堂""二十四孝图"等。

最大面积的木雕刻主要用于室内花罩，无论哪类花罩，均为双面透雕装饰。题材主要是花草，并由此组成富有文化蕴含的内容，如"岁寒三友"，以松、竹、梅比喻为人处世正直、高洁；"富贵满堂"，以牡丹花、海棠花构图借喻高贵富庶；"松鹤延年"，以松枝仙鹤隐喻延年益寿；"富寿绵长"，以蝙蝠、寿桃及缠绕枝蔓的图案会意福寿长久等。在这种大面积的透雕中，时或加进贝螺嵌雕等工艺，使画面更加多彩俏丽。

6. 倒挂楣子的木雕装饰

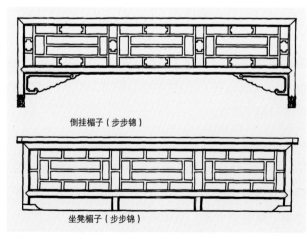

游廊的柱间上端设倒挂楣子，下端设坐凳栏杆。倒挂楣子由边框棂条及花牙子雀替组成。棂条有"步步锦"等式样。花牙子雀替是安装于楣子的立边与横边交角处的构件，通常为透雕装饰，略有加固作用。常见花牙子的纹饰有草龙、夔龙、夔凤、回纹等各式花卉（图3-65、图3-66）。

图 3-65　倒挂楣子与坐凳楣子立面示意图

图 3-66　倒挂楣子

7. 抱柱与匾额的木雕装饰

装点檐柱的楹联称为抱柱，多为书法家手笔镌刻于弧形木板上的阴刻，是中国传统文化楹联与书法艺术之结合的形式，也是主人文化品位的体现。

门楣上方嵌挂匾额，镌刻内容往往为堂号、室名、姓氏、祖风、成语、典故等。匾额的形状，有如书卷者叫手卷额，形似册页者叫册页额。园林匾额为避免呆板还用秋叶匾。匾额的字体有真、草、隶、篆。

(二) 砖雕装饰

北京四合院建筑中的砖雕装饰，从建筑上分主要用于大门、影壁、正房、厢房、倒座房；从部位上分主要用于檐头、墀头、门楣、廊心墙、槛墙、屋脊等。砖雕工艺俗称"硬花活"，多采用浮雕、透雕、平雕（线刻）和镶嵌等多项技法。根据雕刻内容、位置和大小的不同，要先进行图案设计，按照图样的尺寸去烧制澄泥砖，再在砖上雕刻。其中以浮雕最多，有些画面的精彩部分则单独制作，再镶在砖面上，如花朵、兽头等。个别运用透雕技术的部分，表现出的立体效果更佳。面积较大部位的砖雕（如意门的门头部分）还要用拼接的方式，用两拼、四拼、六拼、八拼等完成门头的整个砖雕装饰。画面上呈现的人物、花卉等图案的完成，要靠工匠的刀工技巧，几块砖雕拼砌在一起，就形成巨幅的佳品。

还有一种用抹灰的方法制作的花饰和瓦件等工艺，称为"软花活"（图 3-67）。

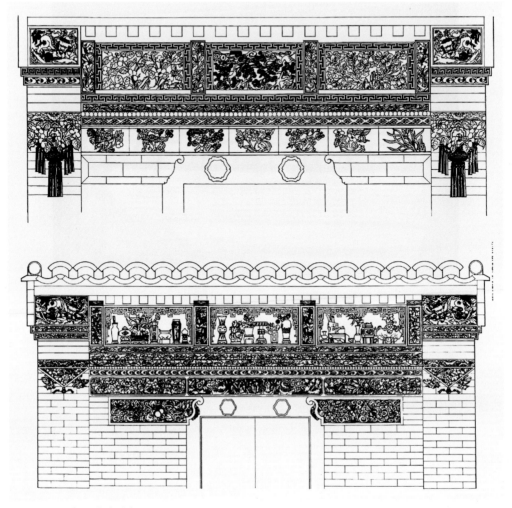

图 3-67 如意门砖雕图案

1. 影壁的砖雕装饰

影壁因位置特殊，地位与大门同等重要，因此是着意装点的重要部位。影壁的砖雕内容非常丰富，主要重点部位为影壁心部分。这部分通常由斜置的方砖贴砌而成，砖雕在位置上有"中心花"和四角的"岔角花"之分。雕刻内容亦根据房主人志趣而设计，多以"四季花草""岁寒三友""福禄寿喜"等为题材，在"中心花"部位还常附砖匾，其上刻"吉祥""福禄"等吉辞。其他的砖雕是在须弥座和墙檐部分，后者主要是模仿木构屋檐部分的造型（图 3-68、图 3-69）。

2. 门楣的砖雕装饰

四合院的大门，位置明显突出，是整座建筑的脸面，也是房主人社会地位、

图 3-68　影壁心砖雕图案 1

图 3-69　影壁心砖雕图案 2

经济地位和文化品位的显著标志。因此，大门的门头便成为砖雕和石雕的重点装饰部位。

北京四合院民居大门有广亮大门、金柱大门、蛮子门、如意门等。广亮大门和金柱大门多为王公贵族、官僚阶层所特有，为了显示高雅和持重，一般反而不加过于繁复的雕饰。而蛮子门和如意门等，多为富人商贾住宅的大门，他们不居朝廷，为炫耀自己的富有，通常都不惜成本装点门面，门头装饰比较灵活。除如意门外，其他大门的砖雕也只能用于墀头部位。

现老城区胡同内四合院民居门楼上保存的砖雕，多为清代作品，也有部分是民国期间的作品。如意门门头上的砖雕由挂落板、冰盘檐、栏板、望柱等部分组成，雕刻内容极为丰富，题材十分广泛，随房主人的理想抱负、志趣爱好而选择题材。砖雕的图案大致可以分为如下几类：

（1）吉祥富贵图案：图案多取其谐音，如在栏板上浮雕出蝙蝠（谐"福"音）、鹿（谐"禄"音）、磬（谐"庆"音）。画面上的喜鹊或蝙蝠口叼着磬，表达"喜庆吉祥""福庆吉祥"之意；蝙蝠口叼盘长（佛八宝之一），绸带不封口，表达"福寿绵长""佛法无边"。有的图案取其象征意义，如画面中有一只公鸡和五只小鸡，表示"五子登科"；画面中鹤与鹿并列，表示"鹤鹿同春"，即"延年益寿"之意；还有"麒麟送子""马上封侯"等吉祥图案。有的用文字和图案更直接地表达，如画面中有蝙蝠、"卍"字、"寿"字图案，表达"万福万寿"之意。

（2）花卉图案：如梅花、兰草、翠竹、菊花，这是我国传统的"四君子"，自古以来就得到文人墨客的吟颂。雕刻松、竹、梅组成的图案，称为"岁寒三友"，表明主人情趣高雅。

大部分花卉图案也用于表达吉祥富贵之意，如用葫芦（或石榴）、佛手（或蝙蝠）、桃（或寿字）组成"多子、多福、多寿"图案；用"卍"字、柿子、如意组成"万事如意"图案；在花瓶内插上月季花（或四季花），加上鹌鹑，表现"四季平安"图案；用兰花、灵芝组成"君子之交"图案；用芙蓉、牡丹组成"荣华富贵"图案；葫芦或石榴或葡萄加上缠枝绕叶，组成"多子多孙"图案；用灵芝、兰花、牡丹花组成"兰芝富贵"图案；用桂圆、荔枝、核桃组成"连中三元"图案。

（3）"博古"图案：将香炉、玉佩、笔筒、砚台、书籍、花瓶等巧妙地雕刻在一组"多宝格"图案中，表示文人雅士的生活情趣。文房四宝与花瓶在一起，又寓意"四季平安"。

（4）民间传说与神话故事图案：如将八仙过海中韩湘子、张果老、铁拐李、曹国舅、蓝采和、汉钟离、吕洞宾、何仙姑的故事雕刻在画面上。表现形式上，又分"明八仙"和"暗八仙"两种：韩湘子吹笛、曹国舅持玉板高歌、铁拐李祝寿、何仙姑采莲、张果老骑驴……这类含人物的雕刻图案为"明八仙"；如果在图案上仅雕刻八仙常携带的器物，如韩湘子的笛子、曹国舅的玉板、蓝采和的花篮、汉钟离的扇子、何仙姑的莲花、铁拐李的葫芦、吕洞宾的宝剑、张果老的驴，配之以祥云、绸带、荷叶组成的图案，为"暗八仙"。

北京现遗有一处"竹林七贤"门头砖雕实例，展现魏晋年间，阮籍、山涛、刘伶、向秀、王戎等七位文人名士经常游于竹林，饮酒赋诗、抚琴吟唱的情景，画面生动感人，是目前门头砖雕仅存的精品。

其他还有如"佛八宝"图案，即宝伞、胜利幢、宝瓶、双鱼、莲花、海螺、吉祥结、金轮，内容可谓丰富多彩。

（5）亭台楼阁图案（从略）（图3-70～图3-83）。

图3-70　门楼上面的砖雕1

图3-71　门楼上面的砖雕2

图3-72　门楼上面的砖雕3

图3-73　门楼上面的砖雕4

图 3-74　门楼上面的砖雕 5

图 3-75　门楼上面的砖雕 6

图 3-76　门楼上面的砖雕 7

图 3-77　门楼上面的砖雕 8

图 3-78　门楼上面的砖雕 9

图 3-79　门楼上面的砖雕 10

图 3-80　门楼上面的砖雕 11

图 3-81　门楼上面的砖雕 12

图 3-82　门楼上面的砖雕 13

图 3-83　门楼上面的砖雕 14

3. 墀头的砖雕装饰

墀头是硬山顶房屋（包括大门）山墙"腿子"的总称，自下往上由荷叶墩、混砖、炉口、枭砖、头层盘头、二层盘头和戗檐砖部件组成。在这些部件的最上和最下面，常饰以精美的雕刻。最上面的戗檐砖雕刻题材十分广泛，多为花卉图案，如浮雕出牡丹或牡丹花篮组成的"吉祥富贵"图案。精致复杂的多为动物或人物故事图案，如雕刻兽中之王狮子的图案，象征着宅主人的武官身份。这些图案构图精美、生动，刀工玲珑剔透。另外，"松鹤同春""子孙万代""麒麟卧松""太师少师""博古炉瓶""鸳鸯荷花""玉棠富贵"等也是常用的吉祥图案。

戗檐侧面的砖博风砖头上常刻"万事如意""太极图"等图案。讲究的墀头砖雕组，在荷叶墩下面还加垫花，这种垫花图案形式大多为一个精美的花篮，里面插满各种花卉，构图秀美，装饰性极强（图 3-84 ～图 3-95）。

图 3-84　墀头与博风砖雕 1

图 3-85　墀头与博风砖雕 2

图 3-86　墀头与博风砖雕 3

图 3-87　墀头与博风砖雕 4

图 3-88　墀头与博风砖雕 5

图 3-89　墀头与博风砖雕 6

图 3-90　墀头与博风砖雕 7

图 3-91　墀头与博风砖雕 8

图 3-92　墀头与博风砖雕 9

图 3-93　墀头与博风砖雕 10

图 3-94　墀头与博风砖雕 11

图 3-95　墀头与博风砖雕 12

4. 吉门与下槛墙的砖雕装饰

　　比较高级的四合院民居，居室都带有前廊，廊子两端或砌廊心墙，或做廊门筒子，即"吉门"，通抄手游廊和窝角廊。廊心墙也是着意装饰的部位之一，雕刻多做在墙心上方，在四边砖套上做海棠池，内里雕花，中心做砖额。这里的雕刻多以花、草、兰、竹为题材，题额秀逸娴雅，如"蕴秀""傲雪""兰媚""竹幽"等。与廊心墙雕刻相配的，还有窗下的槛墙，即大凡廊心墙有雕刻的，槛墙上也做相类似题材的雕饰，将居室前脸装点得格外华丽（图 3-96 ～图 3-98）。

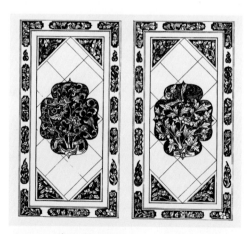

图 3-96　廊心墙砖雕图案

图 3-97　廊心墙砖雕

图 3-98　吉门上方砖雕图案

5.屋脊与檐口的砖雕装饰

北京的四合院民居多做合瓦屋面、清水屋脊，屋脊两端高高翘起两个鸱尾，俗称"蝎子尾"，在蝎子尾下方常缀以"花草砖"雕饰。脊两端陡置雕砖花饰，称为"跨草"做法，平压在蝎子尾下的称为"平草"和"落落草"做法。其上雕刻多以四季花、松竹梅、富贵花（牡丹）为题材，取吉祥之寓意。

在屋面的后檐口部分，清代及以后，常做成"封护檐"形式（不露木构件），在此处也常有非常精美的雕刻。很多高级四合院民居，"封护檐"上每根砖椽的椽头上面都有精细的雕刻（图3-99～图3-107）。

图 3-99　屋脊砖雕1

图 3-100　屋脊砖雕2

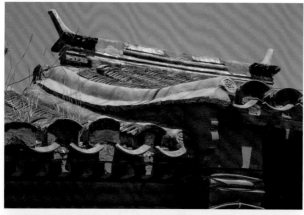

图 3-101　屋脊砖雕 3

图 3-102　屋脊砖雕 4

图 3-103　屋脊砖雕 5

图 3-104　屋脊砖雕 6

图 3-105　屋脊砖雕 7

图 3-106　屋脊砖雕 8

图 3-107　屋脊砖雕 9

（三）石雕装饰

1. 抱鼓石石雕装饰

　　石作可分为"大石作"和"花石作"两类，石雕创作和石活的局部雕刻属于花石作范畴，主要雕刻手法有平雕、浮雕、圆雕和透雕。北京四合院民居中的石雕装饰主要集中在大门的"抱鼓石"（俗称"门墩儿"）上，它由"门枕石"和"门鼓石"

两部分组成。前者在门内，略高出地坪，上有"海窝"，用于插门轴；后者在门外，纯为装饰。两者之间的石头低于地坪，称为"门槛槽"，用于固定下槛。材料多为汉白玉和青石两种。

北京四合院民居现存的石雕抱鼓石，在造型上主要有圆和方两种类型，"圆鼓子"的年代相对较久远些，近百年所雕的多为"方鼓子"。绝大部分鼓子上面雕有小"狮子"，鼓子的正、侧面雕有各种浮雕图案，画面丰富多彩。鼓子下面一般为须弥座。

抱鼓石上的卧式小"狮子"造型，其实就是龙的九子之一。我国古代关于龙的传说很多，其中有龙生九子，各不成龙的说法。明代一些学人笔记，如陆容的《菽园杂记》、李东阳的《怀麓堂集》、杨慎的《升庵集》、李诩的《戒庵老人漫笔》、徐应秋的《玉芝堂谈荟》等，对诸位龙子的传说均有记载。一般的说法为，老大叫"囚牛"，好音乐，因此琴头上便刻上它的形象，一些贵重的胡琴头部至今仍刻有龙头，称其为"龙头胡琴"；老二叫"睚眦"（yázì），好斗喜杀，刀环、刀柄、龙吞口便刻上它的形象；老三叫"嘲风"，好险又好望，殿角垂脊上的走兽中就有它的形象，走兽的领头是一位骑禽的"仙人"，后面依次为：龙、凤、狮子、天马、海马、狻猊、狎鱼、獬豸、斗牛和行什；老四叫"蒲牢"，好鸣好吼，洪钟上的龙形兽钮就是它的形象；老五叫"狻猊"（suānní），喜静不喜动，又喜烟火，因此佛座上和香炉脚部装饰就刻上它的形象；老六叫"赑屃"（bìxì），又名"霸下"，好负重，力大无穷，碑座下的龟趺就是它的形象；老七叫"狴犴"（bìàn），又名"宪章"，好讼又有威力，狱门上部那虎头形的装饰便是它的形象；老八叫"负屃"（fùxì），好文，石碑两旁的文龙便是它的形象；老九叫"螭吻"（chīwěn），又名"鸱尾"，鱼形的龙，能够灭火，故安在屋脊两头。

在清人查慎行的《人海记》中，称"椒图"为龙的九子之一，它生性敏锐好闭，故专为主人守门，鼓子上所雕的小石"狮子"、大门上的铺首，都是"椒图"的形象。

抱鼓石在大小规格尺寸上是等级森严的。如，广亮大门的抱鼓石高为750毫米、宽为450毫米、厚为300毫米，低等平民百姓家的抱鼓石高为590毫米、宽为250毫米、厚为190毫米。鼓子正、侧面上雕刻的图案、刻工的精细程度上也有所不同。有蝙蝠和铜钱图案的叫"福在眼前"；有麦穗、宝瓶和鹌鹑图案的叫"岁岁平安"；有蝙蝠、鹿和兽图案的叫"福禄寿"；有五个小"狮子"图案的就叫"五世同堂"；有大小"狮子"并存图案的就叫"世世同堂"；有小"狮子"卧于大"狮子"胸前的图案就叫"父慈子孝"或"太师少师"；有飘带图案的就叫"好事不断"；有猴子、枫树、蜜蜂和官印图案的就叫"封侯挂印"；有鹿和鹌鹑图案的就叫"六合"；另外，还有"麒麟卧松""犀牛望月""蝶入兰山""三阳开泰""暗八仙""佛八宝"等。常见的还有梅花、菊花、兰草、翠竹、石榴、葡萄、佛手、桃、柿子、藕节、如意、鱼、猿、蟾等浮雕图案（图3-108～图3-121）。

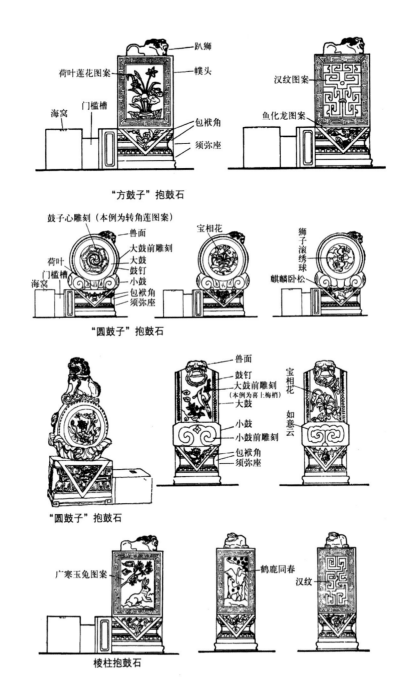

图 3-108　抱鼓石立面示意图

图 3-109　抱鼓石 1

图 3-110　抱鼓石 2

图 3-111　抱鼓石 3

图 3-112　抱鼓石 4

图 3-113 抱鼓石 5　　　　图 3-114 抱鼓石 6　　　　图 3-115 抱鼓石 7

图 3-116 抱鼓石 8　　　　图 3-117 抱鼓石 9

图 3-118　抱鼓石 10

图 3-119　抱鼓石 11

图 3-120　抱鼓石 12

图 3-121　抱鼓石 13

2. 上、下马石和拴马桩

官宦人家的大宅门前有两方大石头，这是为骑马准备的，称之为上、下马石，多为汉白玉或大青石。石分两级，第一级高约一尺三寸、第二级高约二尺一寸，宽一尺八寸，长三尺左右。

与上、下马石相应的还有拴马桩。这种拴马桩不同于山西民居前的石头桩子，而是镶嵌在临街的倒座房的外墙上，距地面约四尺，桩子即为后檐柱。砌墙时，砌上用石雕做成的高约6寸、洞宽约4.5寸、进深约3寸的石圈。石圈背面即为倒座房的后檐柱，柱上装有直径为2寸、由小拇指粗的盘条做成的铁环。拴马桩的数目要取决于倒座房的间数，一般最多为六个。在上、下马石侧面和石圈前面四周，常有简单的阴刻线条图案装饰。

3. 镇石雕刻

北京很多大型四合院四角处多有高三四尺的青石而立，上书"泰山石敢当"五字。因此种青石多置于要道，故为镇邪伏煞而设。其功能类似于山西民居内的小型城隍庙的作用。

"石敢当"的传说很庞杂，有文记为人名，有文记为仙石。其实，石敢当是古代厌殃避邪类灵石崇拜之遗俗，与"人"无涉。西汉史游《急就章》中有"石敢当"之语。在民间典型的"泰山石敢当"雕刻中，四周雕刻云头图案者，为虎头形象。泰山为封建帝王封禅之山，泰山也即古"昆仑山"，就是一座神仙居住的又能通天的"神山"（相当于古希腊的奥林匹亚山）。镇山之神即《山海经》中西王母女神的原型，阴性，西王母的外在形象为虎头豹尾善啸。因此"石敢当"的"隐形"形象与"昆仑山"(泰山)镇山驱鬼之神的形象相通。可认为"泰山石敢当"的产生，实际上源自"昆仑山"（泰山）神系的内容，或其本身象征为缩小版的"昆仑山"（泰山）。

有石铭："石敢当，镇百鬼，压灾殃，官利福，百姓康，风教盛，礼乐张。"（图3-122）

图3-122　泰山石敢当

（四）油漆彩画装饰

油饰彩画属于四合院民居建筑的装修工程，主要用来保护外露的柱子和檐枋等木构件。在普通百姓的四合院民居建筑中，大门、正房、厢房等建筑的木构件多漆成深褐色或黑色；高等级四合院民居建筑的正房、厢房、大门的柱子多刷成红色，门窗多刷成绿色，游廊、垂花门的柱子多刷成绿色，游廊的楣子边框则多刷成红色，红绿相间，相映成趣。

在高等级的四合院民居建筑中，房间和游廊的檐下常画有彩画图案。四合院的彩绘采用苏式彩画，形式活泼，内容丰富，主题部位在正中心，呈椭圆形，称为"包袱"，上下跨檐檩、檐垫板和檐枋三个大木构件。"包袱"心内画人物山水、花草鱼虫、翎毛花卉、历史故事等题材。但大多数四合院的彩画则采取只在枋、檩端头画图案的简单形式，称为"掐箍头"。

彩画纹饰都有一定的象征意义和吉祥寓意。如龙纹是专用来象征皇权的，所以建筑制度限定只有帝王之家才可运用。又如飞椽头用的"万"字、椽头用的"寿"字，加在一起寓意"万寿"；飞椽头用"万"字，椽头用"蝠寿"，则寓意为"万福万寿"；画牡丹和白头翁鸟，寓意"富贵到白头"；而画博古，则寓意主人有文化、有才学、博古通今；画灵芝、兰花和寿石，寓意"君子之交"……彩画纹饰含有的吉祥寓意与前面讲述的木雕、砖雕、石雕图案或造型的寓意基本一样。这些图案绘画主题鲜明、构图巧妙，不同程度地代表着各个宅主人对幸福、长寿、喜庆、吉祥、健康向上的美好生活的向往和追求（图 3-123～图 3-130）。

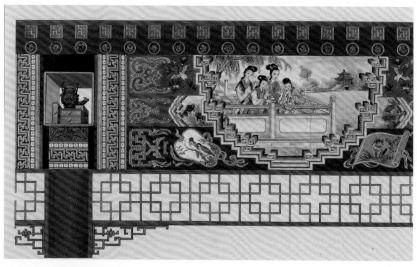

图 3-123　苏式包袱彩画 1

图 3-124　苏式包袱彩画 2

图 3-125　苏式包袱彩画 3

图 3-126　苏式包袱彩画 4

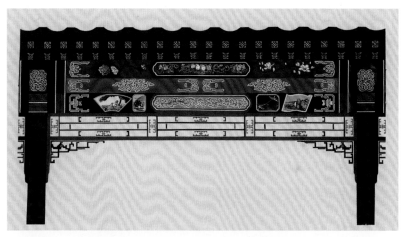

图 3-127　方心苏式彩画

图 3-128　苏式包袱彩画

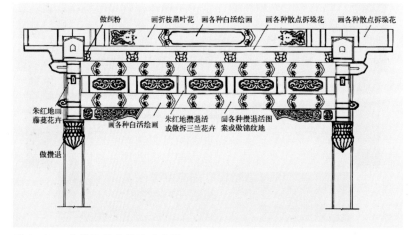

图 3-129　垂花门苏式彩画示意图 1

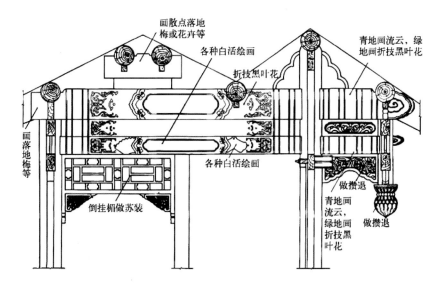

图 3-130　垂花门苏式彩画示意图 2

第六节　北京四合院民居中的园林

在北京的四合院民居建筑中，附设私家园林者不乏其例，有些较为著名的花园如今还基本保留着原来的面貌。北京现存的四合院民居，大多是晚清和民国初年的遗物。在清代，皇家的造园活动非常兴盛，先后建造了清漪园（颐和园）、静明园（玉泉山）、静宜园（香山），以及被八国联军焚毁的圆明园、畅春园等。在皇室造园之风的影响下，上层贵族、官僚等纷纷仿效。

北京的王府花园在私家园林中占有显赫的地位，著名的清恭王府的萃锦园和摄政王府的鉴园（现为宋庆龄故居），是现存实例中颇具代表性的例子。萃锦园位于清恭王府北端，占地面积近四十亩，园子东、西两侧有土山起伏蜿蜒，南、北两面有叠石构成的峰、岭、洞、壑，园子西侧有大面积的水面。园内建筑分中、东、西三路，中路建筑南端为西洋式园门和城台式垣墙，中部为全园最高的叠石假山，山前辟平面呈蝙蝠形状的水池，山后为平面呈蝙蝠状的蝠厅。园子东路有八角形流杯亭一座和可供居住的独立院落，东北隅建有规模恢宏的大戏台。西路水面中筑有现鱼台，台上建有三开间歇山式花厅一座，为游宴观鱼之所。园内树木繁茂、花草葱茏，整座花园的设施布局都是为适应居住在这里的贵族享乐、起居、游宴的生活需要而服务的。

中下层官僚和一般四合院民居中的花园又是一番景象。这种花园一般占地面积很小，园中布局多集中表现一个主题。秦老胡同某宅花园就是这样一座小型花园。园子占地面积不大，有叠石、游廊、花草树木，布局简洁、雅致、灵巧，园门上"西园翰墨"的题额，标志这是一座以书房为中心的花园。

颇有些名气的弓弦胡同内牛排子胡同某宅花园——半亩园（原为李渔所创），也是这样一座小园。园内建筑古朴典雅，平面布局曲折变化，配以叠石假山，茂树繁花，环境优雅，富贵而有书卷气，为读书、休息的理想场所。另外，较著名的还有帽儿胡同的可园等。

北京四合院民居中的私家园林风格与南方的私家园林风格不同，这主要是由于地理环境条件不同所引起的。江南气候温暖、水源丰足，园可以水为主；由于不受严寒威胁，建筑物不仅构件轻巧，而且开敞，与室外联系沟通，使建筑物更显得秀丽典雅、玲珑剔透。

北京地区冬季气候寒冷干燥，持续时间较长，夏季闷热湿润，一年之中气候变化很大。建筑物冬需防寒、夏要御暑，屋面厚重，柱梁粗健，多敦厚而少轻巧。北京地区雨量相对少，水源不足，又多不准民间私引活水造园，故北京老城区内的私家园林，除少数王府花园之外，极少凿池引水，以水为主题的私家园林较少，而以建筑和叠石为主题的园子较多。相对而言，历史上一些靠近北京城上水和下水地区，如海淀区、丰台区、崇文门、朝阳门和西直门外（高梁河与白石桥一带）低洼地，以及积水潭和玉渊潭等地，也有不少水景丰富的私家园林。由于南北造园依据相同的造园理论，北方园林借鉴了不少南方园林的造园手法，所以南北方园林又有许多共同的特点，比如借景、障景、框景、欲放先收等造园手法的应用，以及以小见大美学思想等，在北京的私家园林中都有具体体现。

北京四合院民居中的私家园林目前保留较完整者已寥寥无几，许多很有特色的园子已被破坏乃至荡然无存。下面简单地介绍几座位于北京城内的私家园林（图3-131）。

1. 怡园

怡园坐落于宣武门外，东起米市胡同、西至南横街南半截胡同，园域范围广阔。该园初为明朝后期宦官权臣严嵩的花园，又名"七间楼"。清初归汉族大臣王崇简、王熙父子所有。《宸垣识略·卷十·外城西二》记载："怡园在横街西七间楼，康熙中大学士王熙别业。"园中最著名的景观为江苏省松江县著名造园家张然所叠山石。在康熙时期，曾聘请江南叶洮、张然参与畅春园的营造。王世祯《居易录》云："怡

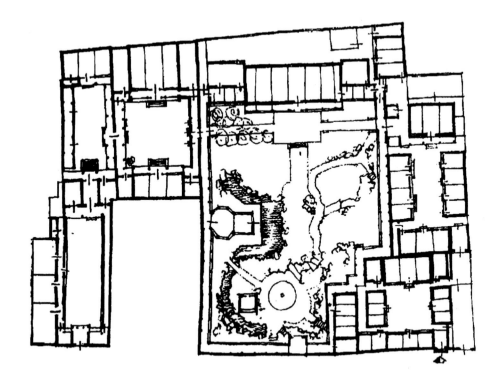

图 3-131　北京真武庙莲园总平面示意图

园水石之妙，有若天然，华亭张然所造。"园中主要建筑物有席庞堂、射堂、摘星岩等。王熙曾请宫廷画家焦秉贞绘《怡园图》，画中主要建筑有临水两座三开间楼房，正中一楼后面有院落。池塘南为亭榭、假山，池塘北有贴水曲桥相连。西部还有一平房跨院。园中间又植松柳。该园至乾隆时已荒废。

2. 万柳堂

万柳堂坐落于北京南城广渠门内，占地三十亩，为康熙年间文华殿大学士冯溥别墅。据清乾隆进士、工部郎中、太仆寺卿戴璐所著《藤阴杂记·卷五·中城南城》记载："国初，益都相国冯文毅仿廉孟子（元朝右宰相）万柳堂遗制，既建育婴会于夕照寺傍，买隙地种柳万株，亦名'万柳堂'。"当时这一私园一直对外开放。嘉庆年间，该园易主于被称为"三朝阁老、九省疆臣、一代文宗"的阮元（云台），重修。同乡画家朱鹤年（野云）植柳五百株。当时有诗述及其事："堂空人去落花悉，幸有中丞著意修。台榭尽栽新草木，光阴全换旧春秋。"道光年间，"柳枯堂圮"，唯有附近夕照寺尚完整。

3. 孙公园

孙公园坐落于和平门外琉璃厂以西，为康熙年间曾任吏部右侍郎、都察院左都御史等职、《春明梦余录》和《天府广记》作者孙承泽的宅园。园内主要有"研山堂""万卷楼""戏楼"等建筑。《藤阴杂记·卷五·中城南城》中说："孙公园后相传为孙退谷（笔者按：孙承泽别号）别业……后有晚红堂。宅后一第，有林木亭榭，有兰韵堂。诗云：'匝地清阴三伏候，参天老树百年余'。"

该园以戏楼最为著名。康熙年间洪升的《长生殿传奇》写成后，曾在这里的戏楼举行过盛大的演出，主持演出的是保和殿大学士梁清标，签发请柬者为右赞善赵执信。获柬者以此为荣，不得者妒而生恨。时值康熙的孝懿仁皇后忌辰，于是有人上奏，诡称设宴张乐为大不敬，随后康熙降旨命刑部拿人。幸得梁清标左右周旋，案情才大为减缓，但终有五十余名官员被革职。

在孙承泽之后，孙公园住过很多名人，有乾隆时期的大学士翁方纲、道光年间的藏书家和篆刻家刘位坦等。著名的甲戌本脂批《红楼梦》就是刘位坦的藏书，后经他的子孙拿到琉璃厂出售而流传出来。晚清时期，孙公园分为前孙公园、后孙公园两地，经过几百年的变迁，现在这些建筑都已变成了民宅，面目全非，只有后来改建成为安徽会馆的大戏楼至今还在。

4. 朱彝尊宅园

朱彝尊宅园坐落于原宣武区海柏胡同顺德会馆内。朱彝尊是浙江秀水（今嘉兴）人，康熙十八年（1679年）被选进翰林院编修《明史》。康熙二十三年，他为编辑《瀛洲道古录》，私自抄录地方进贡的书籍，被学士牛钮弹劾，官降一级。康熙二十九年，补原官。不久告老辞官。他访问遗老，搜集轶事，埋首书丛，从一千六百余种古籍中选辑有关北京的记载和资料，撰成《日下旧闻》。

该宅园里原有两株古藤，因此取名"古藤书屋"，在书屋对面，建有一亭名"曝书亭"，现已毁。朱彝尊晚年于嘉兴王店镇购得原名"竹垞"的宅园，又建（或改名）一座曝书亭。

5. 芥子园

芥子园位于北京南城和平门外韩家潭中段路北，为清初著名文学家、戏曲理论家李渔居京时所建。李渔一生著述丰富，著有《笠翁十种曲》（含《风筝误》）、《无声戏》（又名《连城璧》）、《十二楼》、《闲情偶寄》、《笠翁一家言》等五百多万字。还批阅《三国志》，改定《金瓶梅》，倡编《芥子园画谱》等。在《笠翁一家言》中有很多有关园林内容的观点。

清人崇彝撰写的《道咸以来朝野杂记》中说："南城韩家潭芥子园，初甚有名，亦李笠翁所造者。后归广东公产。当年沈笔香（笔者按：沈锡晋，吏部郎中）、梁伯尹（笔者按：梁志文，吏部主事）两前辈皆曾寓焉。予造者屡矣。看其布置，殊无足助，盖屡经改筑，全失当年丘壑，不过敞厅数楹，东南隅有假山小屋而已。"

清人麟见亭撰写的《鸿雪因缘图记》中亦说："当国初鼎盛时，王侯邸第连云，竞侈缔造，争延翁为坐上客，以叠石名于时。"

李渔之后，该园屡易其主，后改为广东会馆。现芥子园已无遗迹可寻。

6. 半亩园

半亩园位于东城区黄米胡同（中国美术馆北侧），最早为清初陕西巡抚贾汉复宅园，李渔是他的幕僚，因此据说园中山石是由李渔所掇。道光二十一年（1841 年），此园为河道总督麟庆所得，在对宅院重新修缮的同时更增添许多内容，是该园的鼎盛时期。麟庆为官时，走遍中国，游历颇丰，晚年将自己的经历请画家绘成《鸿雪因缘图记》，共收图 240 幅，逐图撰写图记，其中有该园的全景图和局部图。也因此，有人认为该园与李渔无关，设计者是麟庆，修葺者是李渔。

鼎盛时期的麟庆宅共有三路五进四合院，北抵亮果厂路南、南抵牛排子胡同路北、西临东黄城根，有房舍一百八十余间。其园林部分以正堂"云荫堂"为界，分前、后两部分空间。云荫堂有清初状元梁阶石写的楹联："文酒聚三楹，晤对间今今古古；烟霞藏十笏，卧游边水水山山。"还有麟庆本人写的楹联："源溯长白，幸相承七叶金貂，那敢问清风明月；居邻紫禁，好位置廿年琴鹤，愿常依舜日尧天。"云荫堂旁有小楼，名"近光阁"，楼上有楹联为麟庆所作："万井楼台疑绣画；五云宫阙见蓬莱。"与楼相通有一台，名"琴台"。台下凸出一块顺山石，石有洞，过石洞有"退思斋"，为专收古琴之处，楹联亦为麟庆亲题："随遇而安，好领略半盏新茶，一炉宿火；会心不远，最难忘别来归雨，经过名山。"院南有"赏春亭"，此处有一椭圆形大水池，周围青石铺就。池中有一亭，名"流波华馆"，还有一座双桥相通。环池有"玲珑池馆"。在近光阁旁有"曝画廊""拜石轩"，轩楹联为："湖上笠翁，端推妙手；江头米老，应是知音。"

在云荫堂之后的空间，有叠石为山，顶建小亭。有轩三间，为藏书用，名"嫏嬛妙境"。麟庆家的藏书在当时负有盛名。除藏书、储琴等之外，园里还有一处专存鼎彝的"永保尊鼎"。

半亩园在麟庆后又几次易手，民国时归晚清军机大臣瞿鸿礼之子瞿宣颖所有，

1947 年被天主教怀仁学会占用，当时虽尚有园林遗构，但已荒芜破败。20 世纪 50 年代，在西边宅园位置建了一座办公楼，致使该园已无踪迹可寻。

第七节　北京四合院民居中的临时建筑

老北京有"天棚、鱼缸、石榴树"之民谚，这是老北京四合院民居内夏天情景的写照。在民国及以前所谓的"大宅门"中，主人家夏天要搭"凉棚"，如遇娶亲嫁女要搭"喜棚"，过生日要搭"寿棚"，出殡埋人要搭"丧棚"。这些"棚"便是北京四合院民居中不可或缺的临时建筑。搭寿棚的习俗，在小说和电影《骆驼祥子》中有过生动的表现。

搭棚也属于"搭材作"范畴的工作。老北京的棚铺过去属于较大行业，除"大宅门"内的需求外，旧时需要搭棚的地方还很多，如每年正月的厂甸要搭"画棚"，四月去妙峰山的沿途要搭"茶棚"，六月什刹海荷花市场要搭"饭棚""书棚"，冬天要搭"粥棚"，大一点的商店，夏天也在门前搭"凉棚"。另外，建筑内糊顶棚、糊窗户、糊墙壁等活计，也由棚铺承揽。

凡是有搭棚的需求，棚铺就会派一位师傅到现场来勘察，告诉他用途、规格、位置便可。在约定时间，棚铺自会派工匠来，带上所需的杉篙（杉木杆）、竹竿、芦席、麻绳、各色布匹等所需材料，很快就可以搭起各式各样的棚，包括亭台楼阁、牌坊照壁等，远看与真建筑无异。

搭棚是以杉篙搭架子，铺芦席为棚。无论搭多高大的大棚，立柱栽杆从不挖坑。搭棚还要根据棚的性质另配布饰、纸饰，如是丧棚就用白布、蓝布包裹，再用白布扎制绣球并配以黄、白纸花；喜棚则用红、绿布扎成各种房脊、瓦楞、兽头、飞檐等，再用红、绿布和各色纸花进行装饰，从里从外都看不到杉篙和芦席的形迹。棚铺还备有可以拼装拆卸的玻璃窗，玻璃上画有五福捧寿等吉祥图案和双喜、福、寿等字，根据需要可安装在棚上。棚搭好后外观与内饰几乎与正规房子无异，冬天可以避风保暖，夏天可以遮阴防暑。

上述内容在一些历史文献中有较详细的记载，如清朝震钧的《天咫偶闻·卷十》记载："京师有三种手艺为外方所无：搭棚匠也，裱褙匠也，扎彩匠也。扎彩之工，已详一卷。搭棚之工，虽高至十丈，宽至十丈，无不平地立起。而且中间绝无一柱，令入者祇见洞然一宇，无只木寸椽之见，而尤奇于大工之脚手架。光绪二十年重修鼓楼，其架自地至楼脊，高三十丈，宽十余丈。层层庋木，凡数十层，层百许根。

高可入云，数丈之材，渺如钗股。自下望之，目眩竟不知其何从结构也。若裱褙之工，尤妙于裱饰屋宇，虽高堂巨厦，可以一日毕事。自承尘至四壁、前窗，无不斩然一白，谓之'四白落地'。其梁栋凹凸处，皆随形曲折，而纸之花纹平直处如一线，无少参差。若明器之属，则世间之物无不克肖，真绝技也。"

《天咫偶闻·卷一》记载："光绪己丑年十二月（1889 年），太和门火，自未至酉。是日余以事至地安门，南望黑烟如芝盖，市井喧传为正阳门火，明日始知为太和门。明年庚寅，正月二十六日大婚，不及修建，乃以札彩为之。高卑广狭无少差，至榱桷（cuījué，椽子）之花纹、鸱吻之雕镂、瓦沟之广狭，无不克肖，虽久执事内廷者，不能辨其真伪。而且高逾十丈，凛冽之风，不少动摇。技至此神矣。"

第八节　北京四合院传统营造技艺代表作

北京四合院民居虽历经现代人口扩张以及各种因素造成的拆改等严重破坏，致使完整的四合院消亡很多，但目前还是有不少院落得以保存下来，它们是北京四合院传统民居建筑营造技艺的见证。但因以前对北京四合院民居分类得不严谨，有些带有明显"大式"建筑特征的四合院也被归入"北京四合院民居"建筑中。目前被列入各级保护单位的也多为这类四合院。

目前被列入国家级文物保护单位的主要有：

东四六条 63、65 号院——崇礼住宅

崇礼住宅位于东城区东四六条胡同内，属于晚清四合院建筑群，建于清光绪年间，原为大学士崇礼的宅第，其后虽经几度转手，但主要格局尚无大变。当时栋宇华丽，仅逊于王府，号称"东城之冠"。1988 年被中华人民共和国国务院公布为全国重点文物保护单位。

该建筑群坐北朝南，占地面积 9858 平方米，院中有三条规整的中轴线，将建筑群分成三路院落，内部互相连通。三面临街，南面开 3 座街门。此建筑群原有建筑 300 余间，现存 126 间半。

东路（今 63 号院）原为四进或五进院落，现存三进。南面有合瓦清水脊广亮大门一间，开在东南角巽位上。第一进院落南面有倒座房 9 间，东边 1 间、西边 8 间。北面有正房 9 间，正中明间为穿堂门。穿堂门后面为第二进院落，北面有一殿一卷棚式垂花门，左右有游廊。垂花门后面即为内宅的第三进院落，由正房、厢房组成

一座规整的院落。正房 3 间，大式硬山合瓦卷棚顶箍头脊，带排山勾滴（相当于合瓦过垄脊两端加高出的垂脊，两翼垂脊梢垄外侧用小型板瓦和筒瓦代替披水砖，此类垂脊也叫"排山脊"），东、西各带耳房 2 间。东、西厢房各 3 间，硬山合瓦箍头脊，南面各带耳房 1 间。正房、厢房和垂花门之间都有游廊相连接。此院北面原为花园，最北有后罩房。

中路为两进院落，第一进院落原为一座花园，有水池和水座。水座北边是 5 间大戏楼，大式硬山合瓦卷棚顶箍头脊，带排山勾滴。东、西各带耳房两间（与东院正房耳房相连），前出合瓦悬山顶抱厦 3 间（纵向屋顶相连接的建筑，前面小型的称为"抱厦"）。戏楼之后的第二进院落有正房 5 间，原为祠堂，堂前现存牌坊门枕石 1 对。该院东半部是一座叠石假山，上建六柱灰筒瓦圆攒尖顶凉亭 1 座，小巧精致。

西路（今 65 号院）是一组五进四合院，规制小于东院，整个建筑可自成体系。有大门影壁一座，第一进院内有北房 9 间，中间 3 间为穿堂，应是外客厅。第二进院有正房 3 间，东、西各带耳房 2 间，东、西厢房各 3 间，四隅有游廊相连接。此院应是内客厅。两厢房之外各自形成一个跨院。东跨院北房 3 间，为两卷棚勾连搭式（纵向屋顶相连接的建筑），带前廊后厦，室内的硬木隔扇上刻有清代书法家邓石如题写的苏东坡诗词，此房应是书斋。第三进院的正北是一座一殿一卷棚式垂花门。过了垂花门为第四进院落，为内宅，有正房 5 间，东、西带耳房各 2 间，东、西厢房各 3 间，较特殊的是南、北各带耳房 2 间。正房、厢房和垂花门之间都有廊连接。第五进院落有 11 间后罩房，与东院和中院的后罩房及祠堂等相连（共 31 间），它的西边有 3 间似为影堂之类的建筑。

被列入北京市级文物保护单位的有：

1. 府学胡同 36 号院、交道口南大街 136 号院

这组建筑为东、西两组四合院。现东院在府学胡同路南，院北墙辟门；现西院在交道口南大街路东，院西墙辟门。两院均属后辟门，原有的院门均在麒麟碑胡同，随胡同弯道走向，分路东和路北两院。

东院原有大门 3 间西向，中启大门，门外左右有上马石（大门前原来是空地，现为后建房，将门封堵，已难窥原貌）。门内原有同门房组成的外院，现存东房 5 间、北房 3 间，北房原为通内院的穿堂门。过穿堂门后的院落为内院的前庭。

内院又可分为坐北朝南并列的三组院落。中路最前列是面阔 5 间的过厅，与北面的垂花门等组成第一进院落；进垂花门后为第二进院落，有正房 3 间，东、西

耳房各 1 间，东、西厢房各 3 间；第三进院落北有后罩房。此组院落位于中正，主要建筑均为筒瓦屋面，当初应为其主院。此院南面前庭两侧，原均有游廊，以通东、西二院。自游廊屏门进西院，前庭有北房一列，为过厅，与北面的垂花门组成第一进院落；进入垂花门后为第二进院落，有正房 5 间，东、西附耳房各 1 间，东、西两侧厢房各 3 间，均以廊相连；第三进院落有后罩房 9 间。此组院落内建筑高大雄伟，院落明敞广阔，均超过主院很多，也似应为其主院，但因此院内建筑为合瓦屋顶，与中院筒瓦屋顶不同，显为以后改建者。自前庭游廊通东院，属于花园部分，虽已难窥旧貌，也可判知当初游廊、敞厅、小山、叠石布置妥帖，花木葱茏，环境清幽。此中又设小院和正院连通，自垂花门以内之厅堂，当为书斋、静室之属。

西宅院即路北的宅院，坐北朝南，临街为倒座房一列，其东部原为大门 3 间，中启门，进大门后第一进院落迎面有砖砌影壁，影壁西侧为垂花门，进入垂花门后为第二进院落，有正房和厢房等，第三进院落有后罩房。前后院落均有廊贯通。此院路北大门封闭后，又于宅的西南隅辟门西向通西跨院，于垣墙再设门，临南北走向的交道口南大街。

两组四合院据《道咸以来朝野杂记》记载，均属清末兵部尚书志和所有，于民国年间被售出或转让。

东宅曾为敬懿、荣惠二太妃所居。二太妃均为清穆宗（同治）的遗孀。1924年冯玉祥发动北京政变，囚禁了贿选总统曹锟，废除了清帝称号和对清皇室的优待条件，勒令皇族迁出皇宫，溥仪迁至什刹海原醇王府暂住，敬懿、荣惠二太妃先迁至大佛寺大街路西的大公主府，继又迁居于此宅。因二太妃所居而翻建。此后，此宅为天主教会神学院所购。"文化大革命"期间始由文物管理部门占用。西院于民国初期为北洋军阀海军总长刘冠雄的官邸，1931 年以后，成为助产士学校、产院。

此两院近年来虽有较大变革，但其主要建筑尚属完整。

2. 礼士胡同 129 号院

礼士胡同原名"驴市胡同"，因其不雅，在民国时改为礼士胡同。该院临街的"八"字形影壁异常宽大，院墙和八字影壁墙上都有精致的砖雕。大门 3 间，门左右各有一石狮子，其状古朴。门内第一进院落北面是并排的两组四合院，由游廊相通，卡子墙上的什锦窗完整、漂亮。两院第二进院落的正房均为 5 间，走廊尽头及房屋坎墙均有雕刻。连接东西两院除走廊外，还有两院中间的过厅，过厅为两卷棚勾连搭式。从东院东侧一通道向北，有一坐西朝东的垂花门，门内是一座小花园。园虽不大，但花厅、水池、亭子搭配合适，树木花草点缀其间，十分幽雅。这组四合院原为清末武昌知府宾俊宅，其子锡琅败家，被米商李彦青所得。李彦青因日本大地震时贩卖大米发财而购得此宅，不久在曹锟当政时被枪毙。后此宅被大律师汪颖所得，时间不长，又转手卖给天津盐商李善人之子李颂臣。李颂臣得后，请朱启钤的学生重新设计，建成了今日规模。1949年以后，此处曾做过印度尼西亚驻华大使馆，后又为中国青年报社社址。"文化大革命"期间，成为当时文化部部长于会咏宅。"四人帮"被打倒后，此处又为电影电视部电影局。原建筑基本未动，只是于1986年在院东侧南部修了一牌楼门，过牌楼往北，可通花园。

3. 帽儿胡同9、11、13号院

东城区帽儿胡同路北原有一座规模宏大的四合院建筑群，为清光绪年间大学士文煜的宅第，如今已被分割为8个门牌号。

文煜宅共有东西并排的五座院落，其中现为7号院占两座，目前破坏最为严重；9号院即北京著名的私家园林可园；11号和13号院为狭长的大型四合院。

现存的11号院为住宅的主要部分，为一坐北朝南、前后五进的大四合院。大门左右有"八"字影壁，门两旁分列上马石。大门对面街南又有"一"字形砖砌大影壁。

入门进第一进院落迎面有大影壁，其西侧开有四扇屏门。入屏门后南面有7间倒座房，北面为砖雕精美的一殿一卷棚式垂花门。第二进院落北面为3间正厅，左、右各带2间耳房。第三进院落是本宅正房院，北有正房3间，左、右各带1间耳房。带坐凳围栏的转角廊环通全院。第四进院落布局与第二进完全相同。第五进院落有后罩房16间。

13号院亦为五进的四合院，其中的第四进院落较大，并向西扩展，两边并不严格对称。北为正房3间，西带2间耳房，东连顺山房3间。西厢房位置现存一榭，前出一单间卷棚悬山顶抱厦，与东厢房相对。此院原来也是池、山等俱全，山石上还建有一座小亭，西厢房实为池上居。今亭、山、池均已无存。北廊偏西为井院，今水井已无，尚存两间小房。

现存9号院即可园，南北长约97米、东西宽约26米，分为前、后两院。该园在整体的建筑布局方面有着明显的中轴线和正、厢观念，在前、后院西厢房的位置上各建一座小厅，与东部的长廊相均衡。前院中心为池沼，后院中心为假山，亦有小池，两院前后间通过东部的长廊贯通。

9号院可园在南面也有临街的园门入园，门之北有假山作为影壁，上有一座小巧玲珑的六角亭。穿山洞而过，可行至前院水池的小石桥上，水池面积虽小，但形状曲折，并引出两脉支流，一脉从石桥下穿过至西面院墙止，另一脉一直穿过南面的假山至六角亭下，与山石相依，聊有山泉之意。前院正厅为五开间筒瓦硬山顶建筑，体量较大，带耳房和游廊。东侧的游廊依山势由高渐低直抵后院，一进后院便可见一组假山，从东边斜插院中，另一组假山在东边的水榭周围。水榭原亦有水池环绕，现已被填平。后院正房是五开间筒瓦硬山顶，前出三开间歇山顶抱厦，带耳房、游廊。在东部假山上建有一座三开间歇山顶的敞轩，为全园最高处。此轩建筑最为精巧，直接临山对石，轩下以石砌成浅壑，有雨为池，无雨为壑。

园内建筑屋面均用灰色筒瓦，墙面以清水砖墙为主，厅、榭等柱均为红色，长廊柱为绿色。建筑梁枋上做苏式彩画，并仅在箍头、枋心包袱位置加以装饰。建筑檐下的吊挂楣子均为木雕，细致繁复，各不相同，主题有松、竹、梅、荷花、葫芦等，比寻常的步步锦图案显得精美清雅。园内目前有多株珍贵的松、槐、桑等古树，整体至今保存尚好（图3-132）。

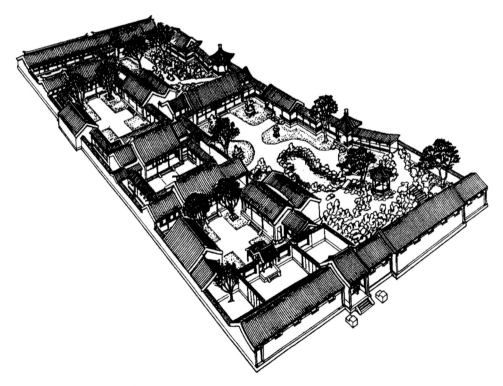

图 3-132　帽儿胡同可园鸟瞰示意图

从 9 号院可园东南侧的游廊可折而向东，通向 7 号院之西院假山上的一座三开间歇山敞轩。现在敞轩尚存，假山则仅剩土堆，叠石均失。根据现状和建筑尺度分析，7 号院之西院原有前、后两进院落，也是以园林为主。西院除了假山上的敞轩外，大门和 4 间倒座房以及后面的 5 间正房还基本完好。游廊及假山可与可园的假山、游廊相接。西院假山之北原为一座两卷棚歇山顶、前后共 10 间的厅堂，后被拆除，另建了一座两层洋楼，现尚存，虽经改造，仍带有一定的民国风格。东院则应为五进的四合院。现东院已面目全非，仅剩下一座三开间的正房和后罩房。

此建筑群具有鲜明的晚清建筑风格，主房均为大式硬山合瓦顶，带排山勾滴，屋宇高大，庭院宽敞，布局严谨。据东院"可园"碑记可知，园与宅均应建成于咸丰十一年（1861 年）夏。文煜自称能建此宅是因："由道员升至督抚，屡管税务，所得廉俸历年积至三十六万两。"

此建筑群在北洋军阀时期曾被代理总统冯国璋购得。冯购得此宅后，曾将全宅油饰一新，还通电通水，并在今 7 号院盖了一座二层小楼。日伪时期，冯家又将此宅售与北平伪军司令张兰峰。中华人民共和国成立后，该宅曾作为朝鲜驻华使馆，现为某单位宿舍。

4. 东棉花胡同 15 号院

15 号院位于东城区东棉花胡同，三进四合院格局。原大门已拆除，垂花门也改建成一间房子，二门为砖雕拱门。门为拱圆形，高 4 米余、宽 2.5 米左右。从金刚墙以上均为砖雕，上刻花卉走兽，顶部有朝天栏杆，栏板上雕"岁寒三友"松、竹、梅，拱门外两侧雕有多宝格，格内雕有"暗八仙"图案。整个拱门上的砖雕布局严谨、凹凸得当，其做工之细、刀法之精，实属罕见。拱门两侧为民国式拱券窗平房建筑。门内为内宅，后为第三进院落。

5. 鼓楼东大街 255 号院

255 号院位于东城区鼓楼东大街，坐北朝南，有三进院落。第一进院落为改建的新房。第二进院落即垂花门内，庭院宽敞，于中央建有六边形水池。池北为正房 5 间，硬山灰筒瓦顶，前出廊，室内装修精美典雅。第三进院落为后罩房。整个院内墙壁上镶嵌清代汉白玉浮雕及砖雕，一部分属于圆明园遗物。

6. 美术馆东街 25 号院

25 号院位于东城区美术馆东街，四进四合院格局。第一进院落有大门 1 间、倒座房 5 间、正北过厅 9 间，前后有廊。过厅后第二进院落正北为垂花门，门两侧有石狮 1 对。过垂花门后第三进院落有正房 3 间，左、右各有耳房 3 间，正房明间有一硬木雕花落地罩，中为月亮门，四周刻有梅、竹。东、西厢房各 3 间。顺西廊往北，过月亮门为第四进院落，有正房 5 间，两侧各有耳房 1 间。

该四合院原为慈禧太后侄女的住宅，西侧带一花园。民国初期被一位德国商人购得，抗日战争胜利后被买办吴信才购得，后被作为敌产没收。1958 年建美术馆时，占用了该宅西侧的花园部分，只剩东半部住宅部分。1959—1981 年杜聿明在此居住。20 世纪 90 年代后由卫生部作为宿舍使用。

北京市级文物保护单位还有东城区黑芝麻胡同 13 号院、景山东街三眼井吉安所东巷 8 号毛泽东故居、帽儿胡同 35 和 37 号院、后园恩寺 7 号院、前鼓楼苑 7 号院、后园恩寺 13 号院茅盾故居、张自忠路 23 号院孙中山故居、灯市口西街丰富胡同 19 号院老舍故居、西四北三条 39 号院程砚秋故居、西交民巷 87 号和北新华街 112 号北京双合盛啤酒厂创办人张延阁故居、阜成门内跨车胡同 13 号院齐白石故居、新文化街克勤郡王府、新文化街文华胡同 24 号院李大钊故居、护国寺街 9 号院梅兰芳故居、阜成门内宫门口西三条鲁迅故居、米市胡同 43 号南海会馆、海柏胡同 16 号顺德会馆等（图 3-133）。

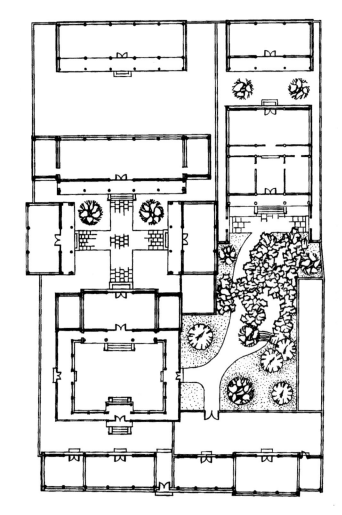

图 3-133　帽儿胡同 35、37 号院平面图

第九节 北京四合院传统营造技艺的工具和材料

一、北京四合院传统营造技艺的工具

营造技艺所使用工具是与营造过程的八大作等内容相对应的，目前最常用的工具有土作工具、木作工具、瓦作工具、石作工具和油漆彩画作工具等。

（一）土作常用工具

（1）夯：土作夯筑的主要工具之一，由榆木制作，可由一人或两人执夯把操作。根据夯的形状和夯底大小，分为大夯、小夯和燕别翅三种。

（2）硪（wò）：土作夯筑的主要工具之一，由熟铁或石材制成。按重量分为八人硪、十六人硪和二十四人硪（俗称"座山雕"）三种。

（3）拐子：由"丁"字形木把下装铁头组成。用于打夯眼。

（4）铁拍子：由类似熨斗形熟铁块和木把组成。用于掖边或散水灰土垫层施工中代替铁硪操作。

（5）搂耙：由木把和长方形扁平板组成。用于虚铺灰土时找平或落水时将水推散。

（6）其他：铁锹（平头和尖头）、镐、筛子等。

（二）木作常用工具

1. 木工尺类

（1）直尺：传统的直尺用木材制作，现为不锈钢制作。用于榫线、起线、槽线等方面的画线。

（2）角尺：木工用的角尺为90°直角，传统的角尺用木材制作，现为钢或铝制。古人把圆规和角尺（或叫方尺）称作"规矩"，"没有规矩，不成方圆"。角尺可用于下料画线时的垂直画线，结构榫眼、榫肩的平行画线，检验成品角度是否正确与垂直，还用于检测加工面板是否平整等。

（3）三角尺：用于画45°角。

（4）活动角尺：用于画任意度角。

（5）折尺与盒尺：前者为木制，可折叠，后者为近代出现的钢盒尺。

2. 墨斗

墨斗的原理是由墨线绕在活动的轮子上，墨线经过墨斗轮子缠绕后，端头的线拴在一个定针上。使用时，拉住定针，在活动轮的转动下，抽出的墨线经过墨斗沾墨，拉直墨线可在木材上弹出需要加工的线。

墨斗画线多用于木材下料，不仅可以用墨斗做圆木锯材的弹线，或调直木板边棱的弹线，还可以用于选材拼板的打号弹线等其他方面。如在木板打号或弹线中，墨斗有时还用作吊垂线，衡量放线是否垂直与平整。一般从事家具制作的墨斗小一些，从事建筑木结构制作的大一些。

3. 划子

划子是配合墨斗用于压墨拉线和画线的工具。取材于水牛角，锯削成刻刀样形状。把画线部分的薄刃在磨石上磨薄磨光即可使用。好的水牛角划子蘸墨均匀，画线清晰。只要使用方法正确，立正划子画线，线误差比铅笔画线要小得多（图3-134）。

4. 木工锯类

（1）框锯：又名架锯，由"工"字形木框架、绞绳与绞片、钢锯条等组成。锯条两端用旋钮固定在框架上，并可用它调整锯条的角度。框锯按锯条长度及齿距不同可分为粗、中、细三种。粗锯锯条长650～750毫米，齿距4～5毫米，主要用于锯割较厚的木料；中锯锯条长550～650毫米，齿距3～4毫米，主要用于锯割薄木料或开榫头；细锯锯条长450～500毫米，齿距2～3毫米，主要用于锯割较细的木材和开榫拉肩。

图3-134　墨斗、斧子、刨子与角尺

（2）刀锯：由钢锯刃和锯把两部分组成，可分为单面、双面、夹背刀锯等。单面刀锯锯长350毫米，一边有齿刃，根据齿刃功能不同，可分为纵割和横割两种；双面刀锯锯长300毫米，两边有齿刃，两边的齿刃一般是一边为纵割锯，另一边为横割锯；夹背刀锯锯板长250～300毫米，夹背刀锯的锯背上用钢条夹直，锯齿较细，有纵割锯和横割锯之分。

（3）槽锯：由手把和钢锯条组成，锯条约长200毫米，主要用于在木料上开槽。

（4）板锯：又称手锯，由手把和钢锯条组成，锯条长250～750毫米，齿距3～4毫米，主要用于较宽木板的锯割。

（5）狭手锯：钢锯条窄而长，前端呈尖形，长度300～400毫米，主要用于锯割狭小的孔槽。

（6）曲线锯：又名绕锯，它的构造与框锯相同，但钢锯条较窄（10毫米左右），主要用来锯割圆弧、曲线等部分。

（7）钢丝锯：又名弓锯，它是用竹片弯成弓形，两端绷装钢丝而成，钢丝上剁出锯齿形的飞棱。钢丝长200～600毫米，锯弓长800～900毫米，主要用于锯割复杂的曲线和开孔。

（8）大锯：钢锯身长1米以上，两端带手柄，主要用于开木料。

5. 木工刨类

木工刨由刨刃和刨床两部分构成，刨刃是由金属锻制而成的，刨床是木制的。手工刨包括常用刨和专用刨。常用刨分为中长刨、细长刨、细短刨等；专用刨是为制作特殊工艺要求所使用的刨子，如轴刨、线刨等。轴刨又包括铁柄刨、圆底轴刨、双重轴刨、内圆刨、外圆刨等。线刨又包括拆口刨、槽刨、凹线刨、圆线刨、单线刨等多种。

（1）中长刨：用于一般粗加工或工艺要求一般的表面。

（2）细长刨：用于精细加工，如拼缝及工艺要求较高的面板净光。

（3）粗短刨：常用于刨削粗糙木材的表面。

（4）细短刨：常用于刨削工艺要求较高的木材表面。

6. 木锉刀类

木锉刀用钢材制作，用于锉平或锉圆滑木材小面积的表面，分为两种：

（1）粗齿木锉刀：齿距大，齿深，不易堵塞，适宜粗加工及较松软木料的锉削。

（2）细齿木锉刀：齿距小，齿浅，易堵塞，适宜细加工及较硬木料的锉削。

7. 木工凿类

凿子由钢凿刃（身）、木柄和凿箍（木柄后端的套圈）组成，用于凿眼、挖空、剔槽、铲削的制作方面。传统工艺中最早是用牛筋或麻绳缠圈制作凿箍，后来以铁匠锻打的铁圈作为凿箍使用，现在，可用一般为直径 20 毫米左右、高 4 毫米的铁管套在凿柄上使用。

（1）平凿：又称板凿，凿刃平整，多用于凿方孔，规格有多种。

（2）圆凿：有内圆凿和外圆凿两种，凿刃呈圆弧形，用来凿圆孔或圆弧形状，规格有多种。

（3）斜刃凿：凿刃是倾斜的，用来倒棱或剔槽（图 3-135）。

图 3-135　凿子与木敲手

8. 雕刻刀具

雕刻刀具由刀刃（身）和木把组成，外形像圆凿，刀刃多为钢制三角槽刀和弧形槽刀，用于木雕工艺。

9. 木敲手

木敲手是用硬杂木制成的便于手执的短枋木，作用与锤子相同。

10. 锤子

木工通常使用羊角锤钉钉子和安装敲击等，羊角锤又可用来拔钉。

11. 木砂纸

（1）干砂纸：用于打磨木构件，根据砂粒大小分型号。

（2）水砂纸：用时要蘸水打磨物件，根据砂粒大小分型号。

（3）砂布：多用于打磨金属件，也可用于打磨木构件，根据砂粒大小分型号。

用砂纸打磨时，为了得到光洁平整的加工面，可将砂纸包在平整的木块上，并顺着纹路进行打磨。

12. 锛子与斧子

前者形状似镐，都主要用于大木构件局部砍挖、砍平、砍断等（图 3-136、图 3-137）。

图 3-136　锛子

图 3-137　锛子的使用

（三）瓦作常用工具

（1）瓦刀：由熟铁板制成，刀状，是用于砌墙、宽（wà，动词）瓦、瓦面夹垄和裹垄后的赶轧等主要工具。

（2）抹子：分木制和铁制抹子两种，平板上面带手柄，是用于墙抹面、屋顶苫背、筒瓦裹垄的主要工具。

（3）鸭嘴：一种小型尖嘴金属抹子，用于窄小处的抹灰和堆抹花饰。

（4）尺类。

①平尺：由薄木板制成。短平尺用于砍砖时画直线，长平尺用于砌墙和墁地时检查平整度和抹灰时找平等。

②方尺：木质直角拐尺，主要用于砖加工时画直角线和检查等。

③活尺：角度可以任意变化的木质折尺，用于六角或八角的画线和施工放线等。

④扒尺：木质丁字尺，上附斜向的"拉杆'，既可固定丁字尺的直角，本身又可形成一定的角度。主要用于小型建筑施工放线时的角度定位。

⑤包灰尺：形同方尺，角度略小于 90°，砍砖时用于度量砖的包灰口。

（5）灰板：由木质前端平板和后端手把组成，是用于抹灰操作时的托灰工具。

（6）蹾锤：传统由城砖加工而成，带木柄，现用皮锤代替。用于砖墁地时蹾平、蹾实。

（7）木宝剑：由短而薄的木片或竹片制成，用于墁地时砖棱的挂灰。

（8）刨子：与木工刨子相仿，用于砖表面的刨平。

（9）斧子：由铁斧棍把和斧刃组成（不同于木工斧子），用于砖表面铲平和砍去侧面多余的部分。

（10）扁子：由短而宽的扁铁制成，前端锋利。以木敲手敲击扁子后端，用来打掉砖上多余的部分。

（11）木敲手：由硬杂木制成的便于手执的短枋木，作用与锤子相同。

（12）煞刀：用铁皮制成，带木把，类似于手锯。用于切割砖料。

（13）磨头：用糙砖、砂轮、油石做成。用于砍砖和干摆砌墙时磨砖。

（14）錾子：由扁铁制成，前端锋利。雕砖工具，如同木工凿子。

（15）矩尺：剪刀状尖铁条，主要用于砖雕画圆和平移砖雕图案。

（16）制子：由小木片制成的各种标准量具。

（17）杏儿拍子：由金属制成，厚如熨斗，杏儿仁状，带把。用于屋面苫背（图3-138、图3-139）。

（四）石作常用工具

（1）錾子：由熟铁制成，直径从 0.6 ~ 2.5 厘米不等。是打荒料和打糙活的主要工具。

（2）楔子：由熟铁制成，主要用于开石料。

（3）扁子（扁錾子）：主要用于石料齐边和雕刻时的扁光。

（4）刀子：用于雕刻花纹。

（5）锤子类：分为普通锤子、花锤、双面锤和两用锤。

①花锤：锤头带有呈网格状排列的尖棱，用于敲打石料使其平整。

②双面锤：锤的一面是花锤，另一面是普通锤。

③两用锤：一面是锤子，另一面是斧子。

（6）斧子：用于石料表面的剁斧。

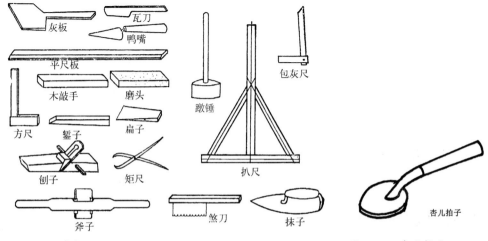

图 3-138　瓦作常用工具　　　　　　　　　　　　图 3-139　杏儿拍子

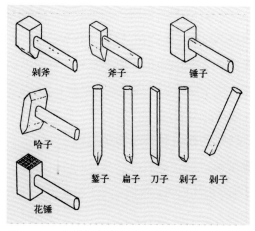

图 3-140　石料加工的传统工具

①剁斧：形状与锤子相仿，下端又类似于斧子，专门用于截断石料。

②哈子：一种特殊的斧子，但斧刃与斧柄垂直。是专门用于花岗石表面的剁斧。

（7）剁子：用于截断石料的錾子。

（8）无齿锯：用于薄石板的加工。

（9）磨头：由砂轮、油石制成，用于石料磨光（图 3-140）。

（五）油漆、彩画作常用工具

（1）刷子：均用兽鬃毛绑制，圆形，大小规格不一，大刷子直径 30～40 毫米，中型约 20 毫米，小刷子约 10 毫米。用于刷漆或绘制彩画。刷子可画较宽的线道。

（2）碾子：均用兽鬃毛绑制，扁形，大小规格不一，碾子大者厚 3～4 毫米、宽约 20 毫米，小碾子厚 1～2 毫米、宽约 10 毫米。用于刷漆或绘制彩画。碾子适合画较窄、较细的线道。

（3）毛笔：均用兽鬃毛绑制，圆形，有各种长锋狼毫，如大中小白云、大中小红毛、衣纹、叶筋、狼圭和小描笔等。用于彩绘。

（4）沥粉器：是可挤压的尖端有孔的管子。用于绘制彩画过程中的"沥粉"工艺。

（5）足刀：用熟铁打造成一般性的修理工具，如沥粉的修理。

（6）槽尺（戒尺）：木质，宽约 35 毫米、厚 12 毫米、长 300～400 毫米，一边带槽。用于画直线。

（7）坡棱尺：木质，宽 35～50 毫米、厚 10～20 毫米、长 200～1000 毫米，一边带斜坡棱。用于沥粉、画直线。

（8）罗圈尺：用薄木片或金属制成，呈弯曲的弧形。用于围绕柱子或檩画直线。

二、北京四合院传统营造技艺的材料

（一）土作、瓦作、石作类主要材料

1.常用的灰浆（土）类

（1）灰土：由白灰与黄土或黑土配合而成，用于基础垫层。表述的比例关系

为白灰与土的体积比（以下同）。基础灰土比例为 3：7；散水或回填土灰土比例为 2：8
或 1：9。较高级的做法是在夯好的灰土上泼洒糯米浆与水和白矾的混合液，或在灰
土泥浆中掺入 50% 以下的碎砖骨料（适合雨期施工）。

（2）三合土：由白灰与两种土同时配合构成，如黄土与黑土、生土与熟土、
主土与客土。用途同灰土。

（3）白灰（生石灰）：是垫层、砌筑、抹面各种灰土的主要材料，主要成分
为活性氧化钙，配合其他材料形成水化硅酸钙等。

（4）泼灰：生石灰经过反复均匀泼水成粉状后过筛而成。用于制作各种灰浆
的原材料。

（5）泼浆灰：泼灰过细筛后用青浆泼洒，白灰：青灰为 100：13，闷 15 天以
后即可。用于制作各种灰浆的原材料。

（6）煮浆灰（灰膏）：由生石灰加水搅拌成浆，过筛后发胀而成。用于制作
各种灰浆的原材料，适用室外露明处。

（7）老浆灰（深灰色煮浆灰）：由青浆、生石灰浆过细筛后发胀而成，青灰：
生石灰为 10：2.5 或 7：3 或 5：5（视颜色需要而定）。用于丝缝砖砌筑。

（8）素灰：指不掺麻刀的泼灰、泼浆灰加水或煮浆灰，颜色可为白色、月白色（即
浅蓝色）、红色、黄色等。

（9）大麻刀灰：由泼浆灰加水或青浆调匀后掺麻刀而成，灰：麻刀为
100：5。用于苫背和小式石活勾缝。

（10）中麻刀灰：由各种灰浆调匀后掺麻刀而成，灰：麻刀为 100：4。用于调
脊、宽瓦、墙体砌筑抹馅、堆抹墙帽。抹饰面墙面层时，灰：麻刀为 100：3。

（11）小麻刀灰：由泼浆灰加水或青浆调匀后掺麻刀而成，灰：麻刀为 100：
（5～3），麻刀长度不超过 1.5 厘米。主要用于打点勾缝。

（12）纯白灰：泼灰加水搅拌匀，或用灰膏，需要时可加麻刀。主要用于金砖墁地、
砌筑糙砖墙、室内抹灰。

（13）浅月白灰：泼浆灰加水搅拌匀，需要时可以加麻刀。主要用于调脊、宽瓦、
砌筑糙砖墙、室外抹灰。

（14）深月白灰：泼浆灰加青浆搅拌匀，需要时可以加麻刀。主要用于调脊、宽瓦、
砌筑淌砖墙、室外抹灰。

（15）驮背灰：常用月白中麻刀灰。宽瓦时放在筒瓦之下、宽瓦灰之上。

（16）扎缝灰：月白大、中麻刀灰。用于宽瓦扎缝。

（17）抱头灰：月白大、中麻刀灰。用于挑脊抱头。

（18）节子灰：素灰膏。用于宽瓦勾抹瓦脸。

（19）熊头灰：小麻刀灰或素灰。用于宽筒瓦时挂抹熊头。

（20）花灰：泼浆灰加少量水或少量青灰，不调匀。用于挑脊时衬瓦条、砌胎子砖、堆抹当沟。

（21）爆炒灰：泼灰过筛子（筛孔 0.5 毫米以上），使用前一天调制，较硬。用于苫纯白灰背、宫廷墁地。

（22）护板灰：较稀的月白麻刀灰，灰：麻刀为 100：2。用于苫背垫层中的第一层灰。

（23）夹垄灰：泼浆灰、煮浆灰加适量水或青灰，调匀后掺入麻刀。泼浆灰：煮浆灰为 3：7 或 5：5，灰：麻刀为 100：3。用于筒瓦夹垄、合瓦夹腮。

（24）裹垄灰（打底用）：泼浆灰加水或青浆调匀后加麻刀，灰：麻刀为 100：（3 ~ 4）。用于布筒瓦裹垄。

（25）裹垄灰（抹面用）：煮浆灰掺青灰加麻刀，灰：麻刀为 100：（3 ~ 4）。用于布筒瓦裹垄。

（26）油灰：细白灰粉过箩，加面粉、烟子（用胶水调成膏状），加桐油搅匀。白灰：面粉：烟子：桐油为 1：2：（0.5 ~ 1）：（2 ~ 3）。灰内可兑入少量白矾水。用于细墁地面砖棱挂灰。

（27）麻刀油灰：油灰内掺麻刀搅匀，油灰：麻刀为 100：（3 ~ 5）。用于叠石勾缝和石活防水勾缝。

（28）纸筋灰：草纸用水闷成纸浆，放入煮浆灰内搅匀，灰：纸筋为 100：6。用于室内抹灰和堆塑花活的面层。

（29）砖面灰：砖面经研磨后加灰膏，砖面：灰膏为 3：7 至 7：3（根据砖色定）。用于干摆、丝缝墙面和细墁地面打点。

（30）掺灰泥：泼灰与黄土拌匀后加水，或生石灰加水取浆加黄土，闷 8 小时后即可，灰：黄土为 3：7 ~ 5：5。用于宽瓦、墁地、砌筑碎砖墙。

（31）滑秸泥：灰泥内掺入用石灰水烧软后的滑秸（麦秸），泥：滑秸为 100：20。用于苫泥背和抹饰面墙。

（32）细石掺灰泥：灰泥内掺入适量的细石末。用于砌筑石活。

（33）生石灰浆：生石灰块加水搅拌成浆状，经细筛子过淋后即可用。用于宽瓦沾浆、石活灌浆、砖砌墙体灌浆、内墙刷浆。

（34）熟石灰浆：泼灰加水搅拌成稠浆状。用于砌筑灌浆、墁地坐浆、宽瓦干槎（chá）瓦坐浆、内墙刷浆。

（35）月白浆（浅）：白灰浆加少量青浆过箩加胶，白灰：青灰为100∶10。用于墙面刷浆。

（36）月白浆（深）：白灰浆加青浆，白灰：青灰为100∶25。用于墙面刷浆（过箩加胶）、布瓦屋顶刷浆。

（37）桃花浆：白灰浆加好黏土浆，白灰：黏土为3∶7或4∶6。用于砖石砌体灌浆。

（38）青浆：青灰加水搅拌成浆状后过细筛（网眼宽度不超过0.2毫米）。用于青灰背、青灰墙面赶轧刷浆、筒瓦屋面檐头绞脖、黑活屋顶楣子、当沟刷浆。

（39）烟子灰：黑烟子用胶水搅成膏状，再加水搅成浆状。用于筒瓦屋面檐头绞脖、当沟刷浆。

（40）砖面水：旧细砖面经研磨后加水调成浆状。用于干摆、丝缝墙面打点刷浆、捉节夹垄做法的布筒瓦屋面新做刷浆。

（41）糯米浆：生石灰兑入糯米浆和白矾水，灰：糯米：白矾为100∶0.3∶0.33。用于重要建筑砖、石墙体灌浆。

（42）生桐油：直接使用。用于新作细墁地面的钻生和旧地面的加固保护。

2. 常用的砖类

（1）大城砖：长×宽×厚为480×240×130（单位为毫米，以下同），清代官窑尺寸：464×234×112。用于下碱墙干摆、基础。如需砍磨，砖规格净尺寸要减少5～30毫米。

（2）二城砖：长×宽×厚为440×220×110，清代官窑尺寸：416×208×86。用于下碱墙干摆、基础。如需砍磨，砖规格净尺寸要减少5～30毫米。

（3）大停泥砖：长×宽×厚为320×160×80或410×210×80。用于干摆、丝封、檐料。如需砍磨，砖规格净尺寸要减少5～30毫米。

（4）小停泥砖：长×宽×厚为280×140×70或295×145×70，清代官窑尺寸：288×144×64。用于干摆、丝封、檐料、地面。如需砍磨，砖规格净尺寸要减少5～30毫米。

（5）大沙滚（砖）：长×宽×厚为320×160×80或410×210×80，清代官窑尺寸：282×144×64或304×150×64。用于其他砖墙背里、糙砖墙。如需砍磨，砖规格净尺寸要减少5～30毫米。

（6）小沙滚（砖）：长 × 宽 × 厚为 280×140×70 或 295×145×70，清代官窑尺寸：240×120×48。用于其他砖墙背里、糙砖墙。如需砍磨，砖规格净尺寸要减少 5 ～ 30 毫米。

（7）大开条（砖）：长 × 宽 × 厚为 260×130×50 或 288×144×64，清代官窑尺寸：288×160×83。用于淌白墙、檐料。如需砍磨，砖规格净尺寸要减少 5 ～ 30 毫米。

（8）小开条（砖）：长 × 宽 × 厚为 245×125×40 或 256×128×52。用于淌白墙、檐料。如需砍磨，砖规格净尺寸要减少 5 ～ 30 毫米。

（9）斧刃砖：长 × 宽 × 厚为 240×120×40，清代官窑尺寸：320×160×70，240×118×42 或 304×150×58。用于贴砌斧刃陡板墙、墁地。如需砍磨，砖规格净尺寸减少 10 毫米。

（10）丁四砖：长 × 宽 × 厚为 240×115×53。用于淌白墙、糙砖墙、檐料、墁地。

（11）地趴砖：长 × 宽 × 厚为 420×210×85。用于室外墁地。

（12）尺二方砖：长 × 宽 × 厚为 400×400×60 或 360×360×60，清代官窑尺寸：384×384×64 或 352×352×48。用于墁地、博缝、檐料。如需砍磨，砖规格净尺寸减少 10 ～ 30 毫米。

（13）尺四方砖：长 × 宽 × 厚为 470×470×60 或 420×420×55，清代官窑尺寸：448×448×64 或 416×416×58。用于墁地、博缝、檐料。如需砍磨，砖规格净尺寸减少 10 ～ 30 毫米。

3. 常用的瓦类

（1）一号筒瓦：长 × 宽为 210×130（单位毫米，以下同），清代官窑尺寸为 352×144。

（2）二号筒瓦：长 × 宽为 190×110，清代官窑尺寸为 304×122。

（3）三号筒瓦：长 × 宽为 170×90，清代官窑尺寸为 240×102。

（4）十号筒瓦：长 × 宽为 90×70，清代官窑尺寸为 144×80。用于影壁、游廊、院墙和较小的随墙小门楼等。

（5）一号板瓦：长 × 宽为 200×200，清代官窑尺寸为 288×256。用于椽径 10 厘米以上的合瓦、干槎瓦屋面。

（6）二号板瓦：长 × 宽为 180×180，清代官窑尺寸为 266×224。用于椽径 6 ～ 10 厘米的合瓦、干槎瓦屋面。

（7）三号板瓦：长 × 宽为 160×160，清代官窑尺寸为 224×192。用于椽径 6

厘米以下及至 8 厘米的合瓦、干槎瓦屋面。

（8）十号板瓦：长 × 宽为 110×110，清代官窑尺寸为 138×122。用于影壁、游廊、院墙和较小的随墙小门楼等。

一般合瓦屋面的盖瓦应该比底瓦小一号，选择瓦件的尺寸以底瓦为标准。

4. 常用的石料

（1）青白石：根据差异又名青石、白石、青石白碴、砖碴石、豆瓣绿、艾叶青等。特点是质地较硬、质感细腻、不易风化。多用于台明、基础、石墩等部分。

（2）青砂石：绿色，特点是质地细软、容易风化。多用于台明部分。

（3）花岗石：北方出产的花岗石多称为豆渣石和虎皮石，质地坚硬、不易风化。多用于基础部分。

（4）汉白玉：有"水白""旱白""雪花白""青白"四种。特点是洁白晶莹、质地细软、硬度低、容易风化。用于石墩等部分。

5. 常用的木料

（1）针叶树材类：落叶松、马尾松、红松、冷杉、云杉、杉木等。

（2）阔叶树材类：柞栎（lì）、麻栎、水曲柳、榆木等。

6. 油漆彩画材料

（1）生桐油：也叫原生油，是将采摘的桐树果实经压榨、加工提炼制成的植物油，整个过程为物理方法。耐腐蚀、不易老化、干燥慢，可将其渗透到地仗灰壳中，起到增加强度和防水、防潮作用。但生桐油结皮后容易起皱、光泽度差，故很少作为面层涂料使用。另外，用于制作熟桐油和灰油。

（2）灰油：由生桐油加土籽粉、章丹等干燥剂经熬炼制成，具有干燥快、防潮和防水性强等特点，是彩画"地仗"工艺中制"满"的主要材料，起胶结砖灰的作用，增加地仗壳的强度和耐久性。灰油的油皮在高温天气下受热可自燃，不能作为面层材料。

（3）血料：由生猪血加石灰水调合而成，具有耐水、耐油、耐酸碱等特性。可作为胶结材料，用于油漆彩画地仗工艺。

（4）砖灰：青砖经碾压过箩后的均匀粉粒，有粗灰、中灰和细灰之分，抗腐蚀性强。它是地仗的填充材料，也是结壳的主要材料。

（5）白满：由白面、灰油、石灰水调合而成，灰白色，配合比为：灰油∶白面∶石灰水为 150∶26.7∶100（重量比，下同），异常坚固。用于彩画地仗工艺。

（6）普通满：白满中加血料，黑褐色。具有干燥快、黏结力强、耐水、耐油、防潮、防霉、异常坚固等特点。不仅可用于油漆彩画地仗工艺，也可代替水胶调制沥粉用。

（7）线麻：又名绳麻。一年生草本桑科植物，茎梢及中部呈方形，茎部呈圆形，皮粗糙有沟纹。线麻纤维整齐，通顺而又细长，强度一般为38千克，富含纤维素和半纤维素，弹性好，易于染色。麻茎浸水后压碎取出长纤维，用于地仗工艺。

（8）夏布：用麻纤维织成的布。夹在地仗的灰壳中使用，起到增强拉力的作用。

（9）竹钉：由粗毛竹制成。做地仗时钉入大木构件的裂缝内，防止木料收缩变形。

（10）捉缝灰：由满、血料和粗细搭配的砖灰制成，配合比为：满∶血料∶砖灰为100∶114.4∶157。用于填补木构件缝隙和明显低洼不平之处。

（11）扫荡灰：又称通灰，接触木构件的第一层灰，可由稍微加大血料比例的捉缝灰制成。

（12）粘麻浆：是把麻和夏布等粘在灰层上的胶结材料。由满和血料制成，配合比为：满∶血料为1∶（1.2～1.37）。

（13）压麻灰：附着在麻层上的灰料。由满、血料和中砖灰∶细砖灰为7∶3的砖灰制成，配合比为：满∶血料∶砖灰=100∶288∶303。

（14）中灰：由满、血料和中灰∶细灰为7∶3的砖灰再加细砖灰制成，配合比为：满∶血料∶砖灰=100∶288∶303。

（15）细灰：用在地仗的外表面。有两种材料的制成方法：其一，满∶血料∶细砖灰为100∶288∶303；其二，光油∶血料∶细砖灰为100∶700∶650。

（16）粉：用胶结材料和土粉混合成的膏状物。用于彩画工艺的"沥粉"。

（17）颜料：以矿物质原料为主，用于彩画工艺。白色系颜料有钛白粉、铅白、立德粉、轻粉；红色系颜料有银朱、章丹、氧化铁红、丹砂、紫铆、赭石、胭脂；黄色系颜料有石黄、铬黄、藤黄；蓝色系颜料有群青、石青、普蓝、花青；绿色系颜料有洋绿（巴黎绿）、砂绿、石绿；黑色系颜料有炭黑（乌烟）、烟子黑。

（18）胶类：皮胶、骨胶等，用于调制颜料。

（19）大漆：又名天然漆、生漆、土漆、国漆。中国特产，故泛称中国漆。它为一种天然树脂涂料，是割开漆树树皮，从韧皮内流出的一种白色黏性乳液，经加工而制成的涂料。漆液成分有漆酚、树胶质、氮、水分及微量的挥发酸等，其中近80%的成分是漆酚，经氧化后原来栗壳色的大漆成为黑漆。大漆具有漆膜坚硬、富有光泽的基本特点，防渗性、耐久性、耐磨性、耐油性、耐热性、耐水性、耐潮性、耐化学腐蚀性和绝缘性都很强。大漆内加入瓷粉、镁粉、石墨等粉料，结膜后具有极高的结合力和强度。用于髹漆工艺。

（20）漆片：又名虫胶，是热带和亚热带地区一种寄生在植物上的紫胶虫的分泌物，去除杂质后加工成片状成品，故称漆片。漆片溶于酒精，可做成各种颜色的涂料。漆片制成的涂料干燥迅速、漆膜透明、光亮度柔和，但怕烫、怕热、怕暴晒、怕腐蚀。可配合各种清漆、色漆打底使用，也可单独涂刷木器、家具、乐器等。罩刷在银箔上面，可增加泛黄效果。

（21）光油：又名熟桐油、亮油、清油，用生桐油聚合熬制而成。光油具有油膜光亮、坚硬、有弹性、有韧性、耐水、耐磨、干燥快、能长期保存等特点，但受气候影响也容易起皱、失光泽。光油可做罩面油，也可作为地仗和调石膏腻子的胶结材料。可与各种颜料调合成有色油料，又可在彩画的沥粉中增加其强度。光油还是调配金胶油的主要原料。

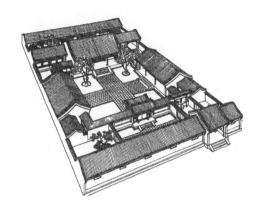

第四章

北京四合院传统营造技艺的技术形态与实践形态内容

北京四合院传统营造技艺的内容异常丰富，仅具体的营造技艺中不同内容的做法及组合就多种多样，后者如墙身部分的不同部位就可采用不同做法的组合。为表述清晰起见，本章将以一座四合院的"标准模型"为例，讲述空间的布局关系与设计，并以一座"标准建筑"为例，讲述整个营造过程中不同工艺的流程顺序和各一种做法。其他内容将在第五章的"补遗"中叙述。

第一节 北京四合院传统营造技艺之设计流程与内容

（一）总体布局设计

确定四合院总体布局的顺序是先用罗盘校方位，找出院落的中轴线，然后根据街道走向和四合院在街道中的位置，用"后天八卦"和其他风水理论确定出大门的位置，最后依据大门的位置和实际需要，确定院内各个房间的大小、朝向和位置等。

以最典型的东西走向胡同内北侧的四合院为例，首先用罗盘定出南北方向（地磁南北方向），再向东逆时针方向偏七度左右确定宅院的中轴线（子午南北方向）。然后北房中轴线再稍向东南逆时针偏转一些"抢阳"，南房中轴线再稍向西南顺时针偏转一些"抢阴"。在"抢阳"和"抢阴"的调整中，院落总体的中轴线位置保持不变。

院门面南临街，开在南墙偏东位置上，这在"后天八卦"中是"巽"（风）位，是柔风、润风吹进的位置，在风水上也是吉祥的位置。

大门的位置一旦确定后，再依据"巽天五六祸生绝延"的口诀对照"后天八卦"图，按顺时针方向来确定整个四合院的布局：

"巽"是"和煦春风"，吉位；

"天"是"天乙巨门"，吉位；

"五"是"五鬼廉贞"，凶位；

"六"是"六煞文曲"，凶位；

"祸"是"祸害禄存"，凶位；

"生"是"生气贪狼"，吉位；

"绝"是"绝命破军"，凶位；

"延"是"延年武曲"，吉位。

那么正南的"离"（火）位对应"天"字，正北的"坎"（水）位对应"生"字，正东的"震"（雷）位对应"延"字，均属"吉"位，在此宜建高大的房屋，如正北的正房、正南的倒座房、正东的厢房。

西南的"坤"（地）位对应"五"字，正西的"兑"（泽）位对应"六"字，西北的"乾"（天）位对应"祸"字，东北的"艮"（山）位对应"绝"字，均属"凶"位，在此只应建较小的房间。但由于院内形象又需要对称美观，所以西面也设厢房，只是在尺度上比东厢房略小。

因厕所污秽，宜放在"凶"位，即宜安排在位于第一进院落南倒座房西南角的房屋和第二进院落西厢房西南角的盝顶房内（如有必要），或安排在东跨院东北角房屋内。而厨房与"生生不息"相关联，宜放在"吉"位，又东部属木，木生火，故厨房宜安排在第二进院落东厢房东南角的盝顶房内，或安排在东跨院面西的东房内。

一旦各个房屋的位置基本确定后，便可根据实际情况进行单体建筑设计。需要说明的是，以前内容简单的四合院的所谓"设计"，不一定都要画出完整的图纸，匠师只需测量出几个大尺度的关键数据，如院子的长宽、可安排单体建筑的长宽等，其余如柱子和墙体的位置、所有建筑构件尺寸等，都可凭经验和口诀得出。

（二）建筑的基础基座设计

四合院传统民居建筑的底部都有一个明显高出地平面的基座，基座露出院落地平面的部分称为"台明"，地平面以下部分称为"埋头"或"埋深"。基座的侧面称为"台帮"，上面称为"台面"。基座的主要构件和构造有阶条石、好头、埋头、陡板、土衬、垂带、象眼、踏踩、燕窝石、墁地方砖、柱础、磉墩、拦土、散水、灰土。最底层的灰土夯筑做法属于"土作"范畴。

基座地平面以上的总高度确定为檐柱高度尺寸的 1/5 或 2 倍檐柱直径的尺寸。从檐柱轴线往外的台明宽度称为"下出"尺寸。土衬石是台基石活的首层，也是台明与"埋深"的分界。土衬石一般应高出室外地平面 1 ~ 2 寸，地平面上下总高度不小于 4 寸。宽度应比陡板石的厚度宽出 2 寸。

一般情况下，前檐阶条石应比房屋开间数多出两块，如三间房用五块前檐阶条石，称为"三间五安"。其中阶条石的宽度为 1/5 檐柱高度尺寸加 1 寸再减去檐柱直径的尺寸，厚度不小于 4 寸。构件尺寸确定见表 4-1（图 4-1 ~ 图 4-4）。

（三）建筑的大木屋架设计

在四合院传统民居建筑中，把以梁、柱、枋、檩等构件组成的承重结构的制作等称为"大木作"。在大木构架中，柱头以上部分称为"上架"，柱头以下部分称为"下

表 4-1　清式瓦、石各件权衡尺寸表

构件名称	高	宽	厚	备注
台基明高（台明）	1/5 柱高或 2D	2.4D		
挑山山出		2.4D 或 4/5 上出		指台明山出尺寸
硬山山出		1.8 倍山柱径		指台明山出尺寸
山墙			2.2D ~ 2.4D	指墙身部分
裙肩	32/3D		上身加花碱尺寸	又名下碱
墀头		1.8D 减金边宽加咬中尺寸		
槛墙			1.5D	
陡板	1.5D			指台明陡板
阶条		1.2D ~ 1.6D	0.5D	
角柱	裙肩高减押砖板厚	同墀头下碱宽	0.5D	
押砖板		同墀头下碱宽	0.5D	
挑檐石	0.75D	同墀头下碱宽	长 = 廊深 +2.4D	
腰线石	0.5D	0.75D		
垂带		1.4D 或同阶条	0.5D	厚指斜厚尺寸
陡板土衬		0.2D		
砚窝石		10 寸左右	4 ~ 5 寸	
踏踩		10 寸左右	4 ~ 5 寸	
柱顶石		2D 见方	D	鼓镜 1/5D

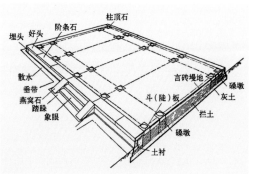

图 4-1　台明剖面示意图

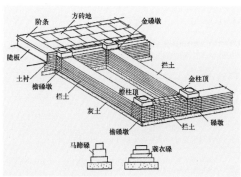

图 4-2　台明剖面图

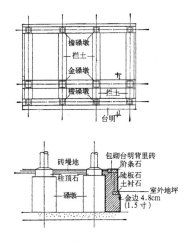

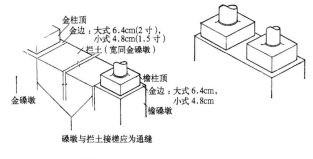

图 4-3　柱础等详图 1　　　　　　　图 4-4　柱础等详图 2

架"。这些木构件与屋面上其他木构件的尺寸等，基本上都是以檐柱的直径 D 为模数，它们分别为：压飞椽尾望板、瓦口、大连檐、闸挡板、飞椽、小连檐、望板、檐椽、脊檩、脊垫板、脊枋、脊瓜柱、角背、上金檩、金垫板、三架梁、上金枋、金瓜柱、下金檩、金垫板、五架梁、下金枋、随梁、檐檩、檐垫板、抱头梁、檐枋、穿插枋、檐柱、金柱、山柱、双步架、单步架、替木。构件尺寸确定见表 4-2（图 4-5 ～图 4-8）。

表 4-2　小式（或无斗拱大式）建筑木构件权衡表　　（单位：柱径 D)

类别	构件名称	长	宽	高	厚（或进深）	径	备注
柱类	檐柱（小檐柱）			11D 或 8/10 明间面宽		D	
	金柱（老檐柱）			檐柱高加廊步五举		D+1 寸	
	中柱			按实计		D+2 寸	
	山柱			按实计		D+2 寸	
	重檐金柱			按实计		D+2 寸	
梁头	抱头梁	廊步架加柱径一份		1.4D	1.1D 或 D+1 寸		
	五架梁	四步架加 2D		1.5D	1.2D 或金柱径 +1 寸		
	三架梁	二步架加 2D		1.25D	0.95D 或 4/5 五架梁厚		

类别	构件名称	长	宽	高	厚（或进深）	径	备注
梁头	递角梁	正身梁加斜		1.5D	1.2D		
	随梁			D	0.8D		
	双步梁	二步架加D		1.5D	1.2D		
	单步梁	一步架加D		1.25D	4/5双步梁厚		
	六架梁			1.5D	1.2D		
	四架梁			5/6六架梁高或1.4D	4/5六架梁厚或1.1D		
	月梁（顶梁）	顶步架加2D		5/6四架梁高	4/5四架梁厚		
	长趴梁			1.5D	1.2D		
	短趴梁			1.2D	D		
	抹角梁			1.2D～1.4D	D～1.2D		
	承重梁			D+2寸	D		
	踩步梁			1.5D	1.2D		用于歇山
	踩步金			1.5D	1.2D		用于歇山
	太平梁			1.2D	D		
枋类	穿插枋	廊步架+2D		D	0.8D		
	檐枋	随面宽		D	0.8D		
	金枋	随面宽		D或0.8D	0.8D或0.65D		
	上金、脊枋	随面宽		0.8D	0.65D		
	燕尾枋	随檩出梢		同垫板	0.25D		
檩类	檐、金脊檩					D或0.9D	
	扶脊木					0.8D	
垫板类柱瓜类	檐垫板老檐垫板			0.8D	0.25D		
	金、脊垫板			0.65D	0.25D		
	柁墩	2D	0.8上架梁厚	按实计			
	金瓜柱		D	按实计	上架梁厚的0.8		

续表

类别	构件名称	长	宽	高	厚（或进深）	径	备注
垫板类 柱瓜类	脊瓜柱		$D \sim 0.8D$	按举架	0.8 三架梁厚		
	角背	一步架		1/2 ~ 1/3 脊瓜 柱高	1/3 自身高		
角梁类	老角梁			D	2/3 D		
	仔角梁			D	2/3 D		
	由戗			D	2/3 D		
	凹角老角梁			2/3 D	2/3 D		
	凹角梁盖			2/3 D	2/3 D		
椽望 连檐 瓦口 衬头木	圆椽					1/3D	
	方、飞椽		1/3D		1/3D		
	花架椽		1/3D		1/3D		
	罗锅椽		1/3D		1/3D		
	大连檐		0.4D 或 1.2 椽径		1/3D		
	小连檐		1/3D		1.5 望板厚		
	横望板				1/15D 或 1/5 椽径		
	顺望板				1/9D 或 1/3 椽径		
	瓦口				同望板		
	衬头木				1/3D		
歇山 悬山 楼房 各部	踏脚木			D	0.8D		
	草架柱		0.5D		0.5 D		
	穿		0.5D		0.5 D		
	山花板				1/3D ~ 1/4D		
	博缝板		2D~2.3D 或 6~7 椽径		1/3D ~ 1/4D 或 0.8 ~ 1 椽径		
	挂落板				0.8 椽径		
	沿边木				0.5D+1 寸		
	楼板				1.5 ~ 2 寸		
	楞木				0.5D+1 寸		

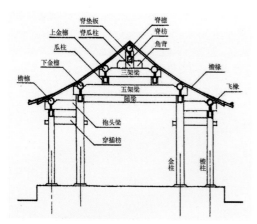

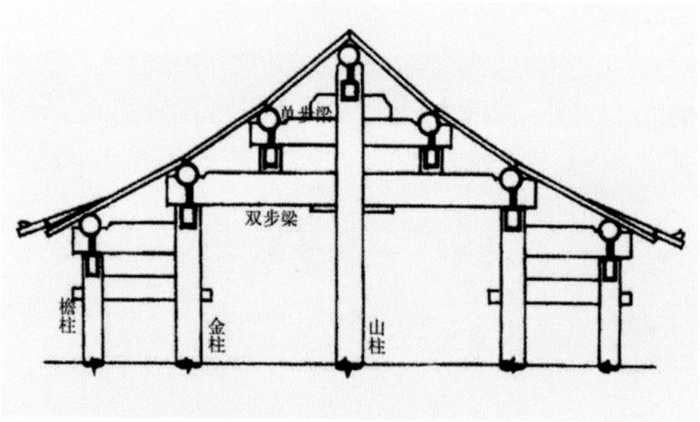

脊垫板
脊檩
上金檩
脊瓜柱
脊枋
角背
瓜柱
下金檩
三架梁
檐椽
檐檩
五架梁
飞椽
随梁
抱头梁
穿插枋
金柱
檐柱

图 4-5　七檩硬山屋架剖面图

单步梁
双步梁
檐柱
金柱
山柱

图 4-6　七檩硬山山墙位置屋架

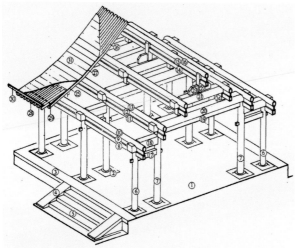

1. 台明　2. 柱顶石　3. 阶条　4. 垂带　5. 踏跺　6. 檐柱　7. 金柱　8. 檐枋
9. 檐垫板　10. 檐檩　11. 金枋　12. 金垫板　13. 金檩　14. 脊枋　15. 脊垫板
16. 脊檩　17. 穿插枋　18. 抱头梁　19. 随梁坊　20. 五架梁　21. 三架梁
22. 脊瓜柱　23. 脊角背　24. 金瓜柱　25. 檐椽　26. 脑椽　27. 花架椽
28. 飞椽　29. 小连檐　30. 大连檐　31. 望板

图 4-7　七檩硬山屋架各部位名称

望板
压飞尾望板
闸档板
飞椽
檐椽
瓦口
大连檐
小连檐

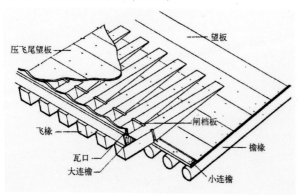

图 4-8　檐口部位木构件组合示意图

因为北京四合院传统民居建筑主要依靠梁柱木构架体系承重，为了充分保证构架的稳定性，一般把除了短柱（瓜柱）外的柱子都加工成上细下粗的形状，称为“收分”，并使最外圈柱子顶都微微内倾，称为“侧脚”，其中四角的柱子是以45°角的方向内倾。在四合院民居建筑“小式”做法中（带斗拱的建筑称为“大式”做法），收分的尺寸一般为柱高的百分之一，侧脚尺寸与收分尺寸相同。习惯上把柱子的收分与侧脚称为“掰升”，所以侧角和收分的尺寸关系口诀是“掰多少，升多少”（图 4-9）。

四合院传统民居建筑“明间”（中间一间）的面

宽尺寸主要考虑实际功能的需要，又要考虑木料（檩）的尺寸、等级制度的限制以及一些迷信思想的束缚，如必须要符合"鲁班尺"上的"官""禄""财""义"等吉祥尺寸。"次间"面宽尺寸可根据视觉效果酌减，一般为明间的 8/10。建筑进深尺寸的确定也主要考虑实际功能的需要和木料（梁）的尺寸。四合院传统民居七檩小式建筑的明间面宽与柱高的比例为 10：8，柱高与柱径的比例为 11：1（图 4-10）。

在四合院传统民居建筑中，把相邻两檩轴线到轴线的水平距离称为"步架"，轴线到轴

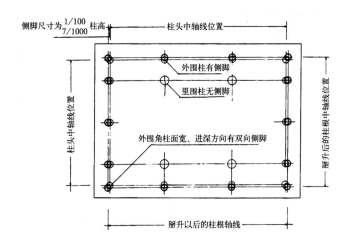

图 4-9　檐柱侧脚示意图

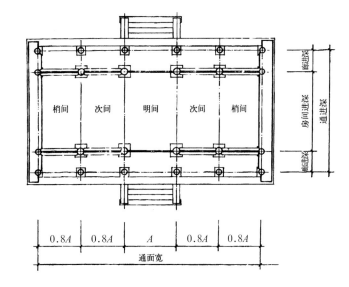

图 4-10　面阔与进深

线的垂直距离称为"举架"或"举高"。为了使屋面呈现出优美的"反宇"形弧线，每步举架与步架的比例都不相同，倾斜度从下往上逐渐加大。在七檩"小式"建筑中，第一步举架与步架的比例是 5：10，第二步举架与步架的比例是 7（或 6.5）：10，第三步举架与步架的比例是 9（或 8）：10；最低的廊或檐步架宽度一般为 4～5 倍的檐柱径尺寸，其余步架尺寸可以相同。

"上檐（平）出"尺寸，即檐柱中心到飞椽外边缘的尺寸为檐柱高的 3/10，其中"回水"尺寸也就是飞椽露出檐椽的尺寸，为"上檐（平）出尺寸"的 1/3（图 4-11、图 4-12）。

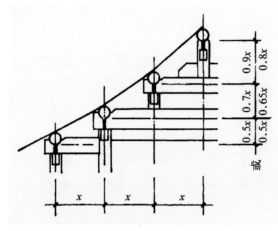

图 4-11　七檩小式屋架举架示意图

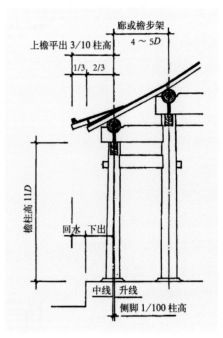

图 4-12　上出、下出、回水

（四）建筑的墙身设计

在四合院传统民居建筑中，建筑本身的围墙是在做完台明并搭完大木屋架后砌筑的。以正房为例，从墙身的外观看，墙身的下部稍厚，所用砖的尺寸也稍大，而墙身的上部稍薄，所用砖的尺寸也稍小。墙身下部稍厚的墙体称为"下碱""下肩"或"裙肩"，它比墙身上部宽出的部分称为"花碱"。下碱墙的高度可由檐柱高的3/10定，并且砌砖的层数应为单数。在现代施工图纸上，墙身的标注尺寸就是下碱部分的尺寸（图4-13）。

如果以墙身内柱子的中轴线划分，轴线以外墙体部分称为"外包金"（内墙），轴线以内的部分称为"里包金"（外墙）。山墙的里包金尺寸一般为山柱半径的尺寸加1.5寸，或加"花碱"尺寸（内墙有下碱）。如果山墙内墙的上下厚度一样（内墙没有下碱），里包金尺寸即为山柱半径的尺寸。山墙外包金尺寸为1.5倍的山柱直径尺寸。

山墙在建筑正面和后面上部突出的部分称为"墀头"。在建筑正面及背面山墙部位的檐柱或金柱，会有不到柱径一半的部分露在山墙外面，目的是从正面看时可以隐藏木柱与砖墙的接缝。柱子埋进墙身的部分到其轴线的尺寸称为"咬中"，咬中尺寸一般为1寸或柱子的掰升尺寸加"花碱"尺寸。台明左右宽出山墙的部分称

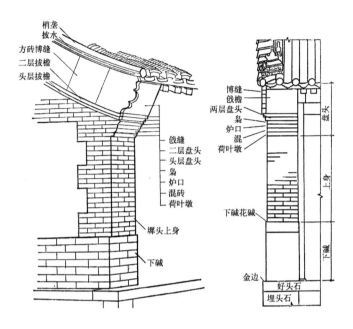

图 4-13 墀头立面与透视图

为"金边"，宽约 1 寸。台明前后宽出墀头的部分称为"小台阶"，如果山墙上带"挑檐石"（代替混砖、炉口、枭砖），小台阶宽为檐柱径尺寸的 8/10。

后檐墙的里包金尺寸一般为檐柱半径的尺寸加 1.5 寸，或加"花碱"尺寸（此时山墙的内墙也有下碱）。如果后檐墙内墙的上下厚度一样（没有下碱），里包金尺寸即为檐柱半径的尺寸。后檐墙外包金尺寸为 1～1.2 倍的檐柱直径尺寸。

窗下槛墙里包金尺寸一般为檐柱半径的尺寸加 1.5 寸，或加花碱尺寸（此时山墙和后檐墙的内墙都有下碱）。如果所有内墙的上下厚度一样（内墙没有下碱），槛墙里包金尺寸即为檐柱半径的尺寸，外包金尺寸与里包金尺寸相同。注意，如果槛墙位于金柱位置上（建筑带前廊），槛墙的里、外包金尺寸均为金柱半径尺寸（图 4-14）。

山墙正面及后面的墀头上部出挑的部分称为"盘头"或"梢子"，从墙身位置到上部连檐部位的水平出挑尺寸称为"天井"，出挑部位从下往上的名称依次为荷叶墩、混砖、炉口、枭（砖）、头层盘头、二层盘头、戗檐。在小式建筑中，一般荷叶墩出挑尺寸不大于 1.5 寸，混砖出挑尺寸为 0.8～1.25 倍的砖厚，炉口出挑尺寸小于或等于 0.6 寸（甚至可以微微向内收进），枭（砖）出挑尺寸为 1.3～1.5 倍的砖厚。其中的混砖、炉口、枭（砖）可以用一块整石头雕成"挑檐石"，其厚度

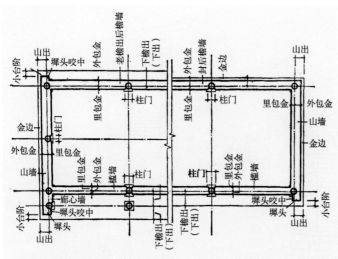

（此例为老檐出后檐墙、前有廊做法）　（此例为封后檐墙、前无廊做法）

图 4-14　台明与墙体关系平面图

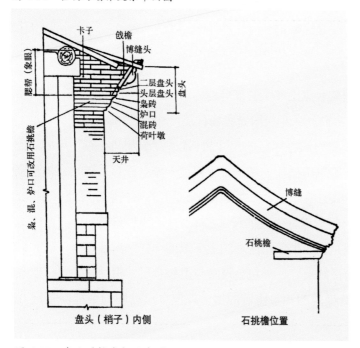

盘头（梢子）内侧　　　石挑檐位置

图 4-15　盘头（梢自）示意图

不大于 5 寸，出挑尺寸为其本身厚度的 1.2 倍。挑檐石在山墙上的长度要一直达到"下金檩"外皮；二层盘头共挑出尺寸为 0.33 的倍砖厚（图 4-15）。

从建筑的山面看，屋面最上边为"披水梢垄"，下面依次为披水砖、博缝砖、二层拔檐（砖）和头层拔檐（砖）。博缝砖的高度尺寸为 6 ～ 7 倍的椽径尺寸。正面戗檐砖高等于博缝砖高，宽为墀头上身宽加两层山墙拔檐尺寸，再减去博缝砖在拔檐砖上所占的尺寸。

建筑后檐墙上部收口有两种形式，一种是露出椽子、大小连檐、檐檩、檐垫板和檐枋木结构构件，称为"露檐出"；另一种是不露椽子等木结构构件，称为"封护檐"。后者有"鸡嗉檐""菱角檐""抽屉檐""冰盘檐"等样式。如果在"露檐出"形式的后檐墙上开高窗，不用做过梁，后窗框的上口可以直接顶在檐枋上；如果在"封护檐"形式的后檐墙上开高窗，则要在窗口上加木过梁（图 4-16 ～图 4-19）。

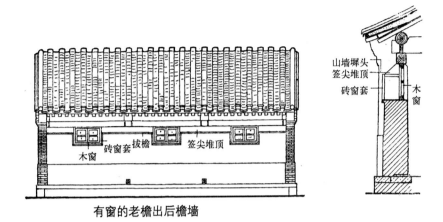

有窗的老檐出后檐墙

图 4-16　老檐出后檐墙立面剖面图 1

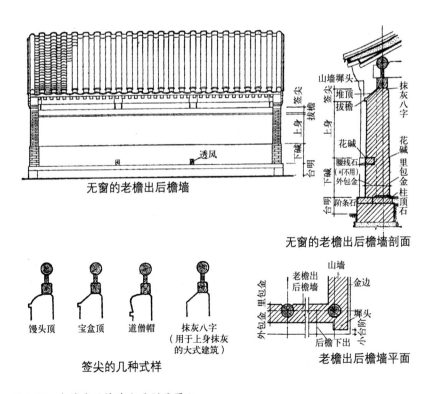

无窗的老檐出后檐墙

无窗的老檐出后檐墙剖面

馒头顶　宝盒顶　道僧帽　抹灰八字（用于上身抹灰的大式建筑）

签尖的几种式样

老檐出后檐墙平面

图 4-17　老檐出后檐墙立面剖面图 2

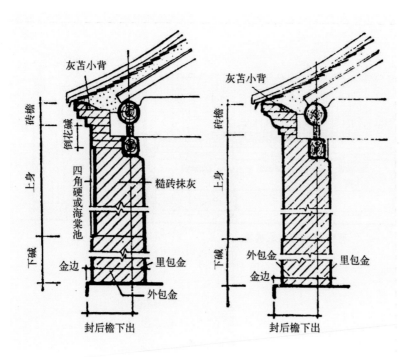

图 4-18　封后檐的后檐墙剖面图

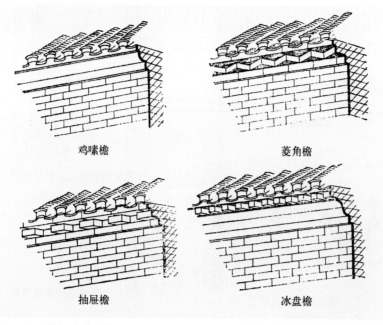

图 4-19　封后檐墙上部示意图

叙述至此，可以得出一座建筑及构件基本尺寸的计算方法。以确定正房的面阔等尺寸为例。

设正房中间明间面阔尺寸为 A（单位为寸），再假设内墙均没有下碱，那么明间加两个次间总面阔的"轴线尺寸"为 $A+2 \times 0.8A$；设檐柱径尺寸为 D（单位为寸），那么 $D = 8/10 \times 1/11A$，山柱直径尺寸为 $D+2$ 寸，即 $8/10 \times 1/11A+2$；两侧山墙外包金总尺寸为 $2 \times 1.5 \times (D+2)$，即 $2 \times 1.5 \times (8/10 \times 1/11A+2)$；山墙两侧台明多出山墙的"金边"共 2 寸。那么正房明间与次间的轴线总尺寸，加两侧山墙外包金尺寸，再加两侧台明"金边"尺寸，应该等于正房用地测量的总面阔尺寸 L，即 $L = (A+2 \times 0.8A) +2 \times 1.5 (8/10 \times 1/11A+2) +2$ 为正房总面阔尺寸。由此可以算出 A 的具体尺寸，进而算出 D 的具体尺寸，再进一步可推算出各种需要的尺寸。

（五）建筑的屋面屋脊设计

在四合院传统民居建筑中，屋面采用最多的是"合瓦"屋面，其特点是盖瓦和底瓦都采用同一种板瓦，一正一反，即一阴一阳组合。这种屋面在北方也称为"阴阳瓦"屋面，在南方称为"蝴蝶瓦"屋面。如果在北京老城区的街巷胡同里看到有用筒瓦和板瓦做屋面的"四合院"（非新建），那么它以前不是王公大臣府（包括驸马府）便是寺庙等（图 4-20）。

对合瓦尺寸的选择，一般依据椽子直径的尺寸而定，并相应定出

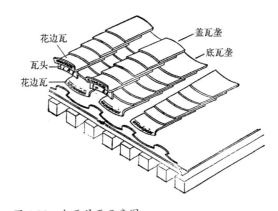

图 4-20　合瓦屋面示意图

屋脊的构件尺寸。椽径 6 厘米以下时采用 3 号瓦；椽径 6 ~ 8 厘米时采用 3 号瓦或 2 号瓦；椽径 8 ~ 10 厘米时采用 2 号瓦；椽径 10 厘米以上时采用 1 号瓦。3 号瓦长 × 宽为 16 厘米 ×16 厘米；2 号瓦长 × 宽为 18 厘米 ×18 厘米；1 号瓦长 × 宽为 20 厘米 ×20 厘米；更大的还有头号瓦。

四合院传统民居建筑的屋脊一般多采用"清水脊"，其特点是两端有砖雕的"草盘子"和翘起的"蝎子尾"。具体构件有：蝎子尾、眉子、平草砖、二层瓦条、头层瓦条、当沟、老桩子盖瓦、当沟条头砖、小当沟瓦圈、扎肩瓦、压肩瓦、盘子、圭角、低坡垄小脊子蒙头瓦、老桩子盖瓦、小当沟条、老桩子底瓦、梢垄、披水砖（图 4-21）。

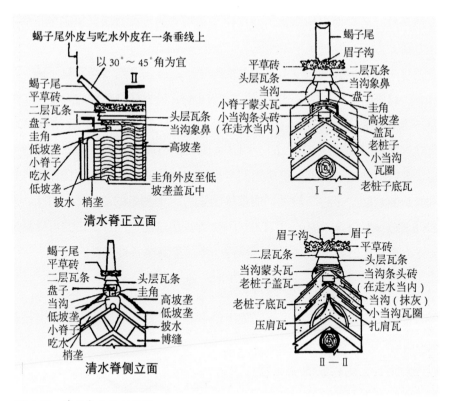

图 4-21　清水脊立面剖面图

（六）建筑的小木装修设计

在四合院传统民居建筑中，一般把非承重木结构的制作和装修归为"小木作"范畴，如走廊的栏杆，屋檐下的挂落、门窗、各种隔断和天花等。

门的安装位置是贴在槛框内，支摘窗的安装位置是嵌在槛框内。"槛框"是门窗外框的总称，尺寸的权衡确定也是以檐柱的直径 D 为模数。种类有下槛、中槛、上槛、长抱框、短抱框、门框、横陂（俗称"亮子"）、横陂间框、风槛（对应于有上下连楹的隔扇窗）和榻板、间框、连楹等。

下槛高为檐柱径的 8/10，中槛高为下槛高的 2/3（或 4/5），上槛高为下槛高的 1/2，厚度均为下槛高的 1/2；抱框和门框的看面宽均为檐柱径的 2/3，厚同槛；榻板宽同槛墙，厚为檐柱径的 3/8；风槛高为檐柱径的 1/2，厚同抱框。

为了使隔扇门转动，需要在中槛里皮附安一根横木，在上面做出门轴套碗，称为"连楹"。其长为中槛加两端"捧柱碗口"宽尺寸，进深方向长为中槛宽的 2/3，厚为进深长的 1/2。与连楹上下相对应的还有附在下槛内侧的"单楹"和"连二楹"，其上凿有轴碗，既作为隔扇门旋转的枢纽，又主要承托隔扇门的重量。

　　次间槛墙上是榻板（窗台板），其上是摘窗，再上面是支窗。个别的如果屋檐较高，上面还可加横陂（窗）。在传统的做法中，支摘窗一般都做成内外两层，边框看面宽为 1.5 ～ 2 寸，进深厚度为槛框厚的 1/2。支窗外层为棂条窗，装玻璃或糊高丽纸，内层为纱屉子，即在木框架上糊纱布（"冷布"）。摘窗外层也为棂条窗，装玻璃或糊高丽纸，内层做固定的屉子，装玻璃或糊高丽纸或罩纱（后者较少）。

　　后来的支摘窗都简化为单层，下面的"摘窗"固定，装玻璃；上面的"支窗"也固定，冬天只在棂条内侧糊高丽纸，夏天则在棂条内侧先罩纱，再粘上用高丽纸和秫秸秆（高粱秆）做成的卷帘，高丽纸卷帘的上边粘在窗棂上，下边糊在秫秸秆上，秫秸秆"卷轴"用细绳绷在窗棂上，在晚间或雨天天凉时可以放下卷帘。相应地，门也简化成单扇门，装于槛框间，用合页固定（图 4-22、图 4-23）。

　　隔扇门的高宽比为 3∶1 ～ 4∶1，民居的隔扇一般做成"四抹"的形式，以中绦环的上抹头的上皮为界，上、下比例为 6∶4。隔扇边梃的看面宽度为隔扇宽的

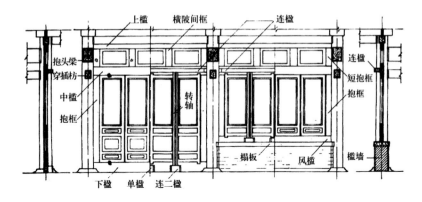

图 4-22　槛框部位立面剖面图 1

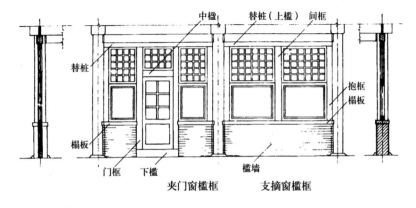

图 4-23　槛框部位立面剖面图 2

1/10 ～ 1/11，进深厚度为其宽度的 1.4 倍（图 4-24）。

隔扇门的缺点是体量大、开启不便，特别是扇与扇之间缝隙大，不利于保温。为了解决这个问题，一般在室外的中、下槛间加装帘架和"哑巴槛"，在帘架内装风门、横陂、余塞和楣子。帘架宽为两扇隔扇宽加一份边梃宽（挡住固定隔扇与开启隔扇之间的缝隙），高同隔扇，立边上下再加出一定的长度，用铁质帘架掐子安装在横槛上。帘架立边等尺寸不小于隔扇的边框尺寸。风门上可以装合页开启。另外，风门高度要大于人高，并以自身的高宽比为 2：1 来确定尺寸。冬天在隔扇门与风门之间可以挂门帘保温（图 4-25）。

在四合院传统民居建筑中，较重要的房间内的隔断一般都做成隔扇门的形式，称为"碧纱橱"。多做成 6 ～ 8 扇，为偶数。可以开启其中的两扇作为内门。隔扇

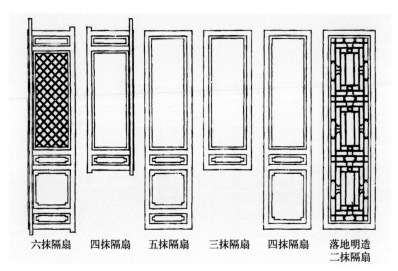

| 六抹隔扇 | 四抹隔扇 | 五抹隔扇 | 三抹隔扇 | 四抹隔扇 | 落地明造 二抹隔扇 |

图 4-24　隔扇、槛窗形式距离

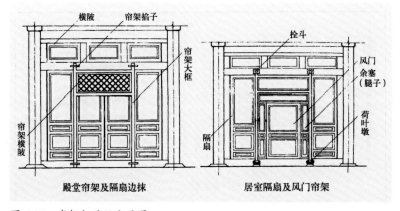

殿堂帘架及隔扇边抹　　　　居室隔扇及风门帘架

图 4-25　帘架与风门立面图

组的两侧有门框，下端有下槛，上端有中槛、横陂、横陂间框和上槛；碧纱橱的每个隔扇比作为外门的隔扇门还要瘦长，有的宽高比可达到 1：5～1：6。隔扇一般做成四抹的形式，以中绦环的上抹头的上皮为界，上、下比例亦为 6：4。隔扇边梃的看面宽度为隔扇宽的 1/10～1/11，边梃进深厚度为其宽的 1.4 倍。开启的隔扇可以装合页。

在北京四合院传统民居建筑的室内，一般采用纸糊的吊顶，吊顶的位置一般选在下金檩之下，吊顶的龙骨采用秫秸秆，用铁丝或麻绳吊在其上部的木结构上。裱糊顶棚前，先要在秫秸秆上裹糊一层糙纸和一层细纸再裱糊顶棚面纸（如高丽纸）。

（七）建筑的油漆彩画设计

目前普通的北京四合院民居建筑中遗留的彩画实例较少，可以参考部分王府花园中建筑彩画做法（级别基本相同），故在本节中与王府建筑彩画设计一并介绍。

在较高级的北京四合院传统民居建筑中，有些重要的房间以及抄手游廊部分可以施以彩画装饰。在传统匠作中，油漆与彩画是两个独立的行业，但它们之间的关系却十分密切，由于施工的关系，它们既需要相互穿插、交替进行作业，但又不得互相干扰，于是就形成上、下架之分。它们的分界线一般以各檐枋下皮为界，其上为"上架"，其下为"下架"。上架大木可做彩画，下架做油饰。

在北京，上至王府等，下至较高级的四合院民居建筑，建筑彩画涉及两类，一类是"旋子彩画"，另一类是"苏式彩画"。旋子彩画庄严肃穆，一般仅用来装饰王府。苏式彩画内容丰富，形式活泼，充满诗情画意，除用来装饰王府中一些次要建筑或园林建筑外，一般较高级的四合院民居建筑也普遍采用。

油漆彩画的应用大体有以下六种情况，这六种情况也可以代表六种不同等级，分别为：

其一，大木构件满做彩画。即檩、垫、枋等大木构件，或满做旋子彩画，或满做苏式彩画（椽柁头、三岔头、穿插枋头、雀替、花牙子、花板、天花、倒挂楣子等也做与大木构件相配的彩画）。这种做法一般仅限于王府等建筑。

其二，大木构件做"掐箍头搭包袱"的局部苏式彩画。即在檩、垫、枋等大木构件端头做带状活箍头、副箍头和构件中段做包袱图案，包袱内饰各种绘画内容（椽柁头、雀替、牙子等构件做与大木构件相配的彩画）。

其三，大木构件做"掐箍头"的局部苏式彩画。即在檩、垫、枋等大木构件的端头做各种活箍头及副箍头（椽柁头、雀替、牙广等构件做与大木相配的彩画）。

其四，只在椽柁头部位做彩画，其余全部做油饰。

其五，只在椽柁头迎面刷颜色，一般在飞椽刷大绿色，檐椽头和柁头刷青色，其余部位做油饰。

其六，所有构件全部做油饰。普通四合院民居建筑的油饰以黑色或深棕黑色调为主，但不同部位为了有所区分，色阶或色相会稍有变化。较高级的四合院民居建筑的油漆可用红、绿色调，正房、厢房、大门的柱子多刷成红色，门窗、游廊、垂花门的柱子多刷成绿色，游廊的楣子边框则多刷成红色，红绿相间，相映成趣。

较高级的北京四合院民居建筑普遍重视对大门（宅门）、二门（垂花门）的彩画装饰，这些部位的彩画要比宅院内其他建筑的彩画高一个等级。如内宅正房、厢房做"掐箍头搭包袱"彩画，那么该院的大门、垂花门则要满做苏式彩画。

旋子彩画广泛用于王府类建筑中，其基本构图特点为：檩枋大木两端绘箍头，开间大的檩枋内侧还要加画盒子或多加画一条箍头，檩枋中段占构件 1/3 长的部位画方心，方心与箍头之间的部分画找头。体现旋子彩画主要特征的旋花图案，主要在找头部位得到充分表现，图案的旋花画法采用"整破结合"的方式。旋子彩画的主题纹饰，主要在檩枋彩画的方心内得到表现。王府旋子彩画的方心一般采用"龙锦方心"和"花锦方心"。

旋子彩画从纹饰特征、设色、工艺制作方面，大致有八种做法：混金旋子彩画、金琢墨石碾玉、烟琢墨石碾玉、金线大点金、墨线大点金、小点金、雅伍墨和雄黄玉。王府等建筑对旋子彩画的运用，最多的是金线大点金和墨线大点金，其中个别重要的建筑如大门等，亦有用金琢墨石碾玉做法的，值房类等附属建筑一般用小点金或雅伍墨彩画。

旋子彩画的设色具有固定的规制，彩画中用金面积的大小直接反映着该彩画的做法等级，上述八种旋子彩画也正体现着其用金方面的差别。旋子彩画用色，以青、绿二色为主，其设色的主要特征是按图案划分部位，按"青绿相间"的原则分布色彩。这种方法可使构成图案的色彩谐调匀称。

普通四合院民居建筑的苏式彩画分为三种主要表现形式，即"包袱式""方心式""海墁式"。清代晚期的苏式彩画基本分为三个等级做法：高等级者"金琢墨苏画"，中等级者"金线苏画"，低等级者"墨线（或黄线）苏画"。但从北京老城区现存清晚期民居彩画遗迹看，绝大多数都要贴金，极少见有墨线苏画。

苏式彩画的施色，与旋子彩画基本一样，也是以青、绿二色为主，但某些基底色较大量地运用了各种间色，比如石三青、紫色、香色等，所以这类彩画可给人以富于变化和亲切的感受。

苏式彩画细部题材的表现是多方面的，有各种历史人物故事画，有千姿百态的花鸟画，有表现殿堂楼阁的线法风景画，有笔墨酣畅的水墨山水画，等等。这些趣味活泼的绘画内容，在包袱、池子、聚锦内都得到了充分表现。由于这些画的题材与人们的生活及周围环境密切相关，为人们所喜闻乐见，所以特别适于宅第四合院建筑的装饰（图 3-123～图 3-128）。

飞椽头常见的彩画有"沥粉贴金万字""阴阳万字""十字别"和"金井玉栏杆"等；檐椽头常见的有片金或攒退做法的"方圆寿字"，作染或拆垛做法的"福庆""福寿""柿子花""百花图"等。

梁端头彩画常见的有"作染四季花""线法及洋抹山水""什染或洋抹博古""攒退汉瓦""攒退活图案"等。

天花彩画常见的有"片金龙天花"（仅限于王府）、"作染团鹤天花""攒退活图案天花""作染百花图天花"等。

倒挂楣子彩画多见于清晚期的"苏装楣子"做法。

（八）建筑的室内外墁地设计

在北京四合院传统民居建筑中，重要房间的室内墁地采用尺四或尺二方砖的"细墁地面"。墁地所用的砖料要达到"盒子面"或"八成面"的要求。盒子面砖要求上面磨得绝对平整，任取两块磨平的砖相对，面与面之间要完全吻合。四个肋要互成直角，两砖对齐后缝隙（包灰）1～2 毫米；八成面砖对上面的平整度要求稍低，贴尺检查时准许有稍微的晃动。

室外墁地分为方砖"细墁地面"和四丁砖、开条砖等"糙墁地面"两种等级。又按位置分为"散水""甬道"和"海墁"三类。散水位于房屋台明周围和甬道两旁，有向外的坡度，屋檐的滴水应该滴在散水上；除散水和甬道外，院内所有地段的墁地都属于海墁（做法）。被十字甬道分开的四块海墁地面，就是俗称的院内"天井"。

第二节　北京四合院传统营造技艺之工艺流程与内容

一、建筑的定位放线

在四合院传统营造技艺中，具体一座建筑基座的定位放线称为"撂底盘"。

第一步是先根据台基的总尺寸确定建筑的位置，再在台基位置四周砌筑放线用的"海墙子"或下木"龙门桩",钉"龙门板"(以后者为例)。龙门板的上皮标高要与台明的标高一致(图4-26)。

第二步是根据建筑在总平面中的位置确定面阔和进深的中轴线。把横纵中轴线的两端点钉在龙门板上,并用笔标注清楚。

第三步是依据建筑横纵中轴线和柱子的横纵中轴线位置,确定各个墙身的"内外包金""山出"和"下出"线的位置,以及基础开槽压线位置(墙身开槽线宽为墙厚的2倍)。把这些线的两端点钉在龙门板上,并用笔标注清楚。

在开槽并夯实基础后,还要在龙门板上再仔细核对横纵各个轴线和墙身内外包金边、山出和下出线位置,并用笔标注清楚。

之后要把需要的点用线坠引至夯土层表面,并随着基础的砌筑,逐次把所需要的点引至墙体基础上,随之画出标记。根据这些标记码磉、包砌台明和安装柱顶石等。每步完成后应拉线与龙门板上的标准点复核检查。

一般建筑基础开槽深度要依土质情况而定,并且应在冰冻线以下(北京地区约1米)。

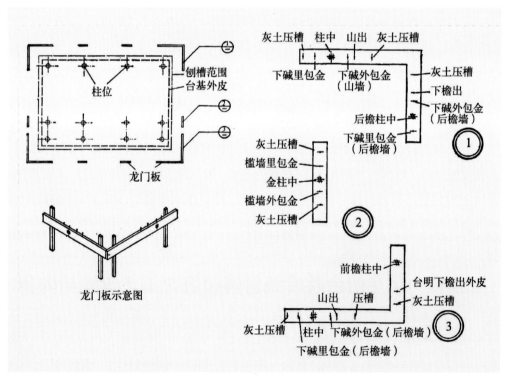

图4-26 龙门板与龙门桩示意图

二、开挖基槽与夯实

开挖基槽与夯实属于"土作"工程做法范畴。

第一步是把龙门板上的开槽压线引到地面，用撒石灰线的方法标示，然后开挖基槽。基槽最底层的做法为灰土夯实，一般采用"小式大夯灰土做法"，每夯一层叫"一步"，至少夯三层，夯实以后的厚度均为 15 厘米。

第二步是用碨（wò）或夯将开挖的槽底原土拍实。

第三步是铺 25 厘米厚的灰土（夯实以后的厚度为 15 厘米），并用灰耙搂平。灰土是用水泼后的生石灰和黄土过筛拌匀，生石灰与黄土配合比为 3∶7。

第四步是用双脚把虚土踩牢。

第五步是打头夯。每个夯窝之间的距离间隔为 3 个夯径的尺寸。每个夯位至少夯打 3 次（"劈夯"），至少其中的一次要把木夯举过头顶。

第六步是打二夯、三夯、四夯。打法均同头夯，但位置要交叉。

第七步是"剁埂"。即将夯窝之间挤出的土埂用夯打平。

第八步是"掖边"。即高夯斜下，冲打沟槽边角处。

第九步是用平锹将灰土找平。

第十步是把以上打夯的主要程序反复 2 ～ 3 次。

第十一步是"落水"。即在夯槽内均匀泼洒清水。

第十二步是打高碨。当槽内灰土不再粘鞋时，即可打高碨。为了防止湿土粘连夯底，应在灰土表面撒上干土或砖面。打高碨两遍，使八人碨。

以后每一层都照此程序夯筑。第二层铺灰土 22 厘米，第三层铺灰土 21 厘米。最后一层灰土可加一次"颠碨"。小式大夯灰土有"三夯两碨一颠"之说。

三、码磉与包砌台明

码磉与包砌台明属于"瓦作"和"石作"工程做法范畴。基槽夯完后就可以开始"码磉"与"包砌台明"。之前要仔细校验横纵各个轴线和墙体的内外包金、山出和下出线的位置（与之前的定位放线步骤互有交叉）。

第一步是"码磉墩"和"掐砌拦土"。顺序是先码磉墩后掐砌拦土，也可以将磉墩和拦土连在一起，一次砌成；之后便可在最外侧拦土和磉墩的外侧包砌"台明背里"。一般是将拦土和台明的背里部分连成一体，一次砌成，称为"码磉"。

第二步是包砌台明最外层的石料。砌筑灰浆为过筛的泼水生石灰制浆后加4%麻刀。为了增强台明整体的稳定性，按照陡板石的宽度，应在土衬石上凿出一道浅槽，陡板石可埋在槽内，称为"落槽"。

陡板石是台基石活的第二层，它的外皮与上层阶条石外皮在同一直线上。其上端可做榫，装在阶条石下面的榫窝内。其两端也要做榫，用以互相连接并与埋头角柱连接。

四角埋头与陡板石的交接面上也应凿做榫窝，以便和陡板石很好地固定。

第三步是安装柱顶石（"柱础"）。柱顶石的安装最好是先垫稳定后再灌生石灰浆。灌浆以后可用一些生铁片塞入缝内，以增强灰浆的抗压能力。石活做完后要用大麻刀灰勾缝。

四、安装大木屋架

安装大木屋架属于"大木作"工程做法范畴。在砌墙前要先安装大木屋架（或部分同时进行）。大木"下架"安装应从明间金柱开始，遵循先内后外、先下后上的原则。

第一步是从明间往两侧立柱，随后安装随梁和下金枋。待用丈杆检验进深与面宽尺寸无误后，将枋子等榫卯缝隙内钉入木楔子。再待柱头端检校尺寸完成后用撬棍或"推磨"的方法拨正柱脚，使其与柱顶石的十字中轴线对齐。

第二步用"戗杆"上端与柱头绑牢，待用铅垂线把柱子吊正后，在进深方向用"迎门戗"、在面阔方向用"龙门戗"固定柱子。可以通过打撞板、倚石片、糊泥等方法保证并检验柱子下脚不移动。如果柱子做"掰升"，柱底朝内要提前削出一定角度的小斜面。

山墙位置的木屋架结构中有山柱，山面木屋架构造与明间的稍有区别，这部分屋架的安装要随明间木屋架遵循同层构件同步安装的原则（图4-27）。

第三步是安装外檐构件。安装时，先插好穿插枋，后安装檐枋，再将抱头梁与檐柱中线及上下对齐安装，之后安装檐垫板，校核尺寸后，装檐檩。

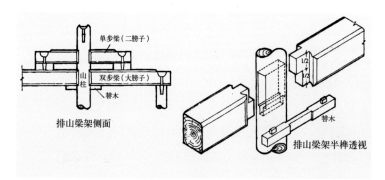

单步梁（二勝子）
山柱
双步梁（大勝子）
替木
排山梁架侧面

1/2
1/2
替木
排山梁架半榫透视

图4-27 排山梁架

待这一层构件全部架装齐全后还要校验。

第四步是安装"上架"。也是从明间金柱开始，先内后外、先下后上。先安装五架梁，随后安装下金垫板和下金檩。

待这一层梁架全部架安装齐并校验后，再从明间开始依次安装金瓜柱、上金枋、三架梁、上金垫板、上金檩。

待二层梁架全部装齐并校验后，再从明间开始依次安装角背、脊瓜柱、脊枋、脊垫板、脊檩。

第五步是待以上所有大木构件安装完后再校一遍顺直，最后用"涨眼料"堵住"涨眼"（为便于插装，上部特意开大的榫眼部分），使卯榫固定、大木屋架稳固。

第六步是安装檐椽。先在建筑一面的两端及中间适当的位置钉几根椽子，挂线定位。然后两个人一组安装檐椽，下面一人扶住椽头，上面一人在下金檩上的定位线上钉椽子。待所有椽尾钉完后校正椽头位置，并开始钉小连檐。小连檐距椽头留出 1/4 椽径的"雀台"距离。待小连檐钉完后，再把椽头钉牢在檐檩上。

第七步是待椽子钉完后铺钉椽头望板。椽头望板左右之间的"顶头缝"要保证在椽子中心，每铺钉 50 ～ 60 厘米宽时，望板头接缝在前后要错开几当椽子。

第八步是在望板进深方向上铺钉好一定宽度后钉飞椽，同时继续铺钉望板。与钉檐椽的方法基本相同，飞椽与檐椽要上下对齐，待所有飞椽尾部钉完后校正椽头位置并开始钉大连檐，大连檐距飞椽头也要留出 1/4 椽径的"雀台"距离。待大连檐钉完后，用两个钉子把飞椽与下层望板和檐椽共同钉牢。

第九步是安闸挡板，钉飞望板、尾望板。瓦口木要待排好瓦当后再制作安装。

五、砌筑墙身

砌筑墙身属于"瓦作"工程做法范畴。北京四合院传统民居建筑中，重要房间墙体最高级的是采用小亭泥砖的"干摆墙"，首先要把砖砍磨成"五扒皮"和"膀子面"砖的形式（图 4-28）。

第一步是将台明清扫干净后用墨

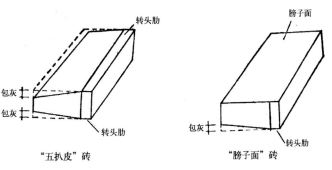

图 4-28 "五扒皮"砖和"膀子面"砖

线弹出下碱墙的位置。按照五面磨棱的"五扒皮"砖的规格和砖缝的位置进行试摆（下面先不加麻刀灰）。

第二步是拴定位线。在墙两端拴的两道竖线称为"拽线"，拽线之间再拴两道横线，下面的叫"卧线"，上面的叫"罩线"。在后面的"打站尺"后要拿掉罩线。

第三步是做"衬脚"。即在正式摆砌前还要用中麻刀灰将砌墙的位置抹平。

第四步是在抹好衬脚的台明上进行摆砌。贴着内外包金的边缘砌筑两排砖，砖的立缝不挂灰。"五扒皮"砖里口的斜面要用石片垫在下面，称为"背撒"，砖立缝内侧的斜面处要加"别头撒"。干摆下碱墙内外两排砖之间还要注意加"暗丁"砖连接，以增强砖墙的整体性。

第五步是"打站尺"。即用平板检验砖的外皮以及上下棱是否平直。

第六步是"填馅"。即在内外两皮砖之间用糙砖填充。

第七步是分三次在内外皮砖之间灌生石灰浆。第一和第三次浆要较稀，第二次浆较稠。

第八步是"抹线"。即在灌浆后用刮板刮去糙砖上层的浮浆，然后用中麻刀灰将灌过浆的地方抹住。

第九步是"剎趟"。即用"磨头"将内外皮砖上棱高出的部分磨平，目的是摆砌下一层砖时能严丝合缝。

以后的步骤是逐层摆砌。除不需要再"打站尺"之外，砌法同上。要注意"上跟绳，下跟棱"，即砖的上棱以卧线为标准，下棱以底层砖的上棱为标准。砍磨得比较好的砖棱朝下，有缺陷的砖棱朝上，待"剎趟"的时候磨平。

干摆墙砌法也可以用"一层一灌、三层一抹、五层一蹲"概括，即每层都要灌浆，但可隔三层抹一次线，摆砌五层以后可适当搁置一段时间再砌。

最后一层下碱砖之上需要"退花碱"，要使用只四面磨棱的膀子面砖砌筑，以保证下碱砖的上面是水平面。

需要强调的是，埋在墙内的柱子里侧应填充一些碎瓦片，形成空气隔层，在后檐墙柱子的底部最好砌一块镂空的"花砖"作为透气孔，可延缓墙内柱子受潮腐朽。同时埋在墙内的柱子最好也做防潮处理，传统的方法是把这些部位用火烧一下，烧死可能有的蛀虫、虫卵、霉菌等，并形成薄薄的防潮炭层。

之后的步骤是砌筑墙体的"上身"部分。墙上身砌法可以与下碱砌法相同，但关键部位的砌筑应注意以下几点：

其一，山墙"山尖"里皮线在梁以上部分，瓜柱之间的矩形空当称为"山花"，瓜柱与椽子之间的三角形空当称为"象眼"。室内有顶棚时，山花与象眼里皮砖位置应在柱子中线位置上。砖墙不完全覆盖山尖部位的木结构，有利于防潮湿糟朽（图4-29）。

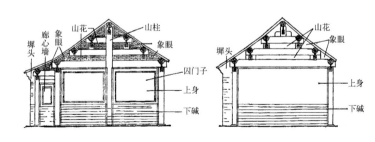

图4-29　山墙内侧剖立面图

其二，由于山尖呈三角形，所以每砌一层砖墙的两端都应比下一层砖墙退进若干，即"退山尖"，并要在上面留出两层拔檐砖和博缝砖的位置。不仅如此，每层砖的两端还要砍成外侧为斜面的"砖找"后再砌筑，即"敲山尖"。"退山尖"和"敲山尖"的准确性是决定山墙顶部柔美程度的关键。

其三，砌完拔檐砖后要用中麻刀灰将砖檐的后口抹严，这是增强山墙防水性和砖檐与山墙整体性的关键，称为"苫小背"。

其四，在拔檐砖之上的博缝砖后面应砌几层"混水砖墙"，称为"串金刚墙"。金刚墙应比博缝砖略低，砌好后也要在上面抹严一层中麻刀灰。

其五，博缝砖砍磨合适后，先稳在拔檐砖上和金刚墙旁，用钉子钉在椽子上，再用铅丝（现用铜丝）把钉子和博缝砖上的"揪子眼"（从砖上沿连通后面45度的小孔）连接起来。之后灌浆并用中麻刀灰把上口抹平，即"苫小背"。

其六，在博缝砖上砌一层"披水砖"檐。披水砖前后两端的出檐应与屋顶瓦檐出檐一致。在山墙外侧的出檐不应小于披水砖宽度的1/2。砌完披水砖后也应在后口"苫小背"。

其七，埋在墙内的柱子里侧也应填充一些碎瓦片，形成空气隔层。

其八，天井盘头的外形与砍砖的规格都比较复杂，安装的关键是正确计算和制作荷叶墩、混砖、炉口、枭砖和戗檐砖的构件。

一般荷叶墩出挑尺寸不大于1.5寸；混砖出挑尺寸为0.8～1.25倍砖本身厚度；枭砖出挑尺寸为1.3～1.5倍砖本身厚度；炉口出挑尺寸不大于0.6寸。其中的混砖、枭砖、炉口可以用一块整石头雕成"挑檐石"，其厚度不大于5寸，出挑尺寸为其本身厚度的1.2倍。挑檐石在山墙上的长度要一直达到"下金檩"外皮；二层盘头共挑出尺寸为0.33倍砖厚。

从建筑的山面看，屋面最上边为"披水梢垄"，往下依次为披水砖、博缝砖、二层拔檐（砖）和头层拔檐（砖）。博缝砖的高度尺寸为 6 ~ 7 倍的椽径尺寸。正面戗檐砖高等于博缝砖高尺寸，宽为墀头上身宽加两层山墙拔檐尺寸，再减去博封砖在拔檐砖上所占的尺寸。

其九，干摆墙砌好后的打点修理：

第一步是用磨头将砖与接缝处高出的部分磨平，称为"墁干活"。

第二步是用砖面灰将砖上残缺部分和砂眼填平，称为"打点"。

第三步是用磨头蘸水将打点过的地方和墁干活的地方磨平，再蘸水把整个墙面揉磨一遍，以求得色泽和质感一致，称为"墁水活"。

其十，室内下碱墙面以上部分一般抹"白活"（假设内墙也做"退花碱"），即在钉麻或压麻并浇湿的墙面上，用大铁抹子抹白色大麻刀灰膏打底，然后用大铁抹子或木抹子照同种灰搓平并赶轧平整，最后用小抹子反复赶轧压光。

六、宽瓦

"宽瓦"属于"瓦作"工程做法范畴。四合院传统建筑正房屋面一般采用"合瓦屋面"和"清水屋脊"。在宽瓦前的准备工作中首先要"审瓦"，即挑拣出有缺陷或尺寸不一的瓦弃用。另外还有许多准备或基础工作要做。

宽瓦之前要"分中"和排瓦当。前者就是在檐头找出整个房屋横向中点作为宽一趟底瓦的中线并做出标记；后者是确定中间一趟底瓦和两端瓦口之间赶排瓦口。瓦口的位置确定后，制作"瓦口木"并钉在连檐上。注意：瓦口木也要退雀台，即应比连檐略退进一些。

宽瓦之前还要有"苫背"工序，即在望板上打多层底灰和底泥。

苫背的第一步是先在木望板上抹 1 ~ 2 厘米厚的月白大麻刀灰作为护板灰。

第二步是在护板灰上抹滑秸泥背 1 ~ 2 层。每层厚不超过 5 厘米，并用"杏儿拍子"拍实，时间应在泥背干至七八成时进行。

第三步是在泥背上苫 2 ~ 4 层月白大麻刀灰。每层灰背的厚度不超过 3 厘米。每层苫完后要反复赶轧坚实后再苫上一层。

第四步是抹 1 层青灰背。青灰背也用月白大麻刀灰，但要反复刷青浆和轧背，刷浆和赶轧的次数不少于"三浆三轧"。

第五步是待青灰背干至七八成时，在其上"粘麻打拐子"，即用梢端呈半圆形的木棍在灰背上打出五个一组的梅花状浅窝。在屋面的"下腰节"部分要"隔五一打"，"中腰节"部分"隔三一打"，"上腰节"部分"隔一一打"。每组拐子之间要粘麻，待宽瓦时把麻翻铺在底瓦泥上，以增强挂泥的牢固程度。因为越往上屋面坡度越陡，所以粘麻要越密（图4-30）。

第六步是在脊上抹扎肩灰。抹扎肩灰时应拴一道横线，作为两坡扎肩灰交接的标准位置。两坡扎肩灰各宽30～50厘米，上面与线为准，下脚与灰背抹平。在抹扎肩灰时要同时插入正脊位置的"扎肩瓦"和"压肩瓦"。

苫背全部结束后要适当"凉背"，目的是防止木望板等受潮糟朽。灰背之上为宽瓦泥，用宽瓦泥固定瓦块。

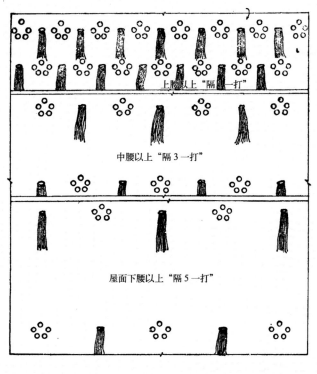

上腰以上"隔一打"

中腰以上"隔3一打"

屋面下腰以上"隔5一打"

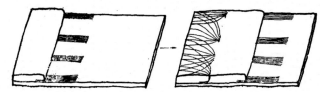

图4-30　粘麻打拐子示意图

正式宽瓦的第一步是"号垄"。即将各垄盖瓦的中点平移到屋脊扎肩灰背上，并做出标记。

第二步是在前后坡两端边垄位置拴线。

第三步是宽左右边垄。即在前后坡两端各宽两趟底瓦和一趟盖瓦，同时要做好披水檐和梢垄（最外边的瓦垄）。梢垄的举折弧度要紧随屋面的举折弧度。

宽底瓦时，要先在檐头打掺熟石灰的底瓦泥，厚度一般为4厘米左右。泥上还要泼白灰浆，称为"驮背灰"。然后从下边花边瓦（带瓦当的瓦，又称"滴水"）开始往上逐次宽瓦，花边瓦的瓦当根部卡在瓦口木的凹口处。上层底瓦与下层底瓦搭接处要粘稀白灰浆。底瓦应凸面朝下、窄头朝下，搭接密度为"压六露四"。

宽好底瓦后，要将底瓦两侧的泥顺瓦棱用瓦刀抹齐，不足之处要用泥补齐，称为"背瓦翅"。在底瓦与垄间的缝隙处要用大麻刀灰或泥塞严塞实，称为"扎缝"。

宽盖瓦时，要先在檐头打盖瓦泥，泥上泼白灰浆，然后将花边瓦（带瓦当的瓦，又称"勾头"）粘好"瓦头"，并从花边瓦开始往上逐次宽。上层盖瓦与下层盖瓦搭接处要粘月白灰浆；盖瓦与底瓦相反，凸面向上、窄头朝上，搭接密度为"压六露四"。盖瓦应该比底瓦小一号，宽瓦泥也应该稍硬。

盖瓦边缘与底瓦距离即"睁眼"高度约为 4 厘米。瓦垄与脊根"老桩子瓦"的搭接要严实。

第四步是大面积宽瓦。做法与上述相同，只是要以两端边垄"熊背"为标准，在正脊、中腰和檐头位置拴三道横线，依次称为"齐头线""腰线""檐口线"，作为整个屋顶瓦垄的高度标准。

大面积宽底瓦前还要"开线"，即先在齐头线、腰线和檐口线上各拴一根短铅丝，俗称"吊鱼"，其长度根据线到梢垄底瓦翅的距离而定。然后按照排好的瓦当和脊上号垄的标记拴"瓦刀线"，把线的一端拴在一个插入泥背中的铁钎上，另一端拴一块瓦吊在房檐下，其高低应以"吊鱼"的底端为准。还要在瓦刀线的当中绑几根插入泥背中的钉子来调整举折。底瓦的宽瓦泥的厚度以瓦刀线为准。同样，在宽盖瓦时也要拴瓦刀线，盖瓦的瓦刀线拴在瓦的右侧。

宽完盖瓦后应在搭接处用素灰勾缝，叫"勾瓦脸"，并用刷子蘸水勒刷，叫"打水茬（chá）子"。

盖瓦两侧抹灰称为"夹腮"，盖瓦与底瓦之间的"睁眼"处要先用麻刀灰粗抹一遍，然后用夹垄灰细夹一遍。灰要堵得严实，并用瓦刀拍实，下脚与上口要垂直，与瓦翅相交处要随瓦翅的形状用瓦刀背好，并用刷子蘸水勒刷，最后反复刷清浆和用瓦刀轧实轧光。在以上过程中要注意，盖瓦的表面尽量少粘灰。

七、做屋脊

做屋脊属于"瓦作"工程做法范畴。清水脊屋顶的瓦垄可分为"高坡垄"和"低坡垄"两部分。低坡垄在屋顶的两端，只有两垄盖瓦和两垄底瓦。低坡垄上的正脊即"小脊子"不如高坡垄上的正脊高。高坡垄的正脊层数较多，做法也比较复杂，是清水脊的主要部分。整条正脊的做法分为"调低坡垄小脊"和"调高坡垄大脊"两部分（图 4-31）。

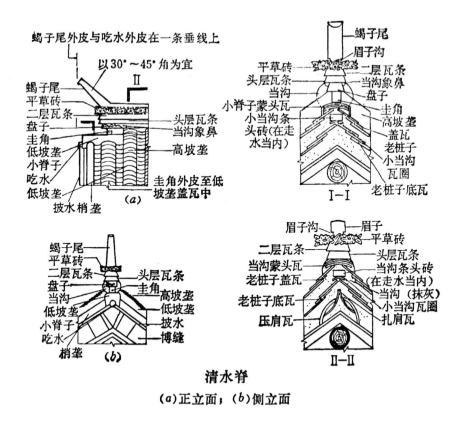

清水脊

（a）正立面；（b）侧立面

图 4-31　清水脊立面与剖面示意图

调低坡垄小脊的第一步是将檐头两端分好的两垄底瓦和两垄盖瓦中点平移到脊上，并划出标记。

第二步是放掺灰底瓦泥，宽两垄"老桩子底瓦"，每垄三块并"抱头"。

第三步是放掺灰盖瓦泥，并宽"老桩子盖瓦"，梢垄的盖瓦要全部用筒瓦。

第四步是在底瓦垄砌"条头砖"，与盖瓦找平。在盖瓦和条头砖上砌两层板瓦，凹面向下横放，称为"蒙头瓦"，按十字缝（搭缝）砌。外口砌至梢垄外口。砌好后用麻刀灰将蒙头瓦和条头砖抹好，即抹低坡垄小脊子。

调高坡垄大脊的第一步是将掺灰盖瓦泥在"扎肩瓦"和"压肩瓦"两侧抹一层"扎肩泥"，扎肩瓦顶部是高坡垄宽瓦的起点。

第二步是将檐头分好的盖瓦中点平移到脊上，并划出标记。

第三步是沿低坡垄小脊子中线，靠里侧砌放"鼻子"或"圭角"及"盘子"。鼻子或圭角外侧须与低坡垄里侧盖瓦中心在一条垂直线上。盘子比鼻子或圭角再向外出檐，出檐尺寸为鼻子宽度的 1/2。两端的鼻子和盘子要拴通线，按线砌放。

第四步是在高坡垄扎肩泥上放"枕头瓦"和"老桩子底瓦"，并以麻刀灰"抱头"，再用麻刀灰扣放"瓦圈"，将两坡"老桩子瓦"卡住。

第五步是铺盖瓦泥，在前后坡宽"老桩子盖瓦"，盖瓦也应"抱头"。在底瓦垄瓦圈上砌放一块"条头砖"，卡在两垄盖瓦中间。在条头砖和"老桩子盖瓦"上铺灰，砌两层"蒙头瓦"。蒙头瓦应砌十字缝，并与"盘子"找平。蒙头瓦及条头砖的两侧要抹大麻刀灰，待最后修成筒瓦形状或三角形（荞麦棱）并刷浆赶轧。

第六步是在"盘子"和蒙头瓦上拴线砌两层"瓦条砖"。瓦条砖的出檐为本身厚度的1/2。四周统出交圈。如无瓦条砖，可用板瓦代替，但两层中间要垫一层（不出檐），以便抹灰做"软瓦条"。

第七步是在高坡垄大脊的两端瓦条砖之上砌放"草砖"。"草砖"有"平草""跨草""落落草"之分（本做法以前者为例）。平草为二或三块方砖透雕成平草砖后相连组成。在平草的中心位置要剔凿平行四边形斜孔洞，其坡度与蝎子尾坡度相同。外侧第一块方砖要雕三面，即从脊的侧面看也要有花饰，这块砖叫"转头"。平草砖每侧出檐应为脊宽尺寸。转头出檐一般应至梢垄里侧底瓦中心。

第八步是在两端平草砖之间拴线砌一层"圆混砖"。圆混砖与平草砖砌平。混砖出檐为其半径尺寸。平草砖和混砖之间用灰填满抹平。

第九步是将"蝎子尾"插入平草砖上预留的方孔内。蝎子尾勾外侧应与小脊子外侧的吃水外侧在一条垂直线上，角度以30～45度之间为宜。在实际操作中，往往用一根木棍儿支在蝎子尾的勾头与小脊子之间，做好蝎子尾后再撤去。最后用碎砖和灰将方孔砌实塞严，以压住蝎子尾。两端蝎子尾应在一条直线上。

第十步是在两端蝎子尾之间拴线，用灰砌放一层筒瓦，并用大麻刀灰抹"楣子"，同时用筒瓦和大麻刀灰在蝎子尾上做成楣子形式。

第十一步是打点活。即修理低坡垄小脊子和高坡垄当沟。在当沟两端与盘子相交的地方用灰抹成"象鼻子"。抹"象鼻子"从高坡垄外侧盖瓦外棱开始，抹至低坡垄里侧盖瓦里棱。

第十二步是刷浆。楣子、当沟、小脊子刷烟子浆；檐头用烟子浆绞脖；混砖、盘子、圭角、草砖等刷月白灰浆；其余瓦面可以刷青浆。

清水脊屋面的垂脊部位只用梢垄，而不用其他做法。即清水脊的两山部位只用"披水梢垄"做法。山尖的式样（山样）必须为尖山。山尖前后坡披水砖相交处应放1块10号筒瓦"猫头"，盖住两坡披水砖的接缝。这块"猫头"称为"吃水"（图4-31）。

八、室内墁地

室内墁地属于"瓦作"工程做法范畴。四合院较重要建筑的室内和廊下地面一般采用方砖墁地面，做法如下：

第一步是垫层处理。即用素土或灰土夯实作为垫层。

第二步是按设计标高抄平。室内要在四面墙上弹墨线，标高应以柱顶石的方盘上棱为准。廊心地面应向外做一定坡度的"泛水"。

第三步是在室内正中拴十字轴线，以确定在室内地面前后左右的正中是一块完整的方砖。

第四步是"冲趟"。即在室内开间方向的两端及正中拴"拽线"，室内开间的正中是拴两道"拽线"。然后在进深方向各墁 1 趟砖（共 3 趟）。注意：砖的趟数必须为单数，如有"破活"需要打砖时，应尽量安排在两侧和里端。前面的十字轴线在冲趟中撤去。

在墁砖时泥不要抹得太平太足，应打成"鸡窝泥"。砖要平顺，缝要严密。然后是"揭趟"、浇浆，即将墁好的砖揭下，在泥的低洼处做适当的补垫，再在泥上泼白灰浆。之后是上缝，即先在砖的两肋用麻蘸水刷湿，必要时可用矾水刷棱。用"木宝剑"在砖的侧面砖棱处抹上油灰，再把砖重新墁好。然后手执碥锤，木棍朝下，以木棍在砖上连续戳动前进，将砖戳平戳实。缝要严，棱要跟线。再后是"铲齿缝"，又叫"墁干活"，即用竹片将砖表面多余的油灰铲掉，也叫"起油灰"。之后用磨头将突起的砖棱磨平。最后是"刹趟"，即以拽线为标准进一步检查砖棱，如有多出，用磨头磨平。

第五步是"样趟"并大面积墁砖。即在拽线间拴一道"卧线"，然后以卧线为标准按上述方法在与冲趟砖水平、垂直的方向上逐次墁砖。

第六步是"打点活"。即在砖全部墁完后，砖面上如有残缺或砂眼，用"砖药"打点齐整。

第七步是"墁水活"并擦净。对于还有突出的地方用磨头蘸水磨平。磨平之后应将地面全部蘸水揉磨一遍，然后擦拭干净。

第八步是室内地面"钻生"。即在地面完全干透后，在地面上倒 3 厘米厚的生桐油，并用灰耙来回推搂。浸泡时间最好以不再往下渗桐油为准。

第九步是起油。即把多余的生桐油用厚牛皮刮去。

第十步是"呛生"，也称"守生"。即在生石灰面中掺入青灰面，拌和后的颜色以砖的颜色为标准。然后把灰撒在地面上，厚度约 3 厘米，2～3 天后即可刮去。

将地面扫干净后用软布反复擦揉地面。

九、安装槛框与门窗

安装槛框与门窗等属于"小木作"工程做法范畴。明间小木作安装的第一步是先安装下槛。要先根据两柱间净距离定出下槛露明长度，并按柱子外缘弧度让出下槛的"抱肩"，剔除与柱顶石相抵部分。然后在下槛两端贴外皮做双"倒退榫"，中间剔"夹子"。夹子的剔凿深度要超过柱间净距线，并且超长的尺寸要大于另一端榫子的长度。下槛两端榫子也不能等长，长榫比短榫要长一倍以上。最后按榫子长度在柱子相应部位凿卯眼，并在之上多凿出涨眼。

安装时，先在一侧的柱子上顶着卯眼的上端（涨眼位置）插入下槛的长榫，然后将另一端榫子对准卯眼，向反方向拖回，使短榫一端入卯眼。位置校正后将下槛落地，并将长榫一头夹子部分的空隙和柱子上的涨眼用木块挤塞严实（图4-32）。

第二步是安装上槛。上槛与下槛的安装方法基本相同，只是在两侧柱子上的卯眼位置无须多凿出涨眼。

第三步是安装长抱框。要在柱子上栽2～3个内窄外宽的"搙子榫"，并在抱框对应位置凿出下面带涨眼的卯眼，卯眼形状对应搙子榫，外窄内宽。安装时，长抱框先贴着柱子往上抬一点，榫子与卯眼的涨眼对齐后往下拉抱框合位即可。另外，抱框与下槛相交处要做半榫连接（图4-33）。

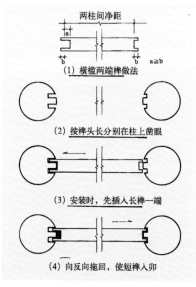

图4-32 下槛倒退榫安装示意图

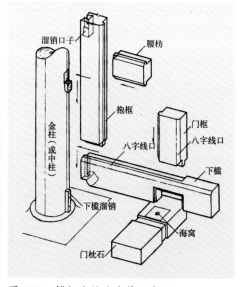

图4-33 槛框溜销法安装示意图

第四步是安装中槛。中槛与下槛的安装方法基本相同。长抱框与中槛相交处也要做半榫连接，所以在柱子上相对应于中槛倒退榫位置的卯眼之上也要加涨眼。安装时，榫子是顶着涨眼的顶端插入卯眼，左右位置对准后往下落中槛，同时使中槛与长抱框的半榫合位。

第五步是安装短抱框和横陂间框。它们的安装方法比较简单，可以用水平"溜销法"安装（图4-34）。

第六步是安装连楹。其长为中槛加两端"捧柱碗口"宽尺寸，进深方向长为中槛宽的2/3，厚为进深长的1/2。可以用铁掐子固定在中槛上。下面的单楹和连二楹一般为石制，卡在下槛的下面，可在铺地面时安装，称为门枕石。

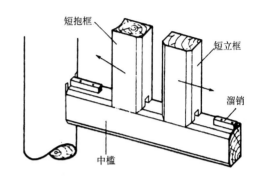

图4-34 横陂槛框溜销法安装示意图

为了解决隔扇门容易漏风的问题，一般在室外的中、下槛间加装帘架和"哑巴槛"，在帘架内装风门、横陂、余塞和楣子。

帘架可以用铁质帘架掐子安装在横槛上。风门上可以装合页开启。冬天在隔扇门与风门之间还可以挂门帘。

如果次间窗户的上部也有横陂，那么榻板和槛框的安装方法就与明间槛框的安装方法基本相同了。

次间的窗户一般采用支摘窗。支摘窗都做成内外两层，位于上面的支窗外层为棂条窗，装玻璃或糊高丽纸，内层罩纱屉。下面的摘窗外层也为棂条窗，装玻璃或糊高丽纸，内层一般做固定的玻璃屉子，也可以糊高丽纸或罩纱。

后来的支摘窗都简化为一层，下面的摘窗固定，装玻璃。上面的支窗也固定，冬天在棂条内侧糊高丽纸，夏天罩纱布，也叫冷布。再在内侧粘上用高丽纸和秫秸秆做成的卷帘，高丽纸卷帘的上边粘在窗棂上，下边糊在秫秸秆上，秫秸秆"滚轴"用细绳绷在窗棂上。在晚间或雨天天凉时可以放下卷帘。

十、髹（xiū）漆与绘制彩画

髹漆和绘制彩画分别属于"油漆作"和"彩画作"工程做法范畴。木构件在髹漆和绘制彩画前要对木构件表面进行处理，称为"地仗做法"，最常用的为"一麻五灰"

工艺。

第一步是先在木构件上剁小斧痕，有裂缝的地方要间隔地钉入竹钉并嵌麻，然后用"满"加"血料"和水调合而成的汁浆刷底。

第二步是用"满"加血料加砖灰调成的"捉缝灰"嵌缝打底、晾干、打磨。

第三步是刮"扫荡灰"、晾干。

第四步是先刷"粘麻浆"，再在垂直木纹方向裹麻丝，晾干后再打磨裹麻层。

第五步是刮"压麻灰"，晾干后打磨。

第六步是刮"中灰"，晾干后打磨。

第七步是刮"细灰"并修补缺陷，晾干后打磨。

地仗做好后便可以在木构件上刷漆和绘制彩画，刷漆又称"油皮工艺"，一般为三至五道，除最后一道罩漆外，每道漆干透后都应该打磨。

普通四合院民居建筑只能用苏式彩画，绘制的第一步是先按1：1的比例在牛皮纸上起稿。

第二步是"打谱"。即把画稿铺在木构件上，并用针沿着画线扎出密排的小孔，之后用粗布（豆包布）包裹白粉在画稿上拍打，使白粉通过小针孔印到木构件上。

第三步是"沥粉"。即打好谱后，用调好的沥粉放在漏斗形的挤粉器内，依粉线沥粉，即沿粉线挤出隆起的线条。

第四步是彩画。即等沥粉线干硬后在空当处上色起晕、绘画，一般自上往下、先绿后蓝。

如果有金线，还要在沥粉线上涂胶、刷贴金胶油、贴金箔，最后是勾墨线和白线轮廓。

第五章

北京四合院传统营造技艺的技术
形态与实践形态内容补遗

第一节　建筑平面布局部分

在前面所阐述的北京四合院民居建筑的"标准模型"中，四合院假设坐落于东西走向胡同的正北面，依据风水内容要求，大门大致开在整座院落南墙的东端。其他方位的院落，一般大门的位置安排如下：

如果四合院坐落在东西走向胡同的正南面，依据风水内容要求，大门一般会安排在近于整座院落北墙的西端，即门楼与正房连在一起，位于正房的西侧，在正房不带耳房的情况下，门楼一般正对着西厢房的北侧山墙。

如果四合院坐落在与东西走向胡同垂直的南北小巷的东侧，依据风水内容要求，大门一般会安排在近于整座院落西墙的西南端，门楼与倒座房的西山墙相对。

如果四合院坐落在与东西走向胡同垂直的南北小巷的西侧，依据风水内容要求，大门一般会安排在近于整座院落东墙的南端，门楼与倒座房的东山墙相对。

也有一些四合院虽然坐落在与东西走向胡同垂直的南北小巷内，但因院落中南北向的房子较多，如有三排，那么大门也可能会因地制宜地安排在近于院落东墙或西墙的正中，门楼一般正对着中间一排房子的山墙。

第二节　建筑构造设计部分

一、基础构造设计部分

在北京四合院民居建筑中，基槽底层做法除了分层夯筑 3∶7 灰土外，还有一种做法是在基槽内填碎砖压实，然后灌入石灰浆打实，之上再完成码磉墩和掐砌拦土等做法。

二、大木屋架设计部分

在北京四合院民居建筑中，大木屋架横向连接与支撑构件，以檩、垫板、枋"三位一体"为标准做法或曰组合，这种组合方式既可增强屋架横向的连接性、增加屋架整体的稳定性，又可避免因屋面重量造成的檩向下塌陷的弯曲变形，进而使屋面变形甚至漏雨。但因很多建筑的开间并不大，做檩的木料又不会太细，所以很多建筑大木屋架横向连接的构件只有檩而不加垫板和枋。

三、墙身设计部分

在北京四合院民居建筑中，最高级细腻的墙身为通体干摆墙身，即"干摆到顶"，干摆墙身最形象通俗的名称就是"磨砖对缝"。但大多数四合院民居建筑一般只在墙身下碱部位使用这一做法，墙体上身可使用"丝缝墙"做法。建筑的墙身做法还有"淌白墙"（又分为"淌白缝子""普通淌白墙""淌白描缝"三种）、糙砖墙（又分"带刀缝"和"灰砌糙砖"两种）和碎砖墙等做法，造价也更低。所以一般墙身的组合方法还有下碱用干摆墙做法，上身的四角为丝缝墙做法，墙心为淌白墙做法；下碱为丝缝墙做法，上身为糙砖墙做法；下碱为丝缝墙做法，上身四角为糙砖墙做法，内心或背里用碎砖墙做法；下碱及上身四角用糙砖墙做法，上身的内心或背里用碎砖墙做法，等等（图5-1）。

四、屋面与屋脊设计部分

在北京四合院民居建筑中，最高级的屋面为"合瓦屋面"做法，即一正一反的阴阳瓦屋面做法，屋脊采用清水脊。另外，还有"仰瓦灰梗屋面""干槎瓦屋面""灰背顶""棋盘芯屋面"等做法。

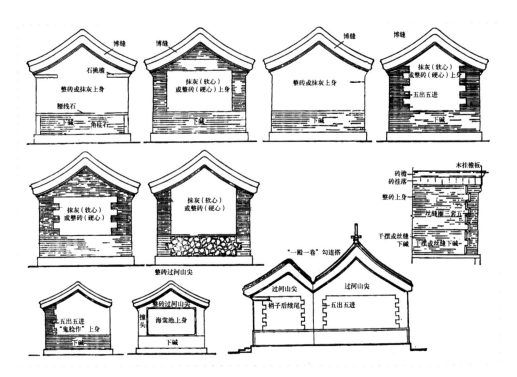

图5-1　各种山墙立面形式

仰瓦灰梗屋面在形式上很像筒瓦加板瓦屋面，但并没有筒瓦，只是在两垄底瓦垄之间用灰堆抹出形似筒瓦垄、宽约 40 毫米的灰梗。这种屋面不做复杂的正脊，最多为扁担脊。垂脊部位做边垄、梢垄和披水。

干槎瓦屋面的特点是没有盖瓦，瓦垄间也不用灰梗，瓦垄与瓦垄间巧妙地编在一起。正脊多做扁担脊，垂脊部位做边垄、梢垄和披水。这种做法更多见于河南及河北北部地区。

灰背顶屋面不用瓦覆盖，用灰背直接防雨。多用于盝顶、棋盘芯屋面局部、勾连搭屋面的天沟等部位。

棋盘芯屋面可以看作是在合瓦屋面的中间及下半部挖出一块，改作灰背或石板瓦顶，上面的合瓦垄称为"麦穗"。这种屋面的正脊一般做成"鞍子脊"或"合瓦过垄脊"，垂脊部分仅做边垄、梢垄和分间垄。

此外，还有小门楼、影壁、游廊和院墙上的 10 号"筒瓦加板瓦屋面"等做法。

鞍子脊一般也用于合瓦屋面正脊，因形似马鞍形而得名，但前后两坡的底瓦垄不相通（图 5-2）。

合瓦过垄脊一般也用于合瓦屋面正脊，可以看作是鞍子脊的简易做法，即前后两坡屋面的底瓦垄是相通的（图 5-3）。

扁担脊是一种简单的正脊，属于民间做法，因似扁担而得名。

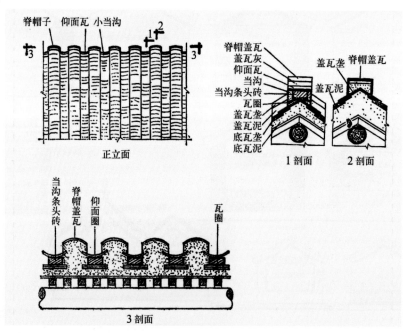

图 5-2　合瓦鞍子脊立面剖面示意图

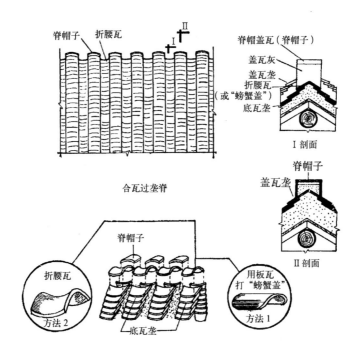

图 5-3　合瓦过垄脊立面剖面示意图

第三节　建筑做法部分

一、墙身做法

（一）丝缝墙身做法

丝缝墙身做法与第四章讲述的干摆墙身做法有许多相近之处，比如都要先摆砌砖墙的外皮砖，然后在内部用碎砖填馅和用桃花浆或生石灰浆灌灰浆等。本章内容不再介绍相同的部分，只介绍不同点（其余下同）：

（1）丝缝墙的砌筑要使用"膀子面"砖，膀子面砖（斜面）朝下使用。"乱干摆，细丝缝"，丝缝的摆砌做法更要细致。

（2）丝缝墙的砖与砖左右之间要抹老浆灰，有两种做法，一种是灰缝宽不超过 2 毫米，另一种是灰缝较宽，在 3 ～ 4 毫米之间。

（3）砌筑时，在砖墙露明外侧下面的砖棱上要抹上灰条，里面下面棱上要抹出两个小灰墩，称为"爪子灰"（相当于"背撒"）。砖两侧顶头缝（立缝）的外棱上也要抹上灰条，并且两侧内既可满抹灰条也可随意抹出灰墩，即"板凳灰"（相当于"别头撒")。相应位置抹灰墩的目的是方便流入所灌的灰浆。

（4）丝缝墙可以不做刹趟修整。

（5）砌好一皮砖后，为了确保灰缝的严实，还可以在这皮砖的外侧上棱处抹上薄薄的灰条。

（6）最后要做"耕缝"处理。工具为前端削成扁平状的竹片，或有一定硬度的金属丝做成的"溜子"。耕缝要在墁水活和冲水之后进行，灰缝如有虚空不齐之处，也要先打点补齐。耕缝时要用平尺对齐灰缝后贴在墙上，然后用溜子沿着平尺在灰缝处耕出缝子，先耕横缝后耕竖缝。

（二）淌白缝子墙身做法（仿丝缝墙身）

淌白缝子墙身做法与丝缝墙身做法近似，主要不同处为：

（1）所用砖料为"淌白截头砖"（细淌白砖），即用普通砖只铲磨一个面而不磨两端，砖的长度按照设计要求截取。

（2）砌筑墙身下部和中部时，好的砖棱朝上；砌筑墙的上部时（"抬头活"），好的砖棱朝下。

（3）砌完墙身后不用墁干活、墁水活和水冲，但要清扫。

（4）在耕缝之前，应用扁子把过窄的砖缝做"开缝"处理。

（三）普通淌白墙身做法

普通淌白墙身与淌白缝子墙身做法的不同之处在于：

（1）所用砖料既可以是"淌白截头砖"，也可以是"淌白拉面砖"（糙淌白砖），后者为普通砖只铲磨一个面或头，但不截头。

（2）灌浆前抹在砖棱上的灰条一般用月白灰，砖缝厚度一般在 4 ～ 6 毫米。

（3）墙身砌完之后既可耕缝也可"打点缝子"。后者是用瓦刀、小木棍、钉子等顺着砖缝镂划，然后用溜子将小麻刀灰、锯末灰或纸筋灰等塞进砖缝（可凹可平）。打点完毕后用短毛刷蘸少量清水顺着砖缝刷一下，即"打水茬子"。

（四）淌白描缝墙身做法

淌白描缝墙身与普通淌白墙身做法的不同之处在于：

（1）灌浆前抹在砖棱上的灰条要用老浆灰或深月白灰。

（2）墙身砌完后用毛笔蘸黑烟子浆沿平尺描缝。

（五）带刀缝墙身做法

带刀缝墙身与淌白墙身做法类似，也是先用瓦刀在砖上抹好灰条（"带刀灰"）摆砌，然后灌浆。不同之处在于：

（1）砖料不需铲磨，一般用开条砖或丁四砖。

（2）用月白灰或白灰膏抹灰条，灰缝宽 8 ～ 10 毫米。

（3）砌完后用溜子在墙缝处划出凹缝，深浅要一致。

（六）灰砌糙砖墙身做法

（1）墙身内外皮砖满铺素灰浆摆砌，灰缝厚 8 ～ 10 毫米。

（2）墙内芯碎砖缝隙处用白灰浆、桃花浆或江米浆灌浆。

（3）用小麻刀灰打点勾缝。

（七）碎砖墙身做法

（1）墙身内外皮碎砖满铺素灰浆摆砌，灰缝厚 8 ～ 10 毫米，顶头缝（立缝）不抹灰。与其他整齐墙身结合时要注意墙面退进少许（"退花碱"），如需抹灰，还要退进抹灰厚度。

（2）为了提高碎砖墙的质量，填馅砖与内外皮砖同层砌筑，咬拉结实，还要用灰浆做灌浆处理。

（3）墙身长每隔一米左右要用整砖在内外皮砖之间砌出丁字砖拉接。

（4）砌到梁底或檩底时，应"背楔"砌实，即最好用整砖斜砌顶在上述木构件下砌实。

二、屋面与屋脊做法

（一）仰瓦灰梗屋面做法

第一步是宽瓦。做法与合瓦屋面基本相同，但垄间缝隙（"蜻蜓当"）要小。

第二步是堆灰梗。即用大麻刀灰从上往下分两次堆出宽约 4 厘米、高约 5 厘米的灰梗。第一次用泼灰浆"堆糙"并赶轧实，干至六七成时再用煮浆灰仔细堆抹，要前后顺直。灰梗在剖面上的形状要上圆下直。

第三步是刷浆赶轧。当灰梗干至六七成时再次赶轧，每赶轧一次前都要先刷一遍青浆。

第四步是做屋脊。可在宽瓦和堆灰梗的时候一同做好。正脊可随屋面做法，前后坡瓦的接缝处反扣一块削去四个角的板瓦（"螃蟹盖"），脊的灰梗堆成状如过垄脊的形状。正脊也可做成扁担脊的形式。

第五步是刷浆提色。即整个屋面清扫干净后刷月白浆，檐头、屋脊和砖檐刷烟子浆。

（二）平屋顶的灰背顶做法

第一步是抹护板灰。即在木望板上用深月白麻刀灰抹 1 ~ 2 厘米厚的护板灰。

第二步是苫滑秸泥背。即在护板灰上苫 2 ~ 3 层滑秸泥背。每层滑秸泥背厚度不超过 5 厘米，每苫完一层后都要用"杏儿拍子"拍坚实。

第三步是苫灰背。即在滑秸泥背上苫 2 ~ 4 层大麻刀灰或大麻刀月白灰背。每层灰背厚度不超过 3 厘米，每层苫完后要反复赶轧坚实。

第四步是苫青灰背。先分段苫抹 2 ~ 3 厘米厚的大麻刀月白灰（每次抹得不要太宽），然后用铁抹子往灰背内拍进"麻刀绒"。再后用青灰浆泼洒灰背（槎子部分不泼浆），随泼随用铁抹子赶轧坚实。最后全部苫完后要再次刷浆和赶轧，"麻刀绒"要全部赶轧在灰背里。

为了增加灰背的硬度，可以在灰背上撒一些铁粒，然后把铁粒也赶轧进灰背里。在干燥季节，做完青灰背顶后还要盖上保持湿润的草帘子养护 1 ~ 3 周。

（三）合瓦屋面落落草和跨草清水脊做法

清水屋脊两端蝎子尾下的草砖有"平草""落落草"和"跨草"之分，第四章已经介绍了放置平草砖的清水屋脊做法。三者除草砖及此部分个别做法不同外，其余部位做法一样。

"落落草"为四块或六块方砖落成两层雕凿花饰。砌放的落落草出檐宽度同平草砖，其余亦同。

"跨草"为四块或六块方砖在大面上雕凿花饰。安装时用铅丝将前后坡两侧跨草拴在一起，立置斜跨在瓦条砖上。跨草每侧上口出檐应为屋脊宽的二分之一，下口最小不少于跨草砖厚尺寸。安装后形成上宽下窄姿态，也有直放的情况。转头处应再放一块"罩头草"花砖，把两侧的跨草连接起来。

（四）合瓦屋面鞍子脊做法

第一步是在抹好扎肩灰背上"撒枕头瓦，摆梯子瓦"。枕头瓦是一块反扣的底瓦，代替宽瓦泥的厚度，宽瓦时要撒去。梯子瓦即每垄的底瓦，每坡用三块半。可在博缝上皮往上增加一块板瓦高度的位置拴横线，以确定梯子瓦的高低位置。梯子瓦的纵向位置依照号好的盖瓦确定。

第二步是做"底瓦老桩子瓦"。即摆好梯子瓦后"抱头"。必须由两个人操作，一人挑线，另一人将两坡最上面的底瓦（老桩子瓦）拿开，把麻刀灰放在两坡相交处，接着重新放好底瓦并用力一挤，使两块底瓦碰头。

第三步是做"盖瓦老桩子瓦"。即拴线铺灰，每垄各宽两块盖瓦。

第四步是在"底瓦老桩子瓦"上铺灰盖瓦圈，其上铺灰砌一块条头砖，卡在两边盖瓦中间，再在条头砖上铺灰放一块凹面向上的板瓦（"仰面瓦"，小头朝前坡，要伸进两侧脊帽内）。瓦圈即横向切开的弧形板瓦。

第五步是做"脊帽子"。即拴线铺灰，在两坡盖瓦相交处扣一块盖瓦（大头朝前坡），四周用麻刀灰堵严、抹平、轧实。

第六步是抹"小当沟"。即在条头砖前后用麻刀灰堵严、抹平、轧实。注意：边垄与梢垄间不做小当沟，两坡底瓦相交处反扣一块板瓦或折腰瓦。

第七步是打点、赶轧、刷浆提色。

（五）合瓦过垄脊做法

它与鞍子脊做法相似，但底瓦垄内不卡条头砖，也不做仰面瓦。前后老桩子底瓦交接处盖一块折腰瓦，也可以用砍去四角的板瓦（"螃蟹盖"）代替。

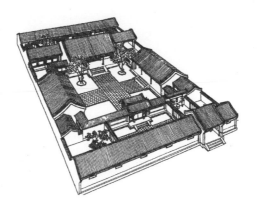

第六章

北京四合院传统营造技艺的传承
形态内容

第一节　北京四合院传统营造技艺施工部分的传承形态

北京四合院传统营造技艺施工部分的传承形态，时至今日，大致可以中华人民共和国成立之初和改革开放之初为时间节点，前后分为三个阶段：

在中华人民共和国成立之前和初期，北京城市的建筑营造行业基本上有五种类型：原隶属政府的营造厂（从清朝延续下来的）、行业组织类型的股份制企业（如聚兴永木厂）、家族企业、家庭作坊和师徒个体等。在这些营造行业中，师与徒之间有着明确的契约关系、隶属关系、传承关系等。师与徒既可能是北京市民，也可能来自北京周边郊区县，也有的来自外埠。

中华人民共和国从 1954 年开始至 1956 年完成"公私合营"，使北京市自清代以来延续的建筑营造行业的营造厂、行业组织类型的股份制企业、家族企业、家庭作坊和师徒个体等，包括相关的如裱糊铺、油漆局、棚铺等企业或作坊，彻底消亡。政府先后组建了全民所有制和集体所有制的各种施工单位，如古建园林类建筑公司、古建园林类维修公司、房管局下属的维修队（组）等。在这些新型的施工单位中，师徒关系基本上演变为一种名分的关系，一个徒弟可因营造对象的不同、时间的不同而向多位师傅学习，或者说师徒之间逐渐少了特别明确的传承关系，大家都属于地位平等的"工人阶级"。这一时期的师与徒大多数具有北京市户口。后期由于年纪大的师傅退休得较多，一些不具备北京市户口的临时工（大多数来自北京周边郊区县）受雇于上述施工单位，还有一些返城"知青"和"待业青年"也以"临时工"身份参与其中，大多以后逐步转为正式工。另外，中华人民共和国成立以后政府也组织了一些古建技术培训班，提高与充实全民与集体所有制企业工人的技术力量。例如在 1959 年，北京市房地产管理局开展了营造技艺的培训工作，为此专门成立了职业技术学校，聘请业内有影响的老师傅以新的方式进行授课。1974 年，北京市房地产管理局系统下属的房修二公司开办了被内部称为"721 大学"的古建培训班，培养土木、彩画等各作技术人才。北京房管局下属的房修一公司创办了职工大学，并设立了国内第一个古建工程专业——"中国古建筑工程"，课程设置中既有综合性、基础性的建筑史、古建测绘、古建预算、施工管理等课程，也有木作、瓦石作、油漆彩画作等具体技术及实际操作课程。从当时使用的教材可以看到人才培养的定位和取向，如《中国古建筑营造学》《古建筑木结构营造修缮技术》《中国古建筑瓦石工程》《油漆彩画工艺学》《明、清官式建筑砖雕》等，当时古建界的一些名家如程万里、马炳坚、边精一、刘大可、张家骧等都参与了教材编写和课程讲授的工作。通过教材编写及日后这些教材的出版发行，中国传统建筑技术得到了一次系统性的梳理和整理，同时也在社会上广为传播，为传统技艺在更大范围的传承起到了很好的作用。

从 20 世纪 80 年代的改革开放开始，北京市内的古建园林类建筑公司、古建园林类维修公司、房管局下属的维修队（组）等类型企业中的施工力量（无论是全民还是集体所有制）逐渐萎缩，相关的施工工作逐渐由承包方式完成，而承包方施工单位或工头多来自北京周边区县和外埠。这些承包的施工单位或工头主要的施工力量或以师与徒为主，或以临时组织起来的农民工为主。这其中所谓的师与徒，他们之间具有传承关系，但无旧有的契约关系和隶属关系。其中临时组织起来的农民工，或另与其他师傅有过传承关系，或只是在不同的施工过程中或逐渐或零散地积累过一些不同工种和不同程度的营造技艺内容，并且时至今日，即使那些掌握着不同工种和不同程度的营造技艺内容的农民工，年龄已经偏大，也已经出现了后继乏人的情况。

第二节　北京四合院传统营造技艺设计部分的传承形态

在我国古代社会发展到一定阶段以后，重要的传统建筑多是由政府官员型的规划师兼建筑师设计的，即所谓的"工官制度"，就是隶属于政府工部的将作、大匠等在营造全过程中的领导与管理制度，其中包括建筑规划和建筑设计工作。我们从历史文献中了解的古代规划师兼建筑师，有春秋时期建阖闾城的伍子胥，隋代主持建造大兴城的宇文恺，唐代负责宫殿与陵寝建设的阎立德，宋代编纂《营造法式》的工官李诫与编著《木经》的著名匠师喻浩，元大都的总设计师刘炳忠，明代的工官兼匠师吴中、蔡信、蒯祥、郭文英，以及清代皇家首席建筑设计师"样式雷"家族等。实际上我们目前对于中国古代社会的建筑设计工作的具体情况并不是特别了解，清康熙年间"样房"的建立，属于营造过程中比较清晰的建筑设计分工。

在清末至民国时期，国内开始出现了主要营造近代建筑的专业建筑公司，建筑设计工作归属于这类建筑公司的设计部门，如杨廷宝先生于 1927 年留学归来后加入基泰工程司，为建筑设计方面的主要负责人，在事务所的工作直至 1949 年止。另外，1932 年杨廷宝先生受聘于北平文物管理委员会，参加和主持古建筑的修缮工作。相应地，大约从民国时期开始，在一些高校开设了建筑学专业课程，培养建筑设计人才。同时也在一些建筑研究机构开展了建筑历史与设计的研究。后者如于 1930 年 2 月在北京正式创立的中国营造学社，朱启钤任社长，梁思成、刘敦桢分别担任法式、文献组的主任。学社从事古代建筑实例的调查、研究和测绘，以及文献资料搜集、整理和研究，编辑出版《中国营造学社汇刊》，1946 年停止活动。中国营造学社为中国古代建筑史研究与传统建筑设计作出重大贡献。

大约从中华人民共和国成立后的 1952 年开始，国内陆续出现了专业建筑设计单位，主要是为了适应国内经济建设的快速发展并配合"一五"计划（1953—1957 年）实施。最初成立的建筑设计单位有四大类：一是大区综合设计院，如中南、西南、西北、华东、华北、东北地区建筑设计院；二为省、市区（县）地方建筑设计院；三为各部委和地方局设计院；四为一些大学附属设计部门，如浙江大学、华南理工大学、清华大学、天津大学等为配合大学建设成立的设计部门。相应地，有更多的高校成立了建筑学系或专业，其中与传统建筑设计相关的课程包括中国建筑史、中国传统建筑测绘、中国传统建筑设计、中国传统园林设计等。对于中国传统建筑设计来讲，虽然这些课程的深度还比较初级，但为其中的一些学生在今后从事中国传统建筑设计工作打下了一定的基础。那些后来在建筑设计院能够从事中国传统建筑设计的建筑师，多为或继续跟着项目负责人（建筑师）在设计实践中学习，或在设计实践中自学成才，也有一部分建筑师是在读研究生阶段跟着导师继续深造的。

从以上我国建筑设计行业的情况简介来看，可以说传统建筑规划与设计工作，在古代社会主要是依附于工部、官方的营造厂、行业组织类型的股份制企业、家族企业、家庭作坊式企业等，并以师傅带徒弟的方式传承，一般主要由大木作师傅负责。而至晚从民国时期开始，建筑设计逐渐转为由相关高校和建筑设计院等单位集体传承，其中也有部分类似以师傅带徒弟方式的传承，如在高校的导师带研究生、在建筑设计院的项目负责人带年轻建筑师等。

第三节　北京四合院传统营造技艺传承形态 面临的问题

目前北京四合院传统营造技艺的传承形态内容存在以下五个方面的主要问题：

其一，从总体来讲，作为非遗代表性项目的中国传统建筑营造技艺类内容具有很强的特殊性，在"传统技艺"类非遗项目中最为复杂，仅就具体的实践形态内容来讲，既包括具体的规划和设计阶段的，也包括具体的施工阶段的。因此其传承形态的内容，既应包括具体的施工阶段的内容，也应包括具体的规划和设计阶段（含理论研究）的内容，并且大型、复杂的传统建筑体系的这两个阶段的内容，即便在有着可靠信史的古代社会，也是截然分开的，目前更是如此。例如，目前不可能依靠各作工匠类传承人的汇聚而完成大型、复杂的传统建筑体系的设计工作，当然，也不可能依靠建筑师等完成施工工作，并且至少在古代城市中，由工匠主持的设计和施工也需要依据已有的城市规划来完成。只有部分传统民居类建筑等可以由工匠类传承人一并完成设计和施工工作。而在我国现有的非遗保护体系和理论框架中，目前还没有认识到这一问题。例如在"传统技艺"类项目的"代表性传承人"的遴选中，明确地排除了研究与设计类传承人，把任何传统建筑类营造技艺都等同于一般的传统技艺了。

其二，传统建筑营造技艺的传承，特别是施工阶段内容的传承主要依靠在实践形态中传承。从总体来讲，随着现代社会的高速发展，以适应新的生产与生活方式不断发展变化的现代化的建设内容和方式等，早已严重地挤压了中国传统建筑的生存空间。因为中国传统建筑与现代的钢筋混凝土结构和钢结构等建筑相比较，有着适应性差、安全性差、占地面积大、原材料不环保和造价高等诸多缺点，为此国家还颁布了相关限制性的法律法规，如《中华人民共和国循环经济促进法》和多部委联合印发的《关于印发进一步做好禁止使用实心粘土砖工作的意见的通知》等。这就使得中国传统建筑体系有逐渐被替代的不可逆转的趋势。目前传统民居类建筑主要在西南少数民族地区还有着一定的社会需求，特别是在一些热点旅游地区，相关的传统营造技艺还能得以传承。除此之外，文物建筑修缮和部分新建的寺观类建筑等，还坚持采用相关的传统营造技艺。因中国传统建筑的社会需求逐渐减少，其实践形态内容连带着传承形态内容必然会逐渐萎缩。

其三，作为非遗代表性项目的北京四合院传统营造技艺，目前没有遴选并确认的"国家级代表性传承人"，只有"保护单位"（中国艺术研究院）和一些实际上的传承单位（不限于北京四合院传统营造技艺），后者如北京房修二古代建筑工程有限公司、北京市园林古建工程公司、北京市文物古建工程公司、故宫博物院古建修缮处、北京市房山区石窝园林古建工程公司、北京同兴古建筑工程有限责任公司、北京市明十三陵建筑工程中心等。这种情况属于保护工作的缺失。

其四，那些实际的传承单位早已存在着后继乏人的窘迫，所承接的绝大多数工程需要外包给外埠施工单位或工头，有很多技艺面临着失传的风险。并且如本章第一节所述,即便那些掌握着不同工种和不同程度的传统营造技艺内容的最早的农民工,年龄也已经偏大,已经出现了后继乏人的情况。

其五,即便是在由政府房管部门主导的北京四合院民居建筑的维修改造中,出于施工成本的考虑,已经普遍地采用其他施工方法与材料等代替传统的营造技艺。例如,一般在建筑的正立面还采用传统营造技艺,而在建筑山墙和后檐墙部位,早已普遍采用砖墙加钢筋混凝土构造柱的结构与构造方式。长此以往,必然会导致传承形态内容的严重萎缩。

第七章

北京四合院传统营造技艺历史文化
形态的价值

第一节　北京四合院传统营造技艺历史文化
形态价值体系概述

中国历史上早期较为成熟的聚居形态，是以陕西省西安市的半坡遗址和陕西省临潼县姜寨遗址为代表，基本形态都是以小型居住建筑环绕中间的"大房子"布置，说明这一时期的先民已经具有了基本的规划思想。而中国古代社会的规划思想，也几乎是沿着这一基本的规划思想继续发展的。这个实例也可初步地表明，当社会发展到一定程度以后，建筑不仅仅是简单地用于居住和其他使用功能的空间载体，它还要依附并承载着其他的社会属性内容。在中国古代历史中，这些社会属性内容包含了对宇宙和自然知识的认知、对尊卑和秩序意识的表达、对视觉和审美愉悦的诉求、对总体和地域文化的认同，等等。这些内容无疑属于中国传统建筑营造技艺的意识形态内容（非物质性的），它们与中国传统建筑体系作为空间载体属性（物质性的）的叠加，共同构成了中国传统建筑营造技艺所承载的历史文化形态的社会价值重要的宏观框架内容，这其中就包括北京四合院传统营造技艺历史文化形态的价值。

以北京四合院民居以及胡同和街巷等为重要对象和载体之一的北京四合院传统营造技艺的历史文化形态的社会价值，不能孤立地来看待，它与北京共生的其他传统建筑营造技艺的社会价值等内容一起，共同构成了物质性与非物质性的社会价值。这些社会价值具体而微地讲，包括承载着传统都城规划文化、传统礼制文化、传统建筑文化，还包括承载着区域性的多样文化、时间性的民俗文化、诚信的商业文化、交融的多民族文化、丰富的中外交流文化、历代的名人文化、近现代的革命历史文化等，特别是这些历史文化内容最直接的见证。

另外，在中国传统木结构建筑体系中，具体的技术与实践形态内容包括官式建筑的和各类地方建筑的，后者中很多合院类民居中的部分内容与官式建筑的类似，称为"小式作法"。北京四合院传统营造技艺中的技术与实践形态内容，属于北方"小式作法"中最杰出的代表。

但我们也应该清醒地认识到，其中某些传统文化的兴盛期，仅仅存在于过往的历史时期。还有很多传统文化，随着社会的发展，特别是受到城市空间内容与形态的变化、市民构成的变化，以及市民知识结构的变化、意识与审美取向的变化、生活内容与节奏的变化、可多元选择的变化等因素的影响，已经难觅踪迹，并且很多已经消失的传统文化内容，既无可能，也无必要得以恢复。例如，以北京积水潭（今什刹海）地区为核心的区域，从元朝开始一直到民国时期，都是北京地区多元文化的荟萃之地，其中以区域场地、环境、建筑等为载体和本底，以不同类型市民多元性的游园活动、娱乐活动、商业活动、交往活动等为核心内容。例如在元朝时期，这一区域空间和文化的重要性堪比盛唐长安的曲江地区。受唐长安"曲江宴"的启发，元代科举考试的殿试后，"进士及第"者会在参加完"恩荣宴"后，会同年于此。在此期间，这里的文化活动誉满京城，盛况空前。至民国时期，这一区域依然是市民最爱前往的游乐区域。时至今日，这里已经演变为京外人士旅游打卡的酒吧区。但我们依然愿意乐观地认为，这也算作是一种文化的传承，因为这里毕竟还保留着物化的地域文化和历史文化的很多信息，包括水系、街巷和一些以北京四合院等为主的建筑等，"地尽其用"。但老北京城区内的其他地区就远没有这么幸运了。相反地，如南锣鼓巷地区原本属于较优质的北京四合院的聚集区，但现在所呈现的繁荣却几乎是与北京传统文化内容毫不相干的商业文化，特别是对建筑与环境的改造，已经使得真实的历史信息面目全非。幸运的是，北京保留下来的历史建筑，包括还算丰富的北京胡同和四合院等，还能够承载与历史文化内容相关的最重要的社会价值，也就是最直观地呈现与见证中国古代社会都城规划发展的最终结果、中国古代社会礼制文化的核心内容等。并且这些社会价值具有不可替代性。

第二节　中国古代都城规划最终形态与礼制文化的完美表达

当人类社会历史发展到一定阶段后，社会成员需要相聚而居，某些聚集地也就必然最终会发展为城市，也就因此产生了城市规划。我国古代社会早期的城市，曾经呈现出多种不同的形态。而"匠人营国，方九里，旁三门。国中九经九纬，经涂九轨。左祖右社，前朝后市，市朝一夫……经涂九轨，环涂七轨，野涂五轨……"所表达的是中国古代社会发展到一定的历史阶段之后，最高统治者阶层对都城的理想形态的共识。考古发现和相关历史资料表明，至晚从东汉以来，国家都城的规划一直是在努力地追求能够最大限度地符合这一理想形态。但在这个都城的"理想"形态中，并没有描述广大市民阶层居住区的"理想"形态。如果我们深入地研究中国古代社会城市规划和城市管理等方面的详细历史，可以发现，除了非常重要的对外防御功能外，最高统治者阶层对城市核心内容的诉求，可以归结为以下三个方面的内容：

（1）满足最高统治者阶层实际享受需求，并且这类需求一定会远远地高于社会的平均水平。

（2）与上述实际享受需求相关的政治思想的表达，也就是对有利于实际享受需求的等级秩序观念的明示与暗示，并且这类明示与暗示是多方面多层次的，例如，通过祭祀文化（包括相关的仪式）和壮丽威严的礼制建筑等的明示与暗示、通过壮丽威严的宫廷或宫苑建筑的明示与暗示等。《汉书·高帝记》记载萧何曰："且夫天子四海为家，非壮丽无以重威，且无令后世有以加也。"

（3）最有利于对城市其他各阶层居民实施行政治理方式的需求，包括重要的对来自城市内部威胁的防范。例如，春秋战国时期的很多城市，把宫城置于城市的一边或一角，目的是更有力地应对"国人暴动"。

在中国古代社会的全部历史过程中，当阶级产生以后，最高统治者阶层对其他阶层特别是庶民的基本态度都是以防范为主，因为他们通过各种方式占有了远远高于社会平均水平的社会资源，"帝祚永延"的根本目的就是希望永远地拥有并保护既得利益或得到更多的利益。

在城市规划的思想和技术层面满足上述三个诉求，主要是通过两个方面来实现的。

（1）在满足最高统治者阶层实际享受需求的同时，最有利于对城市其他阶层特别是庶民实施行政治理的最简单的方法，就是把城市居民相对地封闭在"闾里"或"里坊"等"城中城"内，在夜间实行宵禁制度。当然，如果历史地看，这种夜间对城市居住区封闭的管理方式，也有一定客观的合理性。例如，受到城市交通方式、通信方式和照明设施等客观条件的制约，封闭的坊墙确实也便于夜间防患匪盗。但这一制度在后周和北宋时期的汴梁城逐渐被打破了，城市居民的居住区从"里坊制"彻底走向了"街巷制"。这一转变，与其说是城市管理与规划思想的进步，不如说是适应社会政治、经济、文化等发展的结果。

（2）在城市规划中发明了并逐步突出了中轴线建筑体系，即在满足最高统治者阶层实际享受需求的同时，进一步以建筑体系空间秩序的明示与暗示的方法，实现全社会对有等级差别的社会秩序的认同。这一城市中轴线建筑体系从东汉时期开始，至元明清时期达到顶峰。特别是这一城市中轴线建筑体系是以礼制文化的强化为基础的。

礼制文化是中国古代社会最核心的传统文化，它的核心思想与操作就是让全社会共同认知、遵守并维护一个有着等级差异的社会秩序。这一统治思想在中国传统建筑体系中有着最直接与最形象的体现，如吉礼与礼制建筑的存在和各种建筑体系的等级差异等。其中又以元明清时期北京城内的各种建筑体系，共同做出了最集中、最直接和最终的表达。

一方面，前述中国古代都城从"里坊制"到"街巷制"的发展，并没有从根本上减弱统治阶级对庶民防范的戒备心态，在元朝和明初，北京城又恢复了夜晚的宵禁制度（虽然没有坊墙），并且在城市规划方面，又以更加突出的城市中轴线体系的形态与形象，向社会各阶层，特别是庶民明示与暗示着皇权处于"天人之际"的不可逾越的特殊地位。

另一方面，中国古代社会的几乎每一种类型的建筑体系，无不体现着有等级差异的社会秩序，包括居住类建筑体系。例如，据不完全的唐朝《营缮令》资料记载："王公已下，舍屋不得施重拱藻井。三品已上，堂舍不得过五间九架，厅厦两头（歇山顶）；门屋不得过三间五架。五品已上，堂舍不得过五间七架，厅厦两头（歇山顶）；门屋不得过三间两架，仍通作乌头大门（类于坊门形式）。勋官各依本品。六品七品已下，堂舍不得三间五架，门屋不得过一间两架。非常参官，不得造轴心舍（"工"字形平面），及施悬鱼、对凤、瓦兽、通栿、乳梁装饰。其祖父舍宅门，荫子孙虽荫尽，听依仍旧居住。其士庶公私第宅，皆不得造楼阁，监视人家。近者或有不守敕文，因循制造。自今以后，伏请禁断。又庶人所造堂舍，不得过三间四架，门屋一间两架（厦，悬山顶），仍不得辄施装饰。又准律，诸营造舍宅，于令有违者，杖一百。虽会赦令，皆令改正。其物可卖者听卖。若经赦百日不改去，及不卖者，论如律。"

《宋史·志第一百七·舆服六》记载："臣庶室屋制度：宰相以下治事之所曰省、曰台、曰部、曰寺、曰监、曰院，在外监司、州郡曰廨。在外称廨而在内之公卿、大夫、士不称者，按唐制，天子所居曰廨，故臣下不得称。后在外藩镇亦僭曰廨，遂为臣下通称。今帝居虽不曰廨，而在内省部、寺监之名，则仍唐旧也。然亦在内者为尊者避，在外者远君无嫌欤（yú）？私居，执政、亲王曰府，余官曰宅，庶民曰家。

诸道府公门得施戟，若私门则爵位穷显经恩赐者，许之。在内官不设，亦避君也。

凡公宇，栋施瓦兽，门设桓桓（bìhù，栅栏）。诸州正牙门及城门，并施鸱尾，不得施拒鹊。六品以上宅舍，许作乌头门。父祖舍宅有者，子孙许仍之。凡民庶家，不得施重栱、藻井及五色文采为饰，仍不得四铺飞檐。庶人舍屋，许五架，门一间两厦（悬山顶）而已。"

《明史·志第四十四·舆服四》记载："百官第宅：明初，禁官民房屋不许雕刻古帝后、圣贤人物及日月、龙凤、狻猊、麒麟、犀象之形。凡官员任满致仕，与见任同。其父祖有官，身殁，子孙许居父祖房舍。洪武二十六年定制，官员营造房屋，不许歇山转角，重檐重栱，及绘藻井，惟楼居重檐不禁。公侯，前厅七间、两厦，九架。中堂七间，九架。后堂七间，七架。门三间，五架，用金漆及兽面锡环。家庙三间，五架。覆以黑板瓦，脊用花样瓦兽，梁、栋、斗栱、檐桷彩绘饰。门窗、枋柱金漆饰。廊、庑、庖、库从屋，不得过五间，七架。一品、二品，厅堂五间，九架，屋脊用瓦兽，梁、栋、斗栱、檐桷青碧绘饰。门三间，五架，绿油，兽面锡环。三品至五品，厅堂五间，七架，屋脊用瓦兽，梁、栋、檐桷青碧绘饰。门三间，三架，黑油，锡环。六品至九品，厅堂三间，七架，梁、栋饰以土黄。门一间，三架，黑门，铁环。品官房舍，门窗、户牖不得用丹漆。功臣宅舍之后，留空地十丈，左右皆五丈。不许挪移军民居址，更不许于宅前后左右多占地，构亭馆，开池塘，以资游眺。(洪武)三十五年，申明禁制，一品、三品厅堂各七间，六品至九品厅堂梁栋祇用粉青饰之。

庶民庐舍：洪武二十六年定制，不过三间，五架，不许用斗栱，饰彩色。三十五年复申禁饬，不许造九五间数，房屋虽至一二十所，随其物力，但不许过三间。正统十二年令稍变通之，庶民房屋架多而间少者，不在禁限。"

在《大清会典·卷七十二·府第》中，详细地规定了王府及以下四个等级的府第的具体形制。例如，王府府制：正门五间启门三、正殿七间、翼楼各九间、后殿五间、后寝七间、后楼七间；世子和郡王府府制：正门五间启门三、正殿五间、翼楼各五间、后殿五间、后寝五间、后楼五间；贝勒府府制：正门一重启门一、堂屋五重各广五间；贝子、镇国公、辅国公府府制：正门一重、堂屋四重各广五间。同时还有台阶台明高度、油漆彩画和屋面瓦饰等内容的具体规定。其他大臣、官员和庶民等住宅形制基本与明朝的相同。

明清时期的北京城以南北中轴线为统领，中间有宫城紫禁城与皇城。以南，在天安门与正阳门（带瓮城和箭楼）之间有千步廊，两侧是中央政府机关所在地。再南为永定门。宫城紫禁城的北面为景山，亦为宫城的风水屏障。之后有寿皇殿、黄化门（皇城北门）及之北的地安门商业街，再后为鼓楼与钟楼。

紫禁城前右位置上（西南）有社稷坛，即皇家祭祀社、稷自然神祇的祭坛。再右及右后有西苑三海园林区；紫禁城前左位置上（东南）有太庙，即皇家祭奠祖先的家庙。实际上这个所谓的"家庙"是具有国家属性的礼制建筑，因为在紫禁城内另有皇家祭祀祖先的"私庙",如明代的奉先殿(皇极殿)和斋宫。

紫禁城与皇城外为内城和南面半边外城,内城东、西、南各3门,北2门。南面外城北接内城南墙,南3门,东、西各1门,北面宽于内城的部分各1门。

内城(及皇城)内有壁雍(太学)、文庙(孔庙)、历代帝王庙、城隍庙、土地庙、武庙(清乾隆时期北京城内各种"关帝庙"有121座)、其他自然神与人神庙或祠、宗教建筑(寺、观)、公卿王府、会馆,再有各类衙署和公共建筑。

内城外,南有更重要的天神坛和先农坛(明永乐十八年始建,原另有太岁坛、山川坛。明嘉靖十一年,山川坛改建为"天神"与"地祇"坛),北有地祇坛(与先农坛内的地祇坛在祭祀的内容和性质上面有很大的区别)和先蚕坛(后改建于城内),东有朝日坛,西有夕月坛。这种祭祀建筑在城市的布局基本上创制于汉儒公卿。

中轴线以外的以上建筑体系内容构成了明清北京城重要的城市内容和重要的城市节点。而另一类重要的城市建筑内容,就是以街巷、胡同和水路为脉络相连接的北京四合院民居(包括一些商业建筑)。

总之,在明清时期,中轴线是北京城市空间居统领地位的唯一轴线,永定门、前门、天安门、紫禁城、景山、寿皇殿、黄化门(皇城北门)、钟鼓楼是表达这条中轴线的标志性建筑或建筑群,富丽尊贵,气势威严;北京的城墙与城门框住与界定了这条中轴线两翼的平面空间;胡同、街巷与水系构成了这个平面空间的交通与进一步划分的平面网络系统;王府、衙署和其他公共建筑、祭祀建筑、宗教建筑等是这个平面网络空间中的重要节点实体,或庄重或亲和;北京四合院民居是这个网络系统中最小、最广泛的实体内容,鳞次栉比,平静恬淡。在全城的整体规划布局中,四合院民居协调和联系着城内南北中轴线两侧的及分布全城的重要建筑,烘托着处于全城中心位置的宫城、御苑皇家建筑等的威严和尊贵。轴线与平面、平面与网络、网络与节点实体及最小实体,加之这个平面网络系统内外的山水园林,共同构成了一幅完美和谐的城市景观画卷,体现了人们在地理与心理上的风水要求、社会与政治上的制度要求、文化与艺术上的视觉要求等。同时,北京城的这一建筑体系具有相对的安全性和"宽容度",也是如《礼记•中庸》中所说的"致中和,天地位焉,万物育焉"理想状态的具体表达。在这里,北京四合院民居是背景也是主体,是配角也是主角。

北京四合院民居虽然属于最低等级的居住类建筑,不仅"安命"于都城整体的礼制与等级地位要求框架之下,其本身也有自洽的礼制与等级秩序要求,如四合院中的正房、厢房、倒座房等各安其序,这个"家"同样构成了一座微型个体的"理想国"，体现了"国"与"家"在礼制文化观念上高度的统一性，同时也表现为高度的和谐性。因此从微观上讲，北京四合院民居本身的中轴线建筑体系也是一种圆满的境界。中轴线上的正房虽然相对高大明亮但不突兀，垂花门虽为内宅屏障但不失精致，倒座房和后罩房虽然稍小但不失亲切，耳房、厢房和盝顶房对称、平稳，以抄手游廊和窝角游廊间断环绕的内院虽然面积有限，但开朗丰富，即便是栖居于此的植物也能在充沛的阳光沐浴下繁茂生长。这些内容共同构成了一幅和谐的小天地，构成了"致中和"文化思想的最小建筑单元。

重要的是，以北京四合院和其他各类建筑体系有机共存的和谐画面，反映出中国古代社会整体上对礼制文化有着高度的认同与服从。这个和谐的画面，不仅具有观念的表达性，还同时具有视觉形象的审美性，即以空间内容与形态的艺术性，实现了对礼制文化核心观念的完美表达。因此北京四合院传统营造技艺的历史文化形态，与其他相关建筑体系营造技艺的历史文化形态一起，共同构成了中国古代都城规划最终形态与礼制文化的完美表达，同时也具有鲜明的建筑学层面的艺术价值。

另外，北京四合院民居建筑空间的整体布局，门楼、影壁、垂花门、游廊、正房、厢房、倒座房、内院空间等建筑与环境形象，大门、门墩、门头、隔扇、连楹、支摘窗、碧纱橱、墀头、屋脊等构件或建筑局部形象，木雕、砖雕、石雕、油漆彩画等装饰形象与手法等，以及它们所承载的文化寓意等，也都具有独特鲜明的建筑学层面的艺术价值。

第三节　承载北京多样性历史文化的文化空间

北京四合院传统营造技艺的物化形态内容，即北京四合院民居与城市的平面网络空间——胡同与街巷等所特有的另一个历史文化价值，体现为形成了北京城特有的文化空间。这个文化空间是北京城延续数百年历史文化最重要的空间载体，也是北京城最重要的历史文脉，蕴藏着深厚的历史文化内涵，记载着北京乃至我国历史上很多重要的历史事件和重要的历史人物活动等。同时，这个文化空间也是自元代以来中华历史文化精华荟萃之地，而这些历史文化大都与这个文化空间融汇一体、密不可分的。北京的胡同、街巷和四合院民居，作为北京四合院传统营造技艺历史文化形态内容中的文化空间，在历史上所承载的历史文化内容可以总结如下。

1. 带有等级意识的传统礼仪文化
分布于旧城内的府、宅、第等不同规模的深宅大院，是在封建社会等级制度的笼罩下而形成的一整套相应的建筑制度的产物，保存至今的亲王、郡王、贝勒、贝子、镇国公、辅国将军等依等级封爵的府第和各级品官大臣的居所，寻常百姓居住的民居小宅，从其规划设计、建筑形制、营造技艺到使用功能，无不渗透着封建礼制的内容和体现着封建社会的等级观念及礼仪法度。

2. 丰富的传统民俗文化

在历史上，京城广大市民百姓的质朴、善良、勤劳、宽容的品格，代表了古代劳动人民优良的民族素质，并通过衣、食、住、行等生活习俗特别是居住的建筑环境空间体现出来，构成民间传统文化的鲜明特色，而旧城内现存的成网络的胡同和成片的四合院民居，是最能体现这一地方传统文化的物质载体。种类繁多的传统四合院民居，无论是平面布局、建筑形制和门窗装饰等都包含丰富的民俗内容，比如，在现存的形式多样、装饰绚烂多彩的四合院民居建筑中的各个部位都能表现出与市民生活密切相关的衣、食、住、行、礼仪信仰和市井习俗，并在长期的民居建筑历史发展中，成为民间社会约定俗成并世代流传的民俗文化模式，是一种传统文化的积淀。它与京城民间流行的上元观灯、清明踏青、中秋拜月、重阳登高和逛庙会、听大戏等民间传统文化活动，共同构成了浓郁而深厚的北京民俗文化。

3. 历代的名人及名人故居文化系列

元代是我国继隋唐之后再次实现全国范围内的政治统一，自元代以来，北京作为全国政治、文化和经济中心，高度汇集了全国各地各民族的文化精英及光耀千古的名人、学士，特别是元、明、清时期的著名文学家、艺术家、科学家、军事家和各代的名人、学者、鸿儒、高僧等各界的杰出人物，都荟萃于京城，在城内多有其门户居所或后人所立祠堂。如保留至今的有元代大科学家郭守敬祠、文天祥祠、谢叠山故居，明代于谦祠和袁崇焕的祠、庙，清代著名学者朱彝尊故居、顾炎武祠、纪晓岚故居、杨椒山祠、李鸿藻故居、康有为故居及近现代著名的蔡元培故居、孙中山逝世纪念地、鲁迅故居、齐白石故居、梅兰芳故居、老舍故居、郭沫若故居、茅盾故居等。大批的历史名人都为时代的发展作出了不同的贡献，但同时也留下了历史的"印迹"，他们在京的庭院居所或祠堂，不仅记载着他们的生活与活动，而且也是他们所处时代的历史见证，更是北京的一份具有特殊意义的历史文化。

4. 鲜明的区域性传统文化

以不同地域的传统文化特色为标志，经过元代以来 700 余年历史的发展，使京城各地形成了底蕴丰厚的带有地区色彩的区域文化，如以传统会馆和表演艺术为代表的宣南文化区，以大面积的四合院民居为代表的南北池子、南北锣鼓巷等。其中最著名的有什刹海地区，是元代以来逐步形成的包括有王府、庙宇、四合院民居、商业老字号、历史河湖、传统园林及它们所依托的街巷等多种文化遗存。由于这一区域在文化特色上不同于城南以天桥为代表的平民文化娱乐场所，它是由清代八旗子弟、官僚名流、文人学者聚集而成的文化娱乐之地，在建筑风格和内容上，是京城内王府豪门与社会平民相融合的市井园林式的文化景区。还有由胡同和各类四合院构成的国子监历史文化街区，它是我国元、明、清时代的全国教育中心，其中的国子监是这一历史时期的全国最高学府，招收全国的学生——监生和各国留学生。历史上曾先后在此举行会试 208 科，全国曾有五万多人成为进士。时至今日，在孔庙内仍然完好地保存着我国自元、明、清各代所刻立的进士题名碑 198 通，上面镌刻着 51624 名进士的名次、姓名、籍贯。这一独特的历史文化构成了国子监街区文化的鲜明特色。

5. 传统商业文化

北京历史上的传统商业是随着社会经济的发展而兴盛的，自明清以来，京城内先后形成主要以王府井地区、东单地区、西单地区、前门地区（大栅栏和廊房头条、二条胡同）及琉璃厂地区等为代表的传统商业区，并先后产生了一大批各具特色的商业建筑和老字号商店。至今在前门地区犹存的著名老字号建筑有同仁堂药店、六必居酱园、全聚德烤鸭店、瑞蚨祥绸缎庄、同升和鞋帽店等传统店铺，随着传统商业的发展，逐步产生和形成了独具特色的传统商业文化。构成这一商业文化的核心内容是，在商业经营中注重质量、讲究信誉、服务周到、善于经营管理、保持传统特色等。经过数百年的经营积累而形成的传统商业文化，既是我国历史上商业发展的产物，又是商业文化水平的体现，已成为北京优秀传统文化的重要组成部分，其中备受传统商家推崇的"注重质量、讲究信誉"等信条，仍是现代商业界所遵循的经营准则。

6. 多民族交汇的民族融合文化

我国是多民族的统一国家，北京在元代再度成为统一国家的都城后，更是全国各族民众及多种文化的聚集之地。据有关文献记载，在元代的大都城内高度汇集了全国各少数民族在此居住和生活，其中居住人口较多的有满族、回族、蒙古族、维吾尔族、苗族、朝鲜族等，多分布在全市各处的胡同、四合院民居区域内，有的还形成了本民族的聚集区。这些以少数民族居住为主的区域，大都延续和保持着各自鲜明的民族习俗和文化特色，从而构成北京历史上特有的多民族文化并存和相互融合的文化现象。如满族人大多是在清朝入关时按朝廷确定的"八旗而居"的方位，分居在全城的各处。在京城的回族居住点，基本上是围绕清真寺而形成的，其中牛街是北京回民最大和最古老的聚居区，此外还包括教子胡同、糖房胡同、羊肉胡同、麻刀胡同、寿利胡同等四合院区域。崇文门的东花市清真寺周围，包括磨刀胡同、堂子胡同、雷家胡同、羊市口、小市口和珠营等四合院地区，是回民的又一聚居点，其居所建筑多少都具有本民族的特色。各个民族都有自己独特的生活习惯和宗教信仰及岁时节日等，在生活上，各有其遵循的习俗。历史上各民族所信仰的汉传佛教、藏传佛教、正一道教、伊斯兰教的各种寺、院、观、庙、堂、宫等在京城比比皆是，各教派在宗教节日中举办的庙会、法会等丰富多彩的宗教活动，都能吸引各族民众前去"进香"和购物，反映了各民族的相处共居及民族文化间的相互融合。

7. 中外交流的外来文化

元代大都城是当时世界上最大的城市，也是一个向世界开放的都市。自元代以来，与世界各国都有众多交往，特别是外国的宗教人士、学者、建筑师、艺术家、科学家等都有很多往来的踪迹和记载。元代尼泊尔人阿尼哥为大都城设计修建的大圣寿万安寺（白塔寺）白塔，至今仍是西城区四合院区域内的国家级文物建筑；北京历史上的会同馆和国子监都有外国贡使人员和留学生居住的史迹；明代后期为中国带来科学思想、知识、仪器、机械和工艺的一批传教士，如耶稣会教士意大利的利玛窦、德国的汤若望、葡萄牙的徐日升、比利时的南怀仁、意大利的郎世宁等，都在明清朝廷中传播了上述科学思想与知识等；在明代末期由利玛窦建于宣武门内的天主教南堂、清初建于东城的天主教东堂、清中期建于西城的天主教西堂、清后期建于皇城内的天主教西什库教堂、曾建于城北的东正教堂和建于崇文门地区的圣米尔教堂、亚斯立堂、圣心、佑贞女中等一批教会建筑以及建筑风格各异的东交民巷清代各国驻华使馆建筑等，在今天看来都是历史上中外文化交流的产物。这些具有数百年历史的西方古典式的教堂建筑，大都坐落于四合院民居区域内，而且有的在长期的历史发展中已成为当地四合院民居区域的重要标志，与四合院民居融合共存、相得益彰。如元代大圣寿万安寺白塔，不但在发展的历史中融入于所处区域，而且已成为这一四合院民居地区历史传统文化的标志性建筑。

8. 近现代革命遗迹及文化

北京是我国近现代革命运动的策源地。历史上很多重要的革命事件及中国共产党所领导的一系列革命活动都发生在古老的北京四合院民居区域。目前，在传统的胡同和四合院民居中仍保存有很多的近现代革命运动及活动的史迹：著名的"三·一八"惨案发生地、北洋军阀段祺瑞执政府所在地旧址——铁狮子胡同，基本保持了历史建筑的原貌；李大钊、毛泽东等最早传播马克思主义和民主、科学思想的重要阵地——北京大学红楼；1919年爱国学生以反帝反封建为目标的"五·四"运动发源地——"五·四广场"原址；毛泽东1918年第一次来北京时的驻地——景山东街三眼井吉安所右巷8号四合院；1920年8月李大钊、周恩来、邓颖超参加的京津两地少年中国学会、觉悟社、人道社、曙光社、青年互助团等五个进步社团召开会议进行革命活动的陶然亭慈悲庵；第一次国共合作时期国民党北京执行部、市党部旧址——东城区翠花胡同27号四合院和织染胡同29号四合院；李大钊、邓中夏等发起成立的北京大学马克思学说研究会设立的图书馆——东城景山东街京师学堂建筑遗存、1915年建于东城区北池子箭杆胡同9号四合院的五四时期著名的进步刊物《新青年》编辑部旧址和中国共产党第一个少数民族党支部旧址——西单小石虎胡同33号四合院及北平地下党组织开展秘密活动的北京图书馆，以及多处办公、活动、接头的四合院、街巷等一系列革命活动、革命遗迹、遗址等四合院传统建筑，构成了北京地区近现代革命史迹的主要内容。

第四节　北方"小式作法"的杰出代表

中国传统木结构建筑营造技艺根植于中国特殊的人文与地理环境以及技术特征，反映了中国人营造合一、道器合一、工艺合一的理念，是中国传统生产与生活方式的真实而生动的写照。这种营造技艺体系延承七千年，几乎遍及中国全境（华北、东北、华东、中南地区，西南和西北的部分地区及港澳台部分地区），包括汉族及部分少数民族都采用了以木结构为主体的建筑营造技艺，尤以北京、江苏、浙江、安徽、山西、福建和西南少数民族聚居区等地的木结构建筑营造技艺为代表，并形成多种流派。不仅如此，这种技艺在古代社会还传播到日本、韩国等东亚各国，是东方古代建筑营造技艺的代表。在国家级以上非遗代表性项目名录中，目前与这一营造技艺相关的项目有三十余项。

中国传统建筑是以木结构框架为主的建筑体系，以灰、土、木、砖、瓦、石为主要建筑材料。营造的专业分工主要包括以大木作、小木作、瓦作、石作、土作、油漆彩画作、搭材作、裱糊作为代表的"八大作"。中国传统木结构建筑是由柱、梁、檩、枋、斗拱等大木构件形成的框架结构，承受来自屋面、楼面的荷载以及风荷载、地震作用。木结构体系的关键技术是榫卯结构，即木质构件间的连接不需要其他材料制成的辅助连接构件，主要依靠两个木质构件之间的插接。这种构件间的连接方式使木结构具有柔性的结构特征，抗震性强，并具有可以预制加工、现场装配、营造周期短等明显优势。而榫卯结构早在距今约七千年的河姆渡文化遗址建筑中就已见端倪。

在距今 3800 ~ 3550 年的河南偃师二里头文化遗址中，大型木构架夯土建筑已经出现了。至晚在西周时期，作为斗拱原始形态的"栌栾"和瓦已经出现在宫殿等建筑中（主要用在屋脊部位）。《诗经·小雅·斯干》记载："乃生女子，载寝之地，载衣之裼，载弄之瓦。"在春秋时期，宫殿等重要建筑的屋面已经开始覆瓦。在战国时期，实心砖开始用于宫廷、公署、宗教和礼制建筑等这类"官式建筑"的铺地和少量的墙体砌筑。同时，多层和高架的木结构建筑已经出现。上述所谓"官式建筑"，也是中国传统木结构建筑最杰出的代表。

在西汉时期，已经形成了传承至今的以"抬梁式"和"穿斗式"为代表的两种主要形式的木结构体系。"抬梁式"木结构的特点是在柱头上插接梁头，梁头上安装檩条，梁上再插接矮柱用以支起较短的梁，如此层叠而上，每榀屋架梁的总数可达 5 根。当柱头上采用斗拱时，则梁头插接于斗拱上。这种形式的木结构建筑的特点是室内分割空间比较容易、用料较大。"穿斗式"木结构的特点是用穿枋把柱子纵向串联起来，形成一榀榀的屋架，檩条直接插接在柱头上；沿檩条方向，再用斗枋把柱子串联起来，由此形成一个整体框架。这种形式的木结构建筑的特点是结构的整体性更强，室内分割空间受到限制，用料较小。还有一种抬梁式与穿斗式相结合的混合式结构，多用于南方地区部分较大的厅堂类或寺庙类建筑中（图 1-5、图 1-6）。

至晚从西汉时期开始，建筑的屋顶开始出现了"举折"做法，使屋顶的形状形成"反宇"型弧面，建筑形象更加柔美。班固《西京赋》记载："上反宇以盖戴，激日景而纳光。"东汉时期，出现了真正的木楼和多层木塔，"官式建筑"普遍以挑梁、斗拱和挑梁加斗拱的形式，作为"悬臂梁"承托屋面出檐部分重量，最终形成了"官式建筑"的挑檐结构。因为大约在明代之前，即便是"官式建筑"的墙体，也主要为版筑夯土墙或土坯墙，所以有必要用屋面巨大的出檐来保护墙体免遭雨水的冲刷。老子《道德经》云："凿户牖以为室，当其无，有室之用。"这就表明春秋时期建筑四周的墙体多先用土夯成，再凿出所需要的门洞与窗洞（图 7-1、图 7-2）。

图 7-1　汉画像砖（石）中的两层建筑及斗拱

图 7-2　汉画像砖（石）中的高架建筑及斗拱

至晚从隋唐时期开始，"官式建筑"从木结构到外部形象都出现了一些新的变化，如以梁柱与"铺作（斗拱）层"相结合的技术支撑大开间、大进深的建筑的屋顶（图 1-8）。

两宋时期，"官式建筑"屋顶出现了山面向前的殿堂和楼阁，产生了丁字脊、十字脊屋顶以及"工"字形和"亚"字形平面的殿堂。建筑挑檐有所缩小。可以说我们今天所能见到的中国传统的单体建筑的基本形式，在宋代均已出现。再有，建筑框架结构的"减柱法"和"移柱法"也开始出现，前者是为了增加室内可用空间而减少一些柱子，后者是为了方便室内空间的使用而移开位于柱网交点的一些柱子。

中国传统木结构建筑从隋唐至北宋时期，逐步完成了程式化、标准化、模数化。以宋代《营造法式》的出现为标志（王安石变法时期），总结出了一整套包括设计原则、类型等级、加工标准、施工规范、造价定额等完整的营造制度，并以斗拱构件的八等级"材"作为模数标准。这是中国传统木结构建筑营造技艺的一个里程碑。在《营造法式》中，称内外柱同高或内柱稍高、内外柱上均接斗拱的建筑为"殿堂式"；称外柱接斗拱，而内柱升至檩下无斗拱的建筑为"厅堂式"；称不用斗拱的小型建筑为"梁柱作"。

金代时期，"官式建筑"普遍使用斜拱，又由于普遍使用"减柱法"和"移柱法"，主梁上的荷载不能直接传到立柱上，因此发明了用前檐内柱之间的"大额"（相当于桁架）承受由主梁传来的巨大荷载的方法。

元代时期，木楼和多层塔建造技术有所发展。"官式建筑"取消室内斗拱，使梁与柱直接连接；不用梭柱与月梁，而用直柱与直梁等。这些措施都节省了木材，并使木结构进一步加强了自身的整体性和稳定性。即使在建筑中使用斗拱，用料也相应地减少了。

明清时期，"官式建筑"明显地朝着简化结构和施工的方向发展。从元末至明初开始，由于煤炭的大量使用，使得烧制的黏土砖的产量大增，至此"官式建筑"和部分城市民居等普遍采用了砖墙。宋元时期以来"官式建筑"习惯使用的那种四角逐柱升高形成"升起"，以及檐柱柱头向内倾斜形成"侧脚"的做法逐渐被取消。斗拱结构的功能逐渐退化或减弱，并充分利用梁头向外出挑来承托本已缩小的屋檐重量。"官式建筑"的内檐框架基本摆脱了斗拱的束缚，使梁柱直接插接。抬梁式建筑屋角部梁架的构造通行顺梁、扒梁、抹角梁方法。用水湿压弯法，使木料弯成弧形檩枋，供小型圆顶建筑使用（宋代就有）。木构件断面尺寸变小，并用小尺寸短木料对接或包镶，拼合成高大的木柱，供楼阁建筑作通柱使用。苏州等江南一带用圆木作梁架、多层楼阁框架。各地民居建筑也普遍发展，与官式建筑互为借鉴，普遍使用砖瓦材料，营造水平相应提高。又以明代《鲁班营造正式》和清代工部《工程作法则例》的出现为标志，形成了至今影响深远的建筑技术。

中国匠师在几千年的营造过程中积累了丰富的技术工艺经验，在材料的合理选用、结构方式的确定、模数尺寸的权衡与计算、不同技艺的互相借鉴、构件的加工与制作、节点及细部处理和施工安装等方面都有独特与系统的方法或技艺，并有相关的禁忌和操作仪式。这种营造技艺以师徒之间"言传身教"的方式世代相传，延承至今。特别是各地民居建筑与官式建筑互为借鉴，形成了一个自洽的完整体系。因此中国传统木结构建筑营造技艺的技术与实践形态，从地域上可主要分为以穿斗式结构为代表的"南方传统木结构建筑营造技艺"和以抬梁式结构为代表的"北方传统木结构建筑营造技艺"；从等级上又可主要分为以"官式建筑"为代表的"大式传统木结构建筑营造技艺"和以民居为代表的"小式传统木结构建筑营造技艺"。而"北京四合院传统建筑营造技艺"与"大式传统木结构建筑营造技艺"有很多相近甚至相同之处，也是"北方小式传统木结构建筑营造技艺"中最系统、最杰出的代表。它在技术与实践形态上——上承宋元，在形制上——中依等级，在风格上——下靠地域，具有极高的、丰富多样的、特征明显的、系统化的、地域性的传统木结构建筑营造技艺技术与实践形态价值。

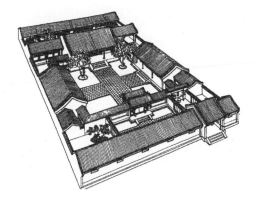

第八章

北京四合院传统营造技艺历史
文化形态的保护

第一节　非物质文化遗产保护的概念、理念和工作等

一、非物质文化遗产保护的概念

在《公约》"第一章总则·第二条"中对非遗保护的概念解释为："（三）'保护'指确保非物质文化遗产生命力的各种措施，包括这种遗产各个方面的确认、立档、研究、保存、保护、宣传、弘扬、传承（特别是通过正规和非正规教育）和振兴。"（注1）在这个概念解释中，前半句中的"非物质文化遗产生命力"为"保护"的关键词，也就是概括了"保护"的内涵、目的、结果和标志等。后半句的内容为各种"保护措施"，但显然所列具体的各种"保护措施"并非平行的关系，也不应该用"保护"去解释"保护"，且"弘扬""传承"和"振兴"，又可以理解为"非物质文化遗产生命力"的具体体现，也就是"保护"的内涵、目的、结果和标志等。因此在整句话中，"保护"的内涵与措施的关系有些混乱。

在我国现有的《中华人民共和国非物质文化遗产法》（以下简称《非遗法》）中，与保护概念相关的条款为："第三条　国家对非物质文化遗产采取认定、记录、建档等措施予以保存，对体现中华民族优秀传统文化……的非物质文化遗产采取传承、传播等措施予以保护。"（注2）在这一条款中，区分了"保存"与"保护"之不同，但也错误地把"传承""传播"当作了"措施"。实际上，我国在开展保护工作的实践过程中，建立代表性项目名录、代表性传承人名单、保护单位、文化生态保护区、生产性保护示范基地等，并制定与执行各类管理办法等，均属于"保护措施"。而以"传承""传播"作为"保护"的目的、结果与标志等，才是抓住了非物质文化遗产的核心本质特征——"依附于人的行为过程"，也就是相关的"行为过程"或曰"实践活动"没有停顿，始终在"传承"与"传播"着，那么也就表明非遗项目是依然存续着，也就是被"保护"着。或者可以认为，"传承"与"传播"是保护的"第一层面目的"，而能够持续地"传承"与"传播"，便可实现"第二层面目的"，后者为发挥应有的社会价值，也是最终目的。

在非遗保护的语境中，"传承"比较好理解，就是有人"传授"有人"继承"。相对而言，"传播"的概念更广泛，包括直接传播和间接传播两个主要方面。"传承"本身就是"直接的传播"方式，包括通过正规和非正规教育，以及传承人群体的实践过程等。而传统技艺类项目作品或产品的流通等，就属于"间接传播"。因为当

我们购买了一件作品或产品后，也就意味着我们接受了这项技艺的结果和附带的其他信息，如产品的使用功能、审美特征（不是都有）、技术信息（一部分）、品牌以及所包含的工匠精神等内容的"间接传播"。其他如通过各类媒介的宣传、展示，相关研究成果的出版发行等，都属于"间接传播"。现有《非遗法》的不足之处是对"保护""传承""传播"等概念缺少详细完整的释义，以至于很多政府文化主管（行政）部门的领导干部及保护工作者等，都对其中某些概念产生了错误的理解。

注1：保护非物质文化遗产公约（2003）［DB/OL］.［2022-10-06］. https://www.ihchina.cn/zhengce_details/11668.

注2：中华人民共和国非物质文化遗产法［DB/OL］.［2022-10-06］. https://www.ihchina.cn/zhengce_details/11569.

二、我国开展非遗保护工作的具体措施与存在的问题

在我国现有的非遗保护体制中，开展保护工作所采取的具体的"保护措施"，包括但不限于如下方面内容：

（1）全国人民代表大会常务委员会、国务院、文化和旅游部等，或批准或制定与非遗保护相关的"公约"和"法律法规"等。如批准根据联合国教科文组织制定的《公约》制定《非遗法》《国家级非物质文化遗产保护与管理暂行办法》《国家级非物质文化遗产代表性传承人认定与管理办法》，等等。省级以下人民政府也参照制定了相应的法规等。

（2）县级以上人民政府文化主管（行政）部门负责非遗"代表性项目"的调查、认定、记录、建档等。建立四级非遗"代表性项目名录"，制定保护规划，纳入财政预算，并认定非遗"代表性项目"的"保护单位"，每年给予"保护单位"一定的保护工作资助（需要申请）。责成"保护单位"常年开展保护工作等。

（3）县级以上人民政府负责非遗"代表性传承人"的认定，建立四级非遗"代表性传承人名单"，每年给予被认定的"代表性传承人"一定的传承工作补贴和其他必要的支持。责成"代表性传承人"常年开展传承工作。

（4）政府、公民、法人和其他组织建立各种形式和权属的非遗展示馆园等，开展非遗"代表性项目"内容的展示、宣传、表演以及产品售卖等。如国家投资建设中国工艺美术馆，其中计划约有一半的展示功能用于非遗项目内容。

（5）政府、公民、法人和其他组织建立各种形式和权属的非遗工坊，包括"扶贫就业工坊"等，开展非遗"代表性项目"内容的生产、展示、宣传以及产品售卖等。

（6）文化和旅游部主导建立国家级非遗"生产性保护示范基地"，开展非遗"代表性项目"内容的生产、展示、宣传以及产品售卖等。

（7）文化和旅游部主导建立国家级"文化生态保护区"并制定相应的"管理办法"，以期从整体的"文化生态"的保护出发，对非遗"代表性项目"内容进行保护，包括生产、展示、宣传以及产品售卖等。

（8）文化和旅游部委托高校和中国艺术研究院等单位，组织对非遗"代表性项目"的传承人群体进行集中的研修研习培训等。

（9）文化和旅游部委托中国艺术研究院等单位，组织地方文化和旅游主管（行政）部门负责非遗保护工作的干部等进行集中培训等。

（10）文化和旅游部以及其他部委（如商务部）倡导的"中华老字号""传统工艺""曲艺""民族民家文化"等振兴与保护工作。

（11）各级政府对事业单位性质等表演团体的创作与表演等进行大力资助，其中的很多表演项目属于非遗"代表性项目"。

（12）地方政府在特定节日组织与非遗相关的民俗活动等。

（13）从 2006 年 6 月 10 日开始，由原文化部联合其他 8 个部委，开展"文化遗产日"活动，每年一次。

（14）各级政府文化和旅游主管部门某些领导"倡导""指导""要求"非遗"代表性传承人"针对相应的"代表性项目"的"创新"性经营性活动等（并非可取，大多是混淆了"发展"和"借鉴"之间的区别）。

（15）各类研究单位和高校等的专家学者等，对非遗与保护等内容进行整理和研究，发表各种专著和学术论文等。如由中国艺术研究院组织专家研究撰写的"中国传统建筑营造技艺丛书"，目前已出版了 20 部。

（16）各类新闻和文化媒体以及其他单位等，对非遗与保护等的各个方面内容进行大力宣传，包括中国艺术研究院创办的《中国非物质文化遗产》等杂志。

（17）各级政府制定与非遗保护相关的其他各种政策，包括某些省级政府制定的"省级代表性项目"晋级为"国家级代表性项目"后，对"保护单位"等给予高额资金奖励政策等（并非可取）。

（18）各级政府主导的与非遗保护相关的国际交流活动等，包括联合国教科文组织在我国建立了"亚太地区非物质文化遗产保护中心"，并由该中心组织的与非遗保护相关的各类国际交流与培训工作等。

（19）国家教育部等倡导与组织的非遗"代表性项目"走进校园，进入课堂活动，并有一些高校成立了相关的专业等。

（20）非遗与保护工作在社会上得到了前所未有的重视，在第一批各级"代表性项目名录"和"代表性传承人名单"公布后，社会申报活动开始变得非常踊跃。

我国在"非遗"名义下开展的保护工作始于2001年，以上所列具体的保护措施不可谓不多，也取得了斐然的成果。但从总体来讲，存在的一些问题也令人担忧，且会直接或间接地影响传统建筑营造技艺类项目的保护工作。这些问题包括但不限于如下方面内容：

（1）"非遗"属于有着明确的概念界定与限定的非物质性传统文化的一部分，在当前（世代相传至今），必须"依附于人的行为过程"，也就是必须有明确的主体及持有者。联合国教科文组织制定的《公约》中强调，"各社区、群体，有时是个人"是非遗的主体及持有者，也是最直接的保护者。并且在非遗项目认定程序中强调，"由各社区、群体和有关非政府组织参与，确认和确定其领土上的各种非物质文化遗产"（注1）。而在我国建立四级非遗"代表性项目名录"的初期，绝大部分"代表性项目"是由当时的各级政府文化主管（行政）部门自我申报并自我认定的（尽管有"评审委员会"），"代表性项目名录"中对申报者主体暗含的表述为"申报地区或单位"，所谓"申报地区"就是"县级以上人民政府"的原文化主管（行政）部门等。因政府部门并不具备直接参与非遗保护的能力，以致后来不得不重新建立并认定"代表性项目"的"保护单位"。这种由原政府文化主管（行政）部门等大包大揽的工作理念、程序和方式等，直接造成了一些"虚假的""名不副实""名存实亡"的"代表性项目"的存在，也出现了各个地区不同程度的攀比现象，以及把一些有意义的社会文化活动也定义为非遗"代表性项目"（并非符合非遗概念界定与限定的范畴）的现象。而一些"虚假的""名不副实""名存实亡"的"代表性项目"，以及持有者主体非常分散的"代表性项目"，不得不被指定在事业单位性质的且同样没有直接保护能力的艺术馆、群艺馆、文化馆等"保护单位"名下"保护"。《国家级非物质文化遗产保护与管理暂行办法》规定，可成为保护单位的条件，既有"该项目代表性传承人"，又有"或能为其传承活动提供相应支持"。显然，后者为那些确实不具备"行为过程"实践能力的"保护单位"开启了入选之门。如果连具备"行为过程"能力的传承人都没有，怎么履行"保护单位职责"中的"制定项目保护计划并落实保护措施"？（注2）。更加不可思议的是，在执行《国家级非物质文化遗产保护与管理暂行办法》之后制定并颁布的《非遗法》中，竟然没有"保护单位"的概念和条款。

（2）与上一个问题相关，我国在"非遗"名义下开展的保护工作至今仅有20余年的历史，既经验不足又有"泛行政化"的倾向。相关的法律法规的建设或与具体的保护工作同步进行，或相对滞后，因此很多具体的条款是为了适应已经开展的保护工作的理念、方法和程序等。但保护工作实践证明，某些法律法规条款并不符合非遗和保护工作的客观规律。但因保护工作存在的问题和利益关系等错综复杂，那些不符合客观规律的法律法规条款，也就是以往一些值得商榷的保护工作的理念、方法和程序等，至今没能及时地予以纠正。例如，早在2006年，原文化部制定了《国家级非物质文化遗产保护与管理暂行办法》，2008年制定了《国家级非物质文化遗产项目代表性传承人认定与管理暂行办法》。针对在非遗保护工作中发现的一些问题，现文化和旅游部于2019年制定了《国家级非物质文化遗产代表性传承人认定与管理办法》，对"代表性传承人"的认定与管理办法，从"暂行"的过渡到"正式"的。但现实中"代表性项目"存在的问题，远比"代表性传承人"存在的问题多得多。例如，在我国四级非遗"代表性项目名录"初步建立之后，以后批次的"代表性项目名录"采取了"晋级制"，即上一级"代表性项目名录"中的项目，必须由下一级"代表性项目名录"中的项目晋级产生，那么在下一级"代表性项目名录"中存在的"虚假的""名不副实""名存实亡"的项目，就有可能晋级至上一级"代表性项目名录"中，等等。而"代表性项目"的保护与管理办法，到目前为止依然是"暂时"的，可见问题的复杂与纠结。目前这类问题已经在国家文化发展"十四五"规划中有所体现，提出了《非遗法》等的重新修订问题。

（3）在我国现有的非遗保护工作理念中，最大的误区莫过于把非遗的保护类比并参照于"物质文化遗产"的保护。后者是固态的"国宝"，保护的方法可以相对地简单化，即主要由宣传教育、国家投入、强制性保护措施等相结合，包括制定约束性的《中华人民共和国文物保护法》与其他法律中的惩罚性条款相结合，制定法规性的文物保护规划，严格行政执法等。而非遗虽然属于流传至今的非物质性传统文化的一部分，但也是大众社会生活与社会实践的一部分，因此保护的目的及非遗的存续，就必须以满足社会需求为前提，这也是非遗的社会价值所在。而满足社会需求的社会实践活动等，必然会出现责、权、利的问题，而责、权、利之间关系的平衡与法则，就是公平公正的市场化规律和原则，非遗和保护工作也不应且无法例外。

在非遗保护工作应有的市场化关系中，非遗项目的主体即传承人群体和经营单位性质的"保护单位"等是项目的持有者、实践者、传承者、传播者，也是直接受益者，因此也必然是保护工作的"直接责任主体"。对主体的具体要求就是规范地实践、传承、传播，包括参与市场行为等。并需重点要求主体在"非遗"名义下的"实践形态"，必须与当初的"申报内容"相吻合。这一要求是基于非遗项目拥有的"溢出价值"所产生的"溢出利益"主要是被主体获得。而不规范的"实践形态"和"市场行为"等，会直接损害包括其他传承人群体在内的社会大众的利益。

对绝大多数非遗项目来讲，社会大众不是直接的参与者，不具备"行为过程"的能力，因此不可能成为直接的保护者。但社会大众是绝大部分非遗项目的间接受益者（小部分的直接受益者），且主要是通过"购买服务"的方式承担着保护的义务与责任，包括对额外的"溢出价值"的购买等。而政府主导保护工作的巨额财政支出也来自社会大众。或许有人会认为，这种类似于商品交换的概念并不适合所有非遗项目，例如"侗族大歌"等。可以回应的是，如果"侗族大歌"是在侗族村寨等地自发的大众娱乐活动，虽然不存在"购买服务"的问题，但所有的参与者也就都是直接的受益者，因此与上述观点并无冲突之处。

政府执政的伦理和法理是为社会大众提供服务，代民执政与执政为民。在主导保护工作方面，是代表社会大众和传承人群体承担着保护的责任与义务。并且我国是《公约》的签约国，因此政府也是非遗保护的"直接责任主体"之一。政府承担保护责任的具体内容，应该包括组织制定法律法规、依法依规进行管理、为传承人类主体提供必要的服务与帮助等。而代表社会大众对在"非遗"名义下的"实践形态"与"市场行为"等进行有效的监管，应该是政府作为"直接责任主体"的重点责任。同时需要承担相关保护工作责任的政府部门，不仅仅是文化和旅游管理（行政）部门，还应包括市场监督管理、质量技术监督、食品药品监督管理等部门。以往保护工作体系出现的问题，主要为对"代表性项目""代表性传承人""保护单位"等认定的把控不严，对"代表性项目"的"实践形态"和"市场行为"的监管完全缺失，甚至原某些政府文化主管（行政）部门的领导干部等，让自己也成为保护工作的"间接的受益者"，例如，某些虚假的和实际上已经终结的"代表性项目"的存在，就与原某些领导干部等把辖内"代表性项目"的多寡和级别等与保护工作政绩挂钩有着最直接的关系。另外，某些政府所属事业单位性质的"保护单位"，可能并不具备具体的"行为过程"能力，但因把持着某些项目"直接责任主体"的权利，成为了"直接的受益者"。

学校、新闻媒体、图书馆、文化馆、博物馆、科技馆、文化表演团体和场所单位等公共文化机构，属于政府利用国有资产设立的一类或二类公益事业单位，具有协助政府承担非遗保护工作的义务与责任，可以称为非遗保护的"间接责任主体"（但大多不应该成为"直接责任主体"）。并且这些"间接责任主体"中的某些个人等，在非遗、保护、法律法规等理论研究方面发挥着重要的作用，甚至其重要性并不亚于非遗主体本身。例如，他们对具体的代表性项目所包含的历史、文化、艺术、科技等价值的挖掘、研究、整理、总结与传播等的贡献和重要性，并不亚于代表性项目的主体。从公平公正的社会伦理原则出发，应该以建立《国家级非物质文化遗产代表性研究者名录》的方式，对他们为非遗保护工作所作出的贡献予以表彰。

总之，保护工作市场化的前提之一，就是明确地区分不同性质的"责任主体"的保护责任，并以责、权、利的统一作为保护工作市场化建设的基本逻辑参照。遗憾的是，这一根本性的保护理念几乎完全缺失。

（4）非遗和保护的理论研究严重滞后，概念和口号多，指导从根本上解决具体实际问题的方法少。例如，对于哪些属于"虚假的""名不副实""名存实亡"的"代表性项目"，对这类项目应该怎样处理等，视而不见、听而不闻，有意无意地回避那些已经存在的原则性问题；再如，对于那些"名不副实"的项目中存在的"实践形态"内容与"申报内容"不符的普遍现象，哪些属于"被不断地再创造"，哪些属于"挂羊头卖狗肉"等，缺少分类系统的研究。

注1：保护非物质文化遗产公约（2003）［DB/OL］.［2022-10-06］. https://www.ihchina.cn/zhengce_details/11668.

注2：国家级非物质文化遗产保护与管理暂行办法［DB/OL］.［2022-10-06］. https://www.ihchina.cn/zhengce_details/11595.

三、传统建筑营造技艺类项目保护的理念、内容、路径与方法

在非遗概念的界定与限定范围之内，那些真实的"代表性项目"属于广义的非物质性传统文化的一部分，之所以能够流传至今，是因为它们至今依然拥有社会价值，即能够满足某种或多种社会需求。但我们必须清醒地认识到，非遗毕竟不是"新生事物"，且其核心本质内容表现为必须是依附于具体而明确的人的"行为过程"，也就是实践过程，而不是单纯的文化观念等。因此，随着社会的不断发展变化，新的技术、新的观念和新的需求等新生事物的不断涌现，人们原有的某些社会需求也必定会发生改变，甚至是彻底抛弃，这是人类社会历史发展的必然规律。而在近几十年，我国社会各个方面正是处于快速发展变化时期，因此各级名录中那些真实的"代表性项目"，早已是处在历史转折的关键时期，再结合非遗主体的意愿，今后

必然会面临着如下命运或选择：

（1）对于某些项目来讲，社会需求并未发生明显的改变，项目可以原有的内容和方式继续健康地存续。

（2）对于某些项目来讲，社会需求并未发生明显的改变，只是项目主体出于成本与效益的考量而使项目变得"面目全非"，项目也只是以某种"名不副实"的方式存续。

（3）对于某些项目来讲，社会需求发生了明显的改变，项目不得不为适应社会需求而改变，但属于《公约》中所讲的"被不断地再创造"，其实绝大多数真实的"代表性项目"原本就是在历史中"被不断地再创造"的结果。

（4）对于某些项目来讲，社会需求发生了明显的改变，项目为适应社会需求而变得"面目全非"，只是以某种"名不副实"的方式存续。

（5）对于某些项目来讲，因社会的发展变化而完全失去了社会需求，项目本身"名存实亡"，也只是以某种"名不副实"的方式存续。

（6）对于某些项目来讲，因社会的发展变化而完全失去了社会需求，在社会的发展变化过程中彻底消失。

其实以上所述"代表性项目"的命运和选择，也是当前非遗"代表性项目"已经存在的真实状态与问题。例如，那些已经失去了"口耳相传"特征的"民间文学"类项目，还属不属于非遗，很值得商榷。另外，对于不同"代表性项目"目前实际的"实践形态内容"，哪些属于"被不断地再创造"，哪些属于"名不副实"，急需理论研究、认真界定和实际监管，建立不符合非遗概念界定与限定的"代表性项目"在名录中的退出机制。

在我国现有的非遗保护工作语境中，有抢救性保护、传承性保护、活态性保护、原真性保护、整体性保护、生产性保护、展示性保护、研究性保护，等等。其中：

"原真性保护"属于保护理念，也就是在非遗保护的过程中，不能使得项目本身明显地失去原有的内容与状态，若结果相反，也就失去了保护的目的和意义。

"生产性保护"属于具体的保护措施，也就是通过传承人主体的生产实践与产品的销售等，使得传承人主体能够获得稳定的收入，项目本身也就能够得以存续，从而实现对该非遗项目保护的目的。

"整体性保护"既属于保护理念也属于具体的保护措施，也就是在非遗保护的措施中，不是单纯地紧盯非遗保护工作本身、某些具体的项目，甚至是某些具体项目本身的局部问题，而是从与非遗保护相关的整体人文环境等方面入手。当与之相关的整体人文环境等诸要素内容得以延续了，与具体的非遗项目相关的社会需求也就稳定了，那么在整体人文环境等得到保护的同时，这些具体的非遗项目也就得到了保护。这也是建立"文化生态保护区"的主要目的和意义。

其他解释从略。

在非遗保护的理念中还普遍地认为，"对非遗保护的关键，是对传承人的保护"。从微观上来讲，这个理念非常正确，所采取的"抢救性保护"措施也非常有必要，如对后继乏人且年事已高的"代表性传承人"所掌握的非遗内容，采用录音录像等方式记录建档等。但从宏观上讲，很多"代表性项目"后继乏人，表面上表现为项目本身的经济价值低，传承人无法以此安身立命，其本质是因为该项目本身已经基本上失去了社会需求即社会价值。而对于这类项目内容的记录建档等内容，大多也只能成为"历史资料"，也就是《非遗法》中所说的"保存"，而这类工作并不能使项目本身得以存续。

传统建筑营造技艺类内容的保护，可以分为规划设计阶段内容的保护和施工阶段内容的保护两部分。前者无须担忧，有很多高校建筑学专业教学可作为强有力的后盾，在此我们只探讨施工阶段内容的保护问题。

传统建筑营造技艺的保护与其自身一样，具有很强的特殊性。仅以"生产性保护"措施为例，"生产性保护"措施适用于绝大部分"传统技艺""传统美术"类非遗项目，甚至那些依靠表演团体（单位）表演的"表演类"项目的创作和排练等，也可视为"生产"环节。与传统建筑营造技艺的实践过程和最终结果比较，生产一种瓷器或一种副食品等，不会牵扯到难以逾越的法律法规和相关政策等问题，且瓷器或副食品也是可移动的。这种瓷器被社会大众购买，可能具有很大的随机性，因为可替代的产品很多。而这种副食品可能在一定地域范围或程度上属于社会的"刚性需求"，但被社会大众购买也可能具有一定的随机性，可替代的产品可能也很多。但无论如何，因这两种产品的产量高、单件产品售价有限、方便流通等，被购买的概率还是相对较高。而一座传统建筑的特点是不可移动、造价与售价双高，其建造会牵扯到很多法律法规和相关政策的限制，社会需求更还具备大量的随机性。因此其传统建筑营造技艺的保护，确切地说所谓的"生产性保护"措施，必须完全依靠社会的"刚性需求"。

就具体的北京四合院传统营造技艺的保护来讲，所谓的"刚性需求"，就是北京历史文化空间、北京历史文化街区——街巷、胡同和四合院民居保护所需的修缮、翻建和复建等。另外，传承形态内容的现状来看，完全依靠"代表性传承人"的传承与传播已经很难实现（直至目前也没有认定"代表性传承人"），但可以有经验的传承人传承与"多媒体虚拟现实作品"记录、展示、宣传、教学等相结合方式的传承与传播等，实现保护及持续地传承与传播的目的。

总之，北京四合院传统营造技艺历史文化形态的保护，包括北京历史文化空间的保护，物化形态内容——北京历史文化街区—街巷、胡同和四合院民居的保护，意识形态、技术形态、实践形态、传承形态内容的保护。其中意识形态、技术形态、实践形态、传承形态内容的保护，又必须以北京历史文化空间和物化形态内容保护的"刚性需求"为条件和前提，且传承形态内容的保护又必须引入新的方法。

第二节　北京四合院传统营造技艺物化形态内容的保护

一、北京胡同、街巷与四合院民居的现状

自 1949 年中华人民共和国成立以来的很长一段时期内，北京旧城区内原有的四合院民居不仅承载着百余万户市民的居住生活，还担负着政府办公、企业生产、商业经营、学校教学等多种社会使用的需要，特别是旧城中心区域的胡同、四合院，始终是广大市民赖以生存居住的空间。随着中华人民共和国成立后社会的发展，尤其是北京市人口的迅猛增长和城市生活水平的提高，老北京传统四合院民居的原有功能越来越显露其不适应现代社会生活的需求。加之在中华人民共和国成立之后的几十年中对四合院民居的长年失修，致使旧城区内传统四合院民居普遍面临房屋破旧、人口过密、居住拥挤、环境恶化等问题。在 2012 年北京市老城区电暖气代替煤炉供暖之前，原北京市东城区房管部门对本区某街道的住房情况进行了采样调查，调查的结果大致代表了当前老城区内传统四合院民居的使用现状：

东城区某街道总面积 1.47 平方公里，容纳了 10 个社区居委会，区内有 1940 个四合院民居。如果按照传统的一院一户的居住方式，应居住 1940 户，但实际居住了 19745 户（总人口 52446 人），是传统居住户的 10 倍。在这样狭小拥挤的空间内，居民的生活环境十分恶劣，就生活基本要求而言，上下水、电力设施严重恶化，难以更新；取暖燃煤污染环境；公厕难以顺畅使用，儿童老人十分不便；私车增多堵塞胡同，居民出行困难；院内私搭乱建非常严重，消防隐患增多；天然气、热力、通信等现代设施无法引入院内。

造成北京市老城区四合院民居普遍成为危破房的社会原因是多方面的，但究其深层次的原因则在于：

（1）在中华人民共和国成立初期对私人房产收归国有并实施居民住房公有制，是导致老城区内四合院民居普遍成为危破房的根本原因。随着中华人民共和国成立初期房产公有制的实施，国家对城市居民的住房全部实现了公有化，旧城区内原有的四合院民居等大都归为国家所有，由市、区房管部门全面负责全市居民住房的管理维修工作。虽然几十年来，居民住房的管理维修工作始终是政府房管部门的重要工作之一，每年都投入大量的人力与物力。同时随着时间的推移，老城区内一批时代久远的四合院民居已普遍老化残破，成片的四合院都同时面临着大修的问题。但是长期以来，由于国家资金紧缺，对四合院民居只能小修小补，勉强维持不塌不漏，而面对普遍出现的大面积的四合院危破房屋所需要的翻建或大修，因所需资金无法落实，使得居民住房公有制的管理工作反而变成了政府的一个沉重的"包袱"。由于国家资金严重不足，几十年来房管部门对四合院民居只能采取一种消极的"不塌、不漏不维修"的办法，其结果是使得老城区四合院民居的危破房迅速增加。部分单位、企业所有的四合院民居也因经济效益不佳，而无法及时解决职工住房的维修问题，使得单位、企业所有的四合院民居也逐步成为一处处危破房。20世纪90年代在全市开展了危旧房改造工程以后，一些房管部门又先后放弃了对部分地区四合院民居的维修工作，以等待实施危改后而一拆了之。据房管部门统计，在中华人民共和国成立初期，全市四合院民居建筑的危房率约为5%，但到了2000年已达到60%以上。更为严重的是，全市危房率每年都以10%的速度在增长。

（2）居民住房的历史欠账过多，加重了老城区内四合院民居人口居住的压力，使传统的四合院民居超限度地承担着几代人的生活与使用，这无疑进一步加快了原有四合院民居的破损速度。自中华人民共和国成立以来很长一段时期内，国家没能大规模投资解决居民的住房问题，特别是随着外来和原住人口的不断增加，使得历史上曾经是一家一户的四合院，逐步变为几家乃至十几家一院，而每家又往往是"二代同室"或"三代同堂"。为了增加居住面积，90%以上的四合院都搭建成了大杂院，也使得原有四合院民居无法进行正常维修。这种超限度的使用状况，不但造成四合院民居传统环境的恶化，而且加重了四合院民居的破损程度。

（3）中华人民共和国成立以来，在首都城市的建设发展中，忽视了对传统的街巷、胡同和四合院民居的重视与保护，特别是在北京城不断扩展多种现代功能的建设过程中，使得老城区在成为全国的政治中心和文化中心的同时，一度成为全市乃至全国的商业中心、交通中心、机关办公中心，等等。这多种利用功能的叠加，势必加大旧城区内的建设规模，其最终结果是不断地占压更多的传统街巷、胡同和四合院民居的空间。以往的实践证明，在老城区的重要区域内，大型现代化建设的增加是与传统的街巷、胡同和四合院民居的大面积减少成正比，毫无疑问，老城区内的现代化建设是以原有街巷、胡同和四合院民居的消失为沉重代价的。

（4）长期缺少对传统四合院民居的保护措施。四合院曾是北京历史上数量最多、分布最广的民居建筑，对其建筑的价值以及在北京城中的地位与作用等方面的重要意义，在过去很长一段时期内没有得到充分的认识，以致于政府在以往的工作中没能从整体上采取有效的保护措施，致使很大一部分四合院或在以往的城市建设中消失，或由于年久失修而成为危破房屋。

北京市对老城区内成片四合院民居的保护工作起步较晚，市政府于 1990 年开始公布以南长街、北长街、西华门大街、南池子、北池子、东华门大街、文津街、景山前街、景山东街、景山西街、景山后街、地安门内大街、陟山门街、五四大街（以上 14 个街区位于旧皇城内），什刹海地区、南锣鼓巷、国子监地区、阜成门内大街、西四北头条至八条、东四三条至八条、东交民巷（以上 7 个街区位于旧皇城以外的内城），大栅栏、东琉璃厂街、西琉璃厂街、鲜鱼口地区（以上 4 个街区位于外城）为重点的 25 片传统街巷、胡同和四合院民居为“历史文化保护区”。但直到 1999 年，市政府才公布了《北京旧城历史文化保护区保护和控制范围规划》，重新划定了 25 片历史文化保护区，并划定保护和控制范围。2002 年市政府才批准了北京市规划委员会组织编制的《北京旧城 25 片历史文化保护区保护规划》。这期间，又有一批四合院民居在保护声中成了危破房屋。

2002 年，北京市确定了第二批“历史文化保护区”：皇城、北锣鼓巷、张自忠路北、张自忠路南、法源寺、海淀区西郊清代皇家园林、丰台区卢沟桥宛平城、石景山区模式口、门头沟区三家店、爨底下村、延庆县岔道城、榆林堡、密云县古北口老城、遥桥峪和小口城堡、顺义区焦庄户，共 15 片。2004 年，北京市编制了《北京第二批 15 片历史文化保护区保护规划》。至此，北京市涉及老城区的“历史文化保护区”共达 33 个片区。

与北京市老城区保护相关的《北京城市总体规划（2004—2020 年）》施行后，北京市政协文史委员会向政协北京市第十届委员会第三次会议提交党派团体提案，建议按照新修编的总体规划要求，立即停止在旧城区内大拆大建。不久后，郑孝燮、吴良镛、谢辰生、罗哲文、傅熹年、李准、徐苹芳、周干峙联名提交意见书，建议采取果断措施，立即制止在旧城内正在或即将进行的成片拆除四合院的一切建设活动。

2010 年 3 月，北京市规划委员会向北京市政协文史委员会所做的《北京市历史文化名城保护工作情况汇报》介绍称，老城的整体环境持续恶化的局面还没有根本扭转。如对于老城棋盘式道路网骨架和街巷、胡同格局的保护落实不够，据有关课题研究介绍，老城胡同 1949 年有 3250 条，1990 年有 2257 条，2003 年只剩下 1571 条，而且还在不断减少。33 片平房保护区内仅有 600 多条胡同，其他胡同尚未列入重点保护范围内。北京市规划委员会、北京市城市规划设计研究院、北京建筑工程学院编著，2008 年出版的《北京旧城胡同实录》显示，2004 年版总体规划施行之后，还有 162 条胡同被继续拆除。

2010 年 11 月，北京市出台了《关于大力推动首都功能核心区文化发展的意见》，提出"实施旧城整体保护，在旧城地区，一般不再安排重大建设项目，现有历史文化保护区不再进行拆建"。这一意见与 2004 年版总体规划一致，但仍不能使旧城之内的拆除活动完全停止。主要原因在于 2004 年颁布的历史文化保护区保护规划未将历史文化保护区覆盖整个老城区，33 个片区只占老城区面积的 29%，这给老城区之内的拆除活动留出一个"弹性空间"。例如，在 2011 年，承载着北京营造历史重要记忆的、位于北京建国门立交桥西北角的南牌坊胡同 18 号——聚兴永木厂旧址被拆除；在宣南地区，如云南会馆等会馆被拆除，和平巷与前、中、后兵马街被拆除，迎新街只剩两头寥寥数座建筑而已，宣南地区的唐辽金故城遭到毁灭性破坏。

二、北京四合院民居保护意义的认识过程

对老北京老城区街巷、胡同和四合院民居的保护，经历了一个漫长而逐步认识的过程。在中华人民共和国成立初期的那段关键时期，政府最终没能采纳梁思成先生提出的保护旧城另建新城的建议，而是确立了对北京旧城区进行改造利用的方案。在这一思路的指导下，北京旧城及存量最多的传统四合院民居就始终面临着无休止的现代建设与时代发展的冲击。回顾中华人民共和国成立以来北京城市的建设与发展，不难看到，北京老城区的街巷、胡同和四合院民居等历史传统建筑，在中华人民共和国成立后曾受到过多次城市建设与发展的冲击：

（1）将全国的政治中心和文化中心确立在老城区之内后所开展的多项建设工程，其中包括各类国家机关行政办公设施的建设。

（2）20 世纪 70 年代后开始实施的大规模的老城区改造工程，自 80 年代以后，北京市先后制定和出台了一系列对老城区的改造、建设、发展的规划，如《北京城

市建设总体规划方案》和《北京市区建设高度的控制方案》等，规定老城区内的建设高度以故宫为中心，其东西两侧的建筑可向外逐步建成 9 米、12 米以及 18 米以下的楼房；老城区边缘一侧的建筑高度可以达到 30 ～ 45 米之间等。自实施改造工程以来，旧城内多条传统街道被改造、展宽；大体量的楼房建筑不断出现。老城区内原有的胡同、四合院民居也在一系列的改造建设工程中逐步缩小。

在总体改造规划的要求下，部分历史文化街区也实施了改造工程。但由于缺少保护规划的指导，改造后的街区其传统风貌及原有建筑均发生了重大变化。如老北京著名的王府井传统商业街区、西单传统商业街区等在经过改造后，已建设成为与传统商业街完全不同的现代商城；前门、琉璃厂、隆福寺等传统街区，在经过改造和部分改造后，原有的传统建筑风貌也有很大改变甚至是消失或不伦不类。

（3）20 世纪 90 年代开展的危旧房改造工程，一度对传统的街巷、胡同和四合院民居的保护构成较大威胁，一些实施危房改造工程的街巷、胡同和四合院民居区域被成片的楼房小区所替代，部分文物建筑周边由街巷、胡同和四合院民居构成的历史环境也被新的现代环境所替代。如牛街的清真寺、齐白石故居、蔡元培故居、朱彝尊故居、林白水故居、于谦祠等文物保护单位，其周围原有的街巷、胡同和四合院等传统建筑空间形态已不复存在，这些传统建筑已完全"淹没"在高楼形成的小区之中成为"盆景"。全市性的危改工程其规模之大、速度之快，引起了社会各界和专家学者的高度关注，纷纷呼吁改变老城区的危改方式，全面保护老城内目前存留不多的街巷、胡同和四合院民居。一些学者断言，老城内若全部失去反映老北京文化传统的街巷、胡同和四合院民居，北京历史名城也必将失去其存在的意义。

鉴于以上问题，市政府高度重视专家、学者的意见和建议，于 2003 年年初作出决定，明确要求停止在旧城区内以拆除街巷、胡同和四合院民居的方式开展的危房改造项目和一切开发建设工程；保护好老城区内的每条街巷、胡同和每座四合院。通过调查，在危旧房区域内先后确定了一批挂牌保护的四合院民居（658 处）；在全市研究制定和实施了有关传统四合院维修和保护的多项办法和规定。一时间，在全市形成了保护传统街巷、胡同和四合院民居等历史建筑空间形态的浓厚气氛。社会各界也积极参与这一保护活动，还出现有的企业将早年建于四合院民居区域的厂房、车间拆除后，重新恢复原有四合院的事例。如著名的老字号企业同仁堂医药公司，为支持全市开展的四合院保护工作，已决定将企业在 20 世纪 50 年代建于什刹海等地四合院民居街区内 2 万余平方米的厂房、车间、办公楼全部拆除，恢复历史上原有的四合院建筑，作为企业的办公、接待使用。由此可见，北京传统街区、胡同和四合院民居的保护已得到全社会前所未有的重视，从而使社会大众对北京街巷、胡同和四合院民居等传统建筑空间形态的认识观念实现了转变和价值重估，将以往开展的"拆房建楼"式的危房改造转变为对危旧四合院的维修和保护。这种过往而复归的社会认识与保护工作的实施，将使北京传统街巷、胡同和四合院民居最终重新回到历史文化名城中的原有位置，并纳入历史文化名城永久保护的范畴。

三、北京四合院民居的历史性与时代局限性

北京历史上的街巷、胡同和四合院民居，始终都是国际社会普遍青睐的、具有东方传统特色的民居建筑空间形态，它以独特的建筑围合、庭院布局形成街巷和胡同，并最终构成幽雅的都市景观，在世界民居建筑史上独树一帜，已成为北京历史文化所不可缺少的重要组成部分。但是，也必须看到，随着都市现代化建设的发展和广大市民生活水平的提高，北京老城区内原有的街巷、胡同和四合院民居也不可能全部按历史原貌保留下来。从社会发展和人们现代生活需要的视角观察，历史上流传至今的四合院民居在其原有布局及使用功能等方面，已显露出需要探讨和重新认识的问题。

1. 在现代生活中传统四合院民居已具有两重性

延续至今的老北京的传统街巷、胡同和四合院民居，一方面保存着丰富的历史文化信息和内涵，其建筑本身既有历史文化等价值，又具有构成北京历史名城文化不可分割的整体价值；另一方面，从目前老城区内传统街巷、胡同和四合院民居的整体保存状况看，大都超过修缮年限，已普遍成为破旧的房屋院落，加之住户与人口增多、生活拥挤、市政设施落后，整体环境日趋恶化，与北京历史文化名城的传统形象及首都的国际地位极不相称。

2. 传统四合院民居的居住使用功能与都市现代生活需要的不适应性

老北京四合院民居是数百年来城市建设与社会传统生活发展的产物，也是古代社会中家族式居住生活的反映，其建筑布局基本适应了古代城市社会生活水平和家庭生活方式及传统的家庭观念等。自进入 20 世纪以后，特别是近几十年社会生活的发展与提高，当年老北京传统的居住生活方式已有了极大的改变。例如，历史上几代同堂的传统生活方式已被子女分居的小家庭生活方式所取代，况且适用于历史上几代同堂居住生活的四合院民居建筑，更不能满足目前几户乃至十几户小家庭同院生活使用的需要。以往的大家族式的居住生活，每座四合院只需一处厨房、厕所

即可满足全院众多人口的使用，而现今院内每户一处小厨房，使得以往规整有序的四合院都变成了大杂院。几十年来，首都城市的现代化建设已有了飞跃性的进展，而老城区内的街巷、胡同和四合院民居区域的整体市政设施却没有大的改变，绝大多数四合院民居内的住户至今没有独立的卫生间（院内旧有的在 20 世纪 70 年代被拆除，同时在胡同内增建了公共厕所）、没有淋浴设施，有的院落甚至没有排水管道，各种市政管线无法引入，有些四合院冬季刚实行电暖气取暖不久。从城市居民生活发展的现状看，汽车作为人们工作生活的代步工具已经走入家庭，目前汽车却无法驶入窄小的胡同，更无法进入传统的四合院。这些都反映了传统四合院民居与不断发展中的都市生活之间的不适应性。

3. 传统四合院建筑在空间利用上的局限性

与欧洲国家的传统民居建筑相比较，四合院民居作为平面布局的建筑形式，只是单纯地利用了有限的地表面积，其建筑面积及容量十分有限，不能有效地利用地下和地上的空间面积，使城市的建筑和居住空间不能得到充分的利用。若与欧洲国家历史名城中的传统住宅建筑——立体形态的楼房相比，土地面积相同的城市，其立体楼房建筑的居住容量将是四合院平房建筑的几倍。如巴黎、罗马等历史名城中的传统住宅楼，其地上空间的建筑高度一般都在七层左右，而且地下面积也得到了充分利用，这种立体方式的建筑，不但极大地缓解了地面建筑与居住的压力、扩大了城市公共使用面积和成倍地容纳城市内的居住人口，而且能够提供和保证每户都能具有较好的居住环境和生活设施及活动空间，这些都是传统四合院所不能比拟的。

4. 传统四合院民居传统营造技艺的复杂性

北京老城区内保存至今的传统四合院民居，是延续数百年传统营造技艺的不断完善、发展而形成的具有不同等级的民居建筑，其施工过程从基础、台明、梁架、墙体、屋面到门窗、油饰等程序及做法都有着严格的用料及工艺要求。若与现代的轻体结构、造价低廉的平房比较，很显然，传统四合院建筑的营造存在着用料多、工艺复杂、费工时、造价高等特点。尤其是从生态环境保护的角度出发，仅就建筑结构与构造中的大、小木作中使用的木质材料，若在超千万人口的大都市，原样保留和全部使用四合院民居，无疑将会大量消耗我国有限的林木资源。

显而易见，上述问题不但是制约北京传统四合院民居建筑发展的重要因素，也是造成近几十年来旧城区内传统四合院民居逐步演变为危房的重要原因。

人类的居住环境是随着社会的不断进步而逐步发展的，我国古代城市发展的历史也表明，历代的民居建筑都是在继承前人已有成果的同时，又根据时代的需要而有所变化和改进。在北京老城区内延续至今的不同格局的街巷、胡同和四合院民居，就是我国自元、明、清以来历代政治、经济及社会生活发展变化的产物。元代在营造大都城时，继承了宋金时期的街巷制，在大都城内规划营造了 50 个坊，作为市民居住区，但这些"坊"只有坊名和坊门而无坊墙，以后又被街巷和胡同所取代。如元大都时期在钟鼓楼东侧营建的靖恭坊、金台坊，到明代以后就逐步改为南、北锣鼓巷。元代营建的四合院，在经历了明清以来数百年的岁月后，其原有的建筑格局也有很大改变。由侯仁之先生主编的《北京历史地图集》清楚地记载了北京城内元、明、清各代以来的坊巷、胡同的变化痕迹。再对照清代编绘的《乾隆京师图》，就更加清楚地看到，北京内城长安街北侧现有的主要街道、胡同的格局、走向，自元代以来的确没有太大的变化。但是，仔细核对就不难发现，各条胡同内四合院的建筑格局、房屋排列及院落规模，在明、清各时代乃至民国时期都有明显的变化，其中有的院落和区域显然是"当朝"的新建筑。因此我们可以说，北京老城区内延续至今的四合院民居及其布局，就是数百年来北京的社会历史发展与人们生活方式的不断改变、提高的最后产物。

自 20 世纪 90 年代以来，北京将建成现代化国际大都市作为新时代的发展目标，全面加快了现代化建设的步伐。根据总体目标的发展要求，北京旧城区内保存至今成片的街巷、胡同和四合院民居等历史传统区域，也将全面提升整体区域的居住及市政环境，世代居住在四合院民居中的广大市民，也应享受到都市现代化高质量的生活方式，对各传统四合院民居区域，从市政、电信、燃气等各种管线的引入，到每户卫生间、厨房等设施的配备，已经提上了日程。面对全市乃至全国现代化建设的发展与社会整体生活水平的提高，古老而传统的四合院民居，随着现代使用功能的增加，其原有的历史建筑格局及形制，也有必要出现时代性的变化。四合院民居，作为一种内容丰富而又极具特性的地域文化的一部分，有源远流长的历史传统，也必须有与时俱进的发展能力。只有适应人们生活的不断提高和社会发展的时代需要，具有数百年历史传统的四合院民居才能获得新的生命力，在快速发展的现代化社会生活中，最终才有继续存在和延续发展的可能。反之，其结果则是北京老城区内，除少量作为"历史遗产"加以保护而一成不变的四合院民居供人参观凭吊外，作为民居使用的四合院民居将迟早会被现代社会所淘汰。

四、北京四合院民居保护工作方法

从历史文化形态保护的视角来看，经数百年历史而流传至今的北京老城区的街巷、胡同和四合院民居等传统空间内容与形态，不仅是北京历史文化名城所不可或缺的重要内容，更是承载着广泛的历史文化等内容的文化空间，具有重要的社会、历史、文化、艺术、技术等多重价值，同时还是有待于我们进一步挖掘的蕴藏着北京历史文化与民族传统文化的最后一块宝贵"资源"，一旦失去，将会是继北京当年拆除城墙之后的最大损失与遗憾。因此，对北京四合院民居的保护已成为社会关注的焦点。在市政府的重视下，针对北京老城区街巷、胡同和四合院民居的保护问题，已开始逐步采取相应的保护措施。如先后公布了33片四合院民居集中区域为历史文化保护街区（限于老城区内），制定公布了街区的保护范围和保护规定，对部分现状较好的院落采取了挂牌保护的措施，以及将整个皇城公布为保护街区，等等。目前，在各方的关注下，四合院民居的保护工作已经在全市展开。实践证明，在老城区内开展四合院民居保护工作，是一项比"危改"难度更大的复杂工作，特别是在进一步的工作中，面临着需要解决的诸多矛盾与问题。

1. 需要在保护观念上进一步统一认识，调动社会各方的工作的积极性

四合院民居的保护是一项社会性极强的工作，涉及政府的多个部门及社会的方方面面，需要市、区、街道政府和规划、房管、文物、建委等各部门和其他相关单位共同参与。

2. 把四合院民居的保护与居民住房条件的改善结合起来

当前，北京老城区内四合院民居保护与利用的突出问题是超限度的使用，大部分往往几代同堂，生活拥挤。应首先采取外迁的方式，疏解住户，减轻四合院使用的压力，然后实施院落的维修、保护。在运作方式上，应由市、区政府列入计划，每年提供适量的外迁用房，按区域逐步安置院内住户。在此基础上，有计划地开展各个院落的修复工作。由单位或企业拥有的四合院民居，也应列出职工搬迁计划，逐年落实并负责完成四合院民居的修复工作。市、区政府部门应将四合院民居的保护列为全市环境治理项目，研究制定搬迁住户、整治环境的专项规划，列出工作目标和实施方案，市、区政府联合行动，共同落实。

3. 认真研究和妥善处理四合院的保护与利用的关系

旧城区内保留至今的胡同、四合院民居，经过市区近几十年的建设发展已有很大改变，部分街巷、胡同等与历史原貌相比已有很大不同。特别是市政道路的扩展使部分历史建筑及院落被新的道路所占用，因此，已不可能原封不动地对老城区内所有的四合院民居进行保护。对现有四合院的保护也应区别情况，要根据四合院分

布的不同区域，提出不同的保护标准。特别是要结合广大住户使用的实际需要制定相应的规定。

其一，对公布保护的 33 片历史文化街区中的四合院民居与一般地区的四合院民居要有所区别。这两类区域的四合院民居相比，有着不同的保护要求：前者是原格局、原形制加以保护，后者只是保护其传统建筑特色和风貌；前者不能增改其原有建筑格局，后者可以根据需要适量调整其平面布局。但后者的工作也要慎之又慎，必须注意保护那些记载着北京历史文化的重要建筑，即便这些建筑还没有被确定为"文物保护单位"。调整布局以及相关的拆除等，必须经过专家论证，要把专家论证纳入相关的工作程序。

其二，保护四合院民居的传统外观与内部装修利用相结合。四合院民居的保护不同于文物建筑的保护，四合院民居的保护工作应该结合广大住户现实生活的需要。在北京市除公布为文物保护单位的四合院民居以及重要街区的四合院民居，依照文物法规严格保护外，其他大量的四合院民居，只是保护其建筑形制、原有布局及传统外观与风貌，其内部完全可以进行现代化装修利用，以适应时代生活的需要。

其三，保护四合院民居的历史格局与广大居民追求现代化生活方式相结合。都市的现代生活水平及方式，是今后北京市包括传统胡同、四合院区域发展的目标，但同时也必须清楚地看到，因受历史地域条件的限制，不可能从根本上改变老城区内四合院区域中居民的居住生活环境，只能在保护四合院民居整体完整性的前提下，创造条件逐步提高四合院内的基础设施水平。但是一些大型市政管线的引进将与四合院保护发生较大矛盾，如天然气、热力等管道工艺要求严格的大口径管线设施，就将受到胡同、四合院保护的制约，不可能全部引入每个院落。但大多数的四合院民居区域可在不破坏院落的整体格局和不影响街区风貌的前提下，引入多种市政管线和设施，并为四合院住户增设家庭卫生间、厨房等生活设施。

总体讲，在全市四合院区域内实现现代设施的改造工作，目前正处于起步阶段，特别是在实施的方式方法上，还将继续深入探讨与摸索四合院保护与发展现代化生活设施的新模式。

4. 逐步推进四合院民居私有化

四合院住宅私有化，是最终实现全市四合院保护良性循环的出路所在。对此，专家已提出建议，市房管部门也制定和公布了"私人购买四合院"的有关规定。但是，我们面对半个世纪的住房公有制所积累的诸多问题，新的办法一时难以全面推开，需要创造条件，渐进实施、逐步推进，应根据不同街区、胡同以及院落的具体情况，制定几种实施四合院私有化的模式。

第一种，面向社会团体、私有企业、个人等，购买四合院产权，同时出资搬迁和安置现有住户，按四合院保护的有关规定，恢复院落的原有格局，作为企业、公司的办公场所或个人生活与文化活动场所使用。

第二种，由房管部门负责安置住户和负责恢复院落建筑，然后公开向社会出售，购买者要负责保持四合院建筑的完整性及良好状态。

第三种，单位企业所有的四合院建筑，可以转让给住户或由本企业人员购买，产权所有者要全面负责原有建筑的修复与保护。

第四种，由于经济原因无力对祖传宅院进行修复的产权所有人，鼓励其向社会出售，通过产权转让的方式，达到四合院修复、保护的目的。

面对当前首都现代化建设对历史传统建筑保护的冲击，促使我们对北京历史文化保护进行反思。对北京传统四合院建筑的重视与保护，近些年经历了一个复杂而艰苦的认识过程，取得了保护北京四合院的社会共识。同时，深刻地认识到，老北京的传统胡同、四合院等历史建筑空间形态，是我们民族的历史文化遗产，全面保护这份遗产是我们当代人的历史责任。今天，对传统四合院民居的保护已得到了社会各界前所未有的重视。目前，市政府已在四合院民居保护措施的制定上迈出了艰难的一步，由于此项保护工作的复杂性与艰难性，就整体工作来讲，全市范围内的四合院民居保护行动还相对滞后，还不能做到全面推进全市的四合院保护工作，还要经过政府部门的通力合作与长期努力及社会各界的积极参与，才能看到北京旧城内传统四合院保护的整体效果。

第三节　"多媒体虚拟现实作品"在保护工作中的应用

在中国传统建筑营造技艺中，分为规划设计阶段内容和施工阶段内容两部分主要内容，后者还包括相关工具和材料的制作等。规划设计阶段内容目前主要在部分高校建筑学专业和部分建筑设计院中传承，主要内容包括中国传统建筑史、中国传统园林史、中国传统建筑测绘、中国传统园林设计、中国传统建筑设计等。后者包括总平面设计和单体建筑设计两部分，也包括详细的结构与构造设计、材料选择等内容，最终的设计成果以效果图、施工图及说明等表达。

在施工阶段中，建筑工人需要严格地按照施工图和说明施工。但问题是，施工图和说明最细致的部分，也只能表现某部分具体构造的内容、形状、尺寸和材料等，无法表达大部分复杂的施工步骤和方法等内容，包括更细致的材料等，如各种灰浆及使用步骤等，也包括所使用的较特殊的工具等。

就具体的北京四合院传统营造技艺来讲，以往施工阶段的内容，主要依靠师徒间在施工的过程中传承。但问题是目前和可预见的未来，很难依靠师徒间在施工过程中持续不间断地完整传承。退而求其次的传承方式，只能是以有一定施工经验的建筑工人为基础，首先依靠设计图纸和说明，结合详细的施工过程演示教材学习和练习，然后在施工过程中实际应用。

施工过程演示教材可以是以往的施工过程录像记录等，但目前几乎不存在完全依照传统的施工过程与做法建设一座标准的北京四合院民居，即便有，在一座北京四合院民居中，也不可能集中所有工种做法的全部内容。而由专家指导制作的"北京四合院传统营造技艺多媒体虚拟现实作品"，既能够完整全面地演示多工种配合的施工过程步骤，也能够完整全面地演示多工种所有做法的具体过程等，并且可以抽取片段演示和互动等。

可以说，多媒体虚拟现实技术，至少可以作为绝大多数"传统技艺类"非遗项目传承与传播，包括教学、展示、交流、宣传等全新的方式。

参考文献

［1］马炳坚.中国古建筑木作营造技术（并采用部分插图）.北京：科学出版社，2003.

［2］刘大可.中国古建瓦石营法（并采用部分插图）.北京：中国建筑工业出版社，1993.

［3］赵玉春.北京四合院传统营造技艺（并采用部分插图）.合肥：安徽科学技术出版社，2013.

［4］樊嘉禄，赵玉春，吴世新，等：非物质文化遗产概论.北京：国家开放大学出版社，2019.

［5］赵玉春.园林建筑体系文化艺术史论（并采用部分插图）.北京：中国建材工业出版社，2022.

［6］赵玉春.礼制建筑体系文化艺术史论（并采用部分插图）.北京：中国建材工业出版社，2022.

后 记

在联合国教科文组织层面确定"非物质文化遗产"概念始于 2003 年，其标志是联合国教科文组织大会第 32 届会议通过了《保护非物质文化遗产公约》（以下简称《公约》）。早在 2001 年，联合国教科文组织在巴黎公布第一批《人类口头和非物质遗产代表作名录》，共有 19 个项目入选，其中包括我国的"昆曲艺术"。而在之前，当时的文化部委托中国艺术研究院等单位组织申报相关项目，在此期间，主要领导等并不认为中国传统建筑营造技艺属于非遗，尽管在申报动员会议上，笔者提出了传统建筑营造技艺符合申报要求的鲜明观点。

非遗是特殊的非物质性传统文化，对其概念有着严格的界定与限定，所有保护工作也都应该严格按照其概念展开。因此相关理论研究和法律法规的健全，是开展保护工作的前提和依据。然而笔者在本书正文中阐述的某些问题，实际上很多也与相关理论研究滞后和法律法规的不健全（包括偏颇），以及执行力度不足有关。例如，对非遗代表性项目的界定与限定的基本要求是：必须是从历史的某一时期（我国一般把开始的时间段定为清朝末年）一直延续至今的。但那些在近年（甚至是更早）实际上已经不再实践的项目（已经失去了原有的社会价值）还算不算非遗？还需不需要保护？保护的是非遗本身还是其历史记忆？等等，这类问题一直是政府文化主管（行政）部门和专家学者等不愿过多触碰的问题。再如，很多非遗代表性项目不可能永远处于"常态"，要么消失，要么发展，那么应该如何界定"发展"，也就是《公约》所讲"被不断地再创造"的问题，也是需要深入研究的理论问题。

非遗的发展问题，也就是未来走向的问题，既是一个理论认识与探讨的问题，又是一个与保护工作相关的具体实践问题。因为若无"保护"，也就不需要在这个语境层面上进行讨论，更无须进行理论层面的探讨。对于这一问题的基本认识，目前社会上主要存在两种截然不同的观点：

第一种观点可以概括为：中国的地域广博、自然环境差异大，这必然会导致各地区人民的生产与生活方式千差万别；中国的民族众多，信仰和习俗均不同，这也必然会导致各民族人民的生产与生活方式千差万别；历史上由于交通不便和各地各民族之间信仰与习俗的不同，各地区之间和各民族之间的交流受到了不同程度的限制，并且各个地区的发展不平衡。以上这些因素综合在一起，便造就了中国非遗内容多样性的特点。而在《公约》中所提出的"增强对文化多样性和人类创造力的尊重"，就是为了维护而不是削弱各个国家、地区、民族之间文化的多样性，这也正是非遗核心价值的体现。若在保护的过程中一旦过多地强调"发展"，在今天高速发展的整体社会环境下，在原生性的非遗内容中，就必然会有现代多种复杂因素和内容的介入，也必然会使得这些非遗内容失去原生性等"原汁原味"的基本特点，并可能会抹平它们之间的差异性特点，最终会导致非遗内容失去其原有的核心价值。

第二种观点可以概括为：凡是提到需要"保护"的内容，一定是其生存状况等受到了威胁，非遗也不例外。在非遗相关问题中，之所以会出现需要"保护"的命题，主要是因为很多项目内容由于不能适应以现代的生产和生活方式为标志的社会发展的客观进程的需求，即将甚至是已经彻底失去了原有的社会价值，而社会需求决定了其存在的价值和可能。皮之不存，毛将焉附！若非遗内容本身消亡了，还何谈"增强对文化多样性和人类创造力的尊重"？因此，非遗内容的发展，包括适当的改良、改造等，正是为了适应社会发展客观进程的实际需要，也是适应现代的生产和生活方式的唯一出路，同时它具体体现了"对人类创造力的尊重"。只有发展了，非遗的生命才能得以延续。因此，"发展"才是"保护"最可靠的方式。另外，凡能够生存至今的那些真实的非遗项目内容，在历史上从不会也不可能拒绝发展，时至今日，它们早已不是最初的形态了。因此，《公约》中也强调"在各社区和群体适应周围环境以及与自然和历史的互动中，被不断地再创造"。

有些专家把非遗的传承工作类比于考古工作，声称考古工作不应该去更改文物，所以传承人也不应该去更改非遗的内容。这类观点既有逻辑上的错误，也有常识性的错误。首先，即便是"传统美术"类和"传统技艺"类项目中的作品或产品，无论多么"原汁原味"，无疑也是新"生产"出来的，它们虽然能承载一些历史文化等信息，但终究不是文物。进一步上升到非遗本质和实践过程层面，抛开了作品而强调相关技艺本身的"原汁原味"，让代表性传承人不断地生产这类承载了一些历史文化信息的作品或产品而"不问西东"，恐怕比计划经济时代的做法还要荒唐。因为即便是在计划经济时代，商品的生产也不是完全不顾市场需求的。更重要的是，"非遗"不是"物质文化遗产"，最核心与本质的内容是依附于人的行为过程内容，而绝大多数"行为过程"本身必然会随着时代而发展，因此并不能与"文物"（实物）类比。不可否认的是，有些代表性项目即便得到了一定的社会关注和政府有限的资助，从长远来看，它们恐怕也难以为继。其原因虽然千差万别，但最主要的还是归结为社会需求或市场规律等最基本的原因。那些无论在当前还是在今后必然要灭亡的项目，若单纯依靠"保护"甚至"抢救"来延长生命，也是无效的且无意义的。能否续存或发展，怎么发展，甚至是否还有必要发展，是现有很多代表性项目保护工作的关键。目前得到"保护"的很多项目，实际上是历史记忆，也就是"非物质性传统文化"，而并非属于有着严格的概念界定与限定的非遗，既浪费了保护资金（来自纳税人），更有损非遗及政府主导的保护工作的形象。

以上两种截然不同的观点，可以说各有其道理，但从客观、历史方面讲，那些真实的非遗代表性项目，无疑都是由历史的发展而来。

在我国非遗保护实践约二十年的过程中，所依据的法律法规还存在很多不足。以传统建筑营造技艺类非遗代表性项目为例，包括"实践形态""意识形态""技术形态""传承形态"和"物化形态"五个不可分割的主要方面内容。站在非遗概念的角度来讲，其中最重要的是"实践形态"和"传承形态"内容，不然无论这类技艺承载了多么重要的历史、文化、艺术和科技等信息（核心价值），也无法实践和传承，这类技艺也就演变成了"非物质性传统文化"。因此在"非遗"角度或语境中，非遗最重要的载体是传承人。在"实践形态""传承形态"和最终的"物化形态"内容中，均承载着"意识形态"和"技术形态"等内容，或者说最终的"物化形态"内容本身，包括传统建筑一切的表现形式，便是"意识形态"和"技术形态"内容的直接体现。或曰传统建筑的表现形式，是这类技艺最终的目的和结果。以此回望分析《非遗法》中非遗概念的定义："本法所称非物质文化遗产，是指各族人民世代相传并视为其文化遗产组成部分的各种传统文化表现形式，以及与传统文化表现形式相关的实物和场所。"显然，"各种传统文化的表现形式"的概念过于模糊，因为物质性传统文化遗产内容也可以概括为"各种传统文化的表现形式"，例如唐代建筑、服装、绘画、诗词和唐三彩等，都属于唐代文化不同的表现形式。而非遗的概念更应强调以人作为最重要的载体的属性。因此，该定义应为"本法所称非物质文化遗产，是指各族人民世代相传至今，并视为其文化遗产组成部分的、且主要依附于人的行为过程的各种传统文化的表现形式，以及相关的实物和场所。"其中的"各族人民"也应该改为细分的主体。

2019 年，笔者持上述观点（包括在正文中阐述的很多观点）与文化和旅游部原主管非遗保护工作的领导讨论时，得到的是负面的回应，相关课题研究成果的鉴定结论也是如此。而笔者于 2020 年提交文化和旅游部的相关报告中又再次具体提及此类问题，终于得到了正面的回应，并在文化和旅游部相关"十四五"发展规划中得到响应。

传统建筑以及相关营造技艺的存续，必须以社会需求为前提。中国传统木结构建筑是历史的产物，与现代建筑比较来看，它具有土地利用率低、功能适应性差、各类造价高等缺点。从需要大量木材和砖瓦材料的角度来看，还不环保。例如，据早在 2004 年的相关数据统计，我国每年烧制黏土砖瓦要毁坏耕地达 70 万亩。因此早在 2005 年，国家发展改革委根据《国务院办公厅关于进一步推进墙体材料革新和推广节能建筑的通知》（国办发〔2005〕33 号）精神，印发了《"十二五"墙体材料革新指导意见》（发改环资〔2011〕2437 号）。其中提出到 2015 年，全国 30%以上的城市实现限制黏土实心砖、黏土空心砖和黏土瓦的使用，50% 以上县城实现禁止黏土实心砖的使用，并有序推进乡镇、农村禁止黏土实心砖的使用（其他限制性法律法规等参见第六章中相关内容）。因此，传统木结构建筑营造技艺中的"实践形态"完整内容的续存力逐渐减弱的大趋势无法逆转。

在传统建筑营造技艺中，砖木材料的使用和相关技术无疑是最重要的内容之一，但又远不是全部，其中还包括重要的"意识形态"等内容。例如，中国古代还有与木结构建筑形式完全相同的金属结构建筑，与它们对应的营造技艺，显然不只是单纯的铸造技艺。这类金属结构建筑的"物化形态"表现形式承载的部分内容，至少是与传统木结构建筑营造技艺的"意识形态"内容并无差异。具体的历史实例有位于云南昆明市鸣凤山上的"太和宫金殿"、位于湖北武当山天柱峰上的"金殿"、位于山西五台山显通寺内的"铜殿"、位于山东泰山岱庙后院的"金阙"、位于江苏句容市宝华山隆昌寺内的"铜殿"、位于四川峨眉山金顶永明华藏寺的"金殿"（已毁、重修）、位于北京颐和园万寿山上的"宝云阁金殿"等（图 H1）。

从 20 世纪后期开始，随着近几十年来国家宗教政策的落实和旅游产业发展的需要，我国出现了一些绝大部分使用传统营造技艺营造的"仿古建筑"，同时更多

图 H1　北京颐和园宝云阁金殿

地出现了大量使用钢筋混凝土材料和结构的"仿古建筑"。

　　例如，历史上唐朝鉴真和尚曾六次东渡日本，前五次均以失败告终。天宝七年（公元 748 年），鉴真和尚在第五次东渡日本时，因受季风的影响最终漂流至海南岛南部，不得不在振州（今三亚市）登岸，入大云寺安顿并停留一年。在 20 世纪 90 年代初期，海南省三亚市为发展旅游产业，依据上述历史事实，与某公司合作，在三亚市以西约 40 公里处海岸及临近约 500 米的高山间建造南山寺，该项目占地约 400 亩（现名南山佛教文化景区），这也是从 1949 年以后国内新建造的第一座真正的佛寺。其核心部分最初由杨鸿勋先生构思策划，笔者参与了最初的规划和后续建筑设计等工作，至目前建有唐代建筑风格的仁王殿、大雄宝殿、东西配殿、钟鼓楼、转轮藏、法堂、禅堂、斋堂、观音院、悲田院等，另有 108 米高的南海观音等。考虑到海南三亚地区常年高温、潮湿和多雨，上述唐代风格的建筑全部采用了钢筋混凝土结构。

　　再如，四川省峨眉山为我国著名的四大佛教名山之一（普贤菩萨道场），峨眉山金顶永明华藏寺重修于明朝洪武初年，至万历年间先后建有著名的"铁瓦殿"和铜铸"金殿"等（另有两座"金殿"建在普陀山和五台山）。清光绪十六年"金殿"毁于一炬，光绪十八年心启、月照和尚新建约 180 平方米的砖木构造的殿堂，采用铜门窗和铜瓦，殿脊之上置以鎏金宝顶；1923、1931 年又遭遇两次失火后重建。在

1958年的"大炼钢铁"时代，金顶永明华藏寺的铜瓦和铁瓦等金属构件均被拆下熔炼。在"文化大革命"时期，僧人被迫还俗，金顶永明华藏寺被省广播电视台占用，山顶建有通信铁塔。1972年4月因工作人员失误，金顶永明华藏寺再遭火灾，被完全焚毁。改革开放以后，国家落实宗教政策，1983年峨眉山被列入全国重点汉传佛教寺院区。1986年至1989年，当地政府和佛教协会共同出资重建金顶永明华藏寺。该寺为院落式，属于砖混和钢筋混凝土结构，但规模小，形式粗陋。至2002年，之前新建的寺院已经不能适应大众礼佛和当地旅游产业发展的需求，为此当地政府和佛教协会重新策划建设新的金顶永明华藏寺，最终选定了李祖源先生的规划设计。重新规划的金顶永明华藏寺为开敞式，邀请清华大学郭黛姮教授为建筑设计把关，由笔者主持建筑设计。在建筑设计过程中，笔者考虑到峨眉山金顶海拔3000多米，常年潮湿，夏季多雷雨，冬季多风雪，年温差可达40多摄氏度，砖木建筑材料不耐久，即便是琉璃瓦也会因潮湿和温差引起的反复冻融而不耐久，最终选定主要建筑大雄宝殿和金殿（底座内为佛堂）等采用明代官式建筑与地方建筑风格相结合的形式，钢筋混凝土结构，门窗、屋瓦、斗拱等用黄铜制造，其余外立面部分也采用黄铜作饰面，所有铜材料再做防腐处理。另建有48米高的青铜铸十方普贤雕像，底座内亦为佛堂（图H2～图H7）。

图H2　峨眉山金顶永明华藏寺大雄宝殿

图 H3　峨眉山金顶永明华藏寺金殿与大雄宝殿翼角

图 H4　峨眉山金顶永明华藏寺金殿与底座

图 H6　峨眉山金顶永明华藏寺金殿 2

图 H5　峨眉山金顶永明华藏寺金殿 1

图 H7　峨眉山金顶永明华藏寺
金殿局部

图 H8　北京鼓楼

在以上两实例中，主要的建筑形式完全采用了中国传统建筑形式，可以说营造的"意识形态"内容、"物化形态"内容与传统的几乎完全吻合，"技术形态"内容与传统的部分吻合。只因主要考虑环保和耐久性等因素，建筑结构和建筑材料等不得不"与时俱进"。那么这类"仿古建筑"的营造技艺，属于中国传统建筑营造技艺的发展形态，还是仅仅为形式借鉴，就是一项需要深入研究与界定的理论问题。

另外，在明清以后，纯粹的传统木结构建筑营造技艺的实践也并非没有发展。例如，官式建筑中的庑殿顶和歇山顶的角梁构造一直属于结构上的薄弱环节，以至于如一些城门楼和鼓楼等建筑不得不在角梁下增加木构件支撑。在笔者的调研中发现，在山西北部地区传承着与官式建筑结构不一样的角梁构造做法，是可以很好地避免角梁易下沉或断裂而使翼角塌陷的方法（图 H8～图 H10）。再如，杭州香积寺始建于北宋年间，在 2009 年重建时，除其中的大圣紧那罗王菩萨殿、钟鼓楼采用铜材作为主要建筑材料外，大雄宝殿等建筑则采用了新的木结构（图 H11、图 H12）。

图 H9　特殊的翼角结构

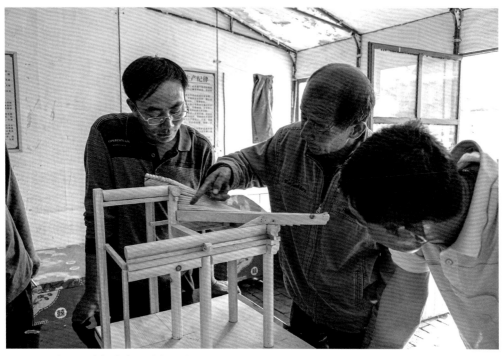

图 H10　传承人讲解特殊的翼角构造

图 H11　杭州香积寺大雄宝殿

图 H12　杭州香积寺大雄宝殿内部